從宇宙微塵到原始細胞，追尋生命起源與生物機制的真實脈絡

U0550059

朱欽士 著

生命簡史
起源

A BRIEF HISTORY OF LIFE: ORIGINS

從宇宙塵埃講起，

解讀生命分子如何一步步組成今天的你我

精準重建生命內史，每一個細胞都有故事

目錄

自序

生命史有兩種寫法。第一種是按照時間順序，寫出生物自誕生到現在所經歷的主要整體事件。由於生命的形成和發展依賴於地球上的環境，生命活動又反過來改變這些環境，生命史就始終與地球史緊密交織。讀這樣的生命史，猶如坐上時間飛船，回到地球遙遠的過去，目睹地球形成，地球表面冷凝為地殼，海洋和大陸出現，板塊運動，大陸漂移，造山運動，火山爆發，隕石撞擊。在這些環境條件下產生原核生物（細胞中沒有細胞核的生物），原核生物變為真核生物（細胞中有細胞核的生物），單細胞生物發展為多細胞生物，植物和動物分道揚鑣，生物登陸，植物從苔蘚植物發展到蕨類植物再到種子植物直至開花植物，動物從無脊椎動物發展到脊椎動物，再發展到兩棲動物、爬行動物、鳥類和哺乳類動物，直到人類出現。在 40 億年左右的時間內，生命經歷過漫長的緩慢發展階段，又迎來過爆發式發展的時期；生命有過大繁榮，也遭遇過多次大規模的滅絕。地球上的生物就是在這樣的和風細雨和驚濤駭浪交替出現的環境中，頑強地生存下來，並且從最初的共同祖先發展成為目前的數百萬種生物。

這樣的生命史動人心弦，讀之猶如看一場精彩的科普電影，使人心潮澎湃。然而，這樣的生命史提供的只是整體歷史事件，而沒有生物產生和發展的內部機制。生物是由分子組成的，這些分子從哪裡來？它們又如何聚集在一起，產生最初的生命？細胞如何分裂？原核細胞又是怎樣變成真核細胞的？單細胞生物怎樣發展為多細胞生物？多細胞生物中不同類型的細胞如何形成？是什麼分子使細胞發展出吞食能力，導致動物的誕生？這種吞食能力又如何導致植物的誕生？各種巧奪天工的生物結構是如何形成的？生物怎樣發展出雄性和雌性？生物如何防衛自己？生物自帶的「鐘錶」怎樣工作？感覺是怎樣產生的？是什麼分子的變化使人類從靈長類中脫穎而出？這些問題都不能從第一種生命史中得到答案。

在過去的幾十年中，生命科學有了爆炸式的發展，特別是對基因和蛋白質的研究，使人們在分子層面上對生命現象有了深刻的理解。基因控制著生物的性狀，生命的演化其實就是基因的演化，透過它們編碼的蛋白質得以實現。基因的變化存留在各種生物的遺傳物質去氧核糖核酸(deoxyribonucleic acid，DNA)中，有清楚的脈絡，成為生命演化的分子化石。就像生物的化石紀錄能夠讓人寫出第一種生命史，存留在 DNA 中的分子化石也使我們可以寫出另一種生命史。第一種生命史是在整體規模上，從外部來觀察生物演化的歷史，是生命的外史；第二種生命史則是在分子層面上，從內部來看生物演化的過程，是生命的內史。

本著這個想法，我自 2011 年起發表了一系列科普文章，受到讀者的廣泛歡迎。2013 年，應鄭光美院士的邀請，我開始在科學期刊的「生物探祕」專欄內定期發表文章。2014 年，胡洪濤老師提議將我發表的部分文章集書出版；幾乎在同時，王立剛老師建議在這些文章的基礎上加以擴展，全面系統性地在分子層面上介紹各種生物功能的形成原理和發展過程。這兩個建議都已經付諸實施。2015 年 4 月，出版了《上帝造人有多難 —— 生命的金鑰》；出版《生命通史》耗時 5 年，於 2019 年 6 月出版，此書被評為 2019 年「十大好書」之一。2019 年，經鄭光美院士提議，我在科學期刊上發表的部分文章被彙集成書，書名為《紛亂中的秩序 —— 主宰生命的奧祕》。

《生命通史》一書近 80 萬字，在分子層面上系統性地敘述了生物所有主要功能產生和發展的歷史。此書以科普的形式寫成，但是仍然有一定程度的專業性，適合有生物化學基礎的人閱讀。為了讓更多的讀者也能夠了解這方面的知識，經與胡洪濤老師商定，我決定另寫一本規模小一些、高中教育程度的讀者即可看懂的書。此書不僅包含了《生命通史》中原有的內容，還新增了植物葉和花形成的機制、生物的壽命、人類演化等內容，所以這本書並不完全是《生命通史》的簡化版。在此我對胡洪濤老師及其同仁長期以來的支持和幫助表示衷心的感謝。

像以往一樣，在本書寫作的過程中，得到了郝杆林女士的大力協助，除了讓我能夠集中精力寫作，她還仔細閱讀書稿，提出許多很好的建議。在本書面世時，我也要向她表達感激之情。

朱欽士

引言　生物演化和基因

地球是生命的大家園，在這裡生活著幾百萬種生物。茂密的森林、廣闊的草原、飛翔的鳥兒、遨遊的魚群，使我們的世界充滿生機。人類更是地球生物中最傑出的代表，我們不僅被這個世界所產生，還能夠反過來研究和理解這個世界。

生命是如此美妙，人們自然想知道生命是從哪裡來的。在科學不發達、對生物的認識還很膚淺的古代，關於生物起源的故事常常充滿神話色彩。宋代的百科全書《太平御覽》中說，女媧於正月初一創造出雞，初二創造出狗，初三創造出豬，初四創造出羊，初五創造出牛，初六創造出馬，初七創造出人。《聖經》的《創世記》中說，上帝在第一日將水分為上下兩部分，在中間創造出空氣，第二日創造青草、菜蔬、樹木等植物，第三日分晝夜，第四日創造魚鳥等動物，第五日創造牲畜、昆蟲、野獸，第六日創造人。在這些故事中，創造生命被認為是一件比較容易的事情。上帝「用地上的塵土造出了一個人，往他的鼻孔裡吹了一口氣，有了靈，人就活了，能說話，能行走」。而女媧造人時，也是往泥做的人胚的鼻孔裡「吹一口氣，有了靈，人就活了」。

既然生命如此容易形成，也有人認為生命不是透過神之手，而是由其他物質在一定條件下自然產生的，即所謂的生命自然發生說。例如，成書於漢代的《禮記·月令》篇中就說「季夏之月……腐草化螢」，也就是螢火蟲可以由腐爛的草變出來。類似的說法還有「腐肉生蛆」。有趣的是，西方也有人認為蛆是腐肉變來的，而且還認為髒衣服和塵土會生出蝨子，髒水可以生出蚊子。在微生物被發現後，人們又發現肉湯裡也可以生出微生物，而且煮沸過的肉湯過一段時間仍然會長出微生物。由於當時人們已經有了高溫可以殺死生物的概念，這個結果也使人們相信，微生物可以在肉湯中自然產生。

然而科學實驗的結果卻否定了生命自然發生說。西元 1755 年，義大利生物學家拉扎羅 · 斯帕蘭扎尼 (Lazzaro Spallanzani) 發現，雖然玻璃瓶中被煮沸過的肉湯也會長出微生物，但是如果在肉湯被煮沸後把瓶口塞住，肉湯就不會腐敗。西元 1860 年，法國微生物學家路易·巴斯德 (Louis Pasteur) 把玻璃瓶口變成細長的 S 型管子，雖然肉湯仍然與空氣相通，但由於空氣中帶有微生物的灰塵難以透過彎曲的細管，肉湯仍然不會腐敗 (圖 0-1)。這些實驗證明，使肉湯腐敗的微生物其實來自空氣中的塵埃，而不是肉湯自己產生的。「腐草生螢」、「腐肉生蛆」，只不過是因為螢火蟲和蒼蠅產卵的過程很難被觀察到而已。這些實驗顯示，生命只能來自現成的生命，不能自然地快速產生。

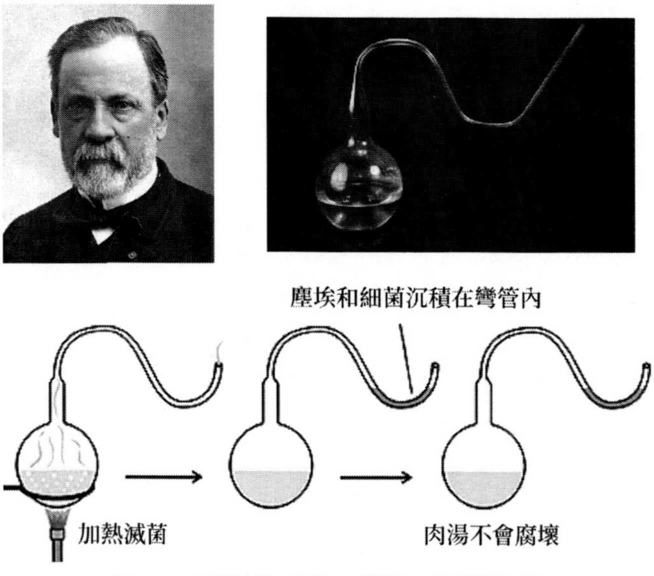

圖 0-1　巴斯德和他的 S 型管口玻璃瓶實驗

不過生物之間差異極大，孔雀和菊花、蝴蝶和菠菜之間，從表面上就看不出有任何共同性。如果生命只能來自生命，那麼數百萬種彼此不同的生命似乎就應該有各自的起源，因為難以想像孔雀和菊花還會有共同的祖先。

人的生命一般只有幾十年，絕大多數人的生活範圍又有限，很難察覺到生物的物種還會改變。人老的時候看到的燕子麻雀和小時候看到的並無不同，小時候吃的蘿蔔白菜到自己老時還是那個樣子。即使在人類有紀錄的幾千年歷史中，也看不出有物種變化的跡象。鳥獸蟲魚、花草樹木，包括人自己，古代和現代好像也沒有什麼差別。這種情形很容易使人產生物種不變的概念：無論是神造的，還是自然發生的，各種生物自產生之日就是那個樣子，不會改變。

既然物種不會改變，世界上又有那麼多物種，要談所有物種的起源就很困難。即使是主張「腐肉生蛆」的自然發生說，也很難想像什麼東西腐敗後會生出一隻雞，更不要說生出人了。所以在中世紀的歐洲，人們普遍認為所有的生物物種都是上帝創造的。東方的佛教則迴避了這個問題，認為這個世界是沒有起始也沒有結束的，只有因果循環，生命也是這樣，「一切世間如眾生、諸法等皆無有始」（見《佛光大辭典》），所以根本沒有「生命如何產生」的問題。

這種觀點隨著人們視野的擴大而開始改變了，其中最關鍵的是英國地質學家和生物學家查爾斯．達爾文（Charles Darwin）的一次環球旅行（圖 0-2）。西元 1831 年，年輕的達爾文隨海軍探測船小獵犬號（HMS Beagle）進行遠洋航行，考察地質、植物和動物。考察船從英國出發，駛過大西洋到達南美洲，訪問了許多地方，然後橫渡太平洋，經過澳洲，越過印度洋，繞過非洲的好望角，於西元 1836 年回到英國。

達爾文

加拉帕戈斯群島上的學舌鳥

圖 0-2　達爾文的環球考察

考察船到達的第一站是位於大西洋中部的島國維德角 (Cape Verde)，在那裡達爾文發現火山岩的上面有一層白色的岩石，裡面居然有貝殼！這說明這些岩石曾經在海底，是地層上升把它們帶到了現在的位置。在安第斯山 (Andes) 的高處，他又發現了貝殼，說明這裡的地層也是在漫長的時期中上升到現在的高度的。在智利，他還經歷了一次地震，親身感受到大地的震動，這更使他了解到地層不是穩定不變的，而是會隨著地質活動而改變，包括抬升高度。

在南美洲西北部的厄瓜多附近，有個加拉帕戈斯群島 (Galapagos Islands)。島嶼之間的距離長達幾十公里，因此這些島嶼上的動物基本上是彼此隔絕的。達爾文發現，不同島上的陸龜，儘管彼此非常相似，但是在大小和形狀上又各有特點，當地人一眼就可以分辨出是哪個島上的陸龜。這使達爾文想到，陸龜這個物種是可變的，是地理上的隔絕使他們各自發展出來的差異得以保存，並且累積到容易辨識的程度。這些島上還居住著學舌鳥（Mockingbird，能夠模仿別的鳥，甚至能模仿昆蟲的叫聲），牠們與南美大陸上的學舌鳥相似，但是喙的大小和形狀又有差別，有的短而強壯，有的卻比較細長（圖 0-2 右）。達爾文發現，這是為了適應這些島上不同的食物來源：短而強壯的喙適於啄開堅果，而細長的喙則適合啄食岩縫中的食物。是島嶼之間的分隔和島上食物來源的不同使學舌鳥喙的形狀向不同的方向變化，以適應島上的這些環境。

在阿根廷阿爾塔角（Panta Alta）的一處山岩上，達爾文發現了巨型地懶（Megatherium）的化石，旁邊還有許多現代類型的貝殼，說明這種生物是最近才滅絕的。這個發現使達爾文了解到，物種不但可以產生，也可以滅絕。

在環球旅行途中，達爾文還見到過不少土著居民，他發現這些人幽默而且相處愉快。這時他已經確信，所有的人種都是彼此相關的，有共同的祖先；人和動物之間也沒有不可踰越的鴻溝。

在對大量生物及其化石觀察和研究的基礎上，達爾文於西元 1859 年正式提出了生物演化的觀點。在其著名的《物種起源》（*The Origin of Species*）一書中，他認為地球上的生物是由少數共同祖先經過變異和自然選擇而來的。物種能夠變化，能夠適應環境的物種就存活下來並且得到發展，不能適應環境變化的物種則被淘汰，是環境的多樣性和不斷變化造就了眾多的生物物種。在達爾文的年代，人們對生物的認識多限於外部觀察，對生物的內部結構和工作原理還很少了解，在這種情況下他能夠提出這樣的思想和觀點，是極具洞察力的，從此他把對生物發展的研究置於科學的基礎上，其觀點至今仍是生物演化理論的核心內容。

其實早在達爾文之前，生物演化導致的不同物種之間的親緣關係就已經被人注意到了。地球上的生物儘管千差萬別，但並不是雜亂無章、彼此毫不相關的，而是一些生物具有某些共同特徵，另一些生物又具有其他一些共同特徵，這樣就可以按照共同特徵對生物進行分類，大類裡面還可以分小類。西元前 300 多年，希臘思想家亞里斯多德 (Aristotle) 就將生物分為植物和動物兩大類，其中動物又被分為胎生動物、四腳動物、無血動物、有血動物，有血動物還被分為冷血動物和溫血動物。在中國，文字裡面很早就有「禽」、「獸」、「草」、「木」、「蟲」等字，說明古人也早就有生物分類的概念。在完成於西元 1578 年的《本草綱目》中，明朝醫藥學家李時珍就將生物藥材進行了分類，例如，他將動物分為蟲、鱗、介、禽、獸等部，植物分為草、穀、菜、果、木等部，其中草又被分為山草、芳草、醒草、毒草、水草、蔓草、石草等類。

西元 1735 年，瑞典植物分類學家卡爾．林奈 (Carl Linnaeus) 發表了《自然系統》(*Natural System*) 的第一版，將分類方法系統化，提出了界、綱、目、屬、種的概念，並且創立了雙名命名法，即屬名加種名。這就把各種生物歸併到不同的類別中，每種生物都有自己特定的位置，可以一眼看出生物之間的遠近關係。

在林奈的分類系統中，界是最大的類別，如植物界和動物界，牠們之間的差異最大，僅僅是同為生物而已。到了綱這一級，共同性就多一些，如林奈的 6 個動物綱 (哺乳類、鳥類、兩棲類、魚類、昆蟲、蠕蟲) 中，魚之間彼此相似，鳥之間也彼此相似，但是魚和鳥有顯著不同。越是靠近分類的末端，生物之間的共同性就越多，如在哺乳類中，不同種的馬之間非常相似，不同種的牛之間也非常相似，但是牛和馬之間的差別就要大一些。把這種分類的情形畫成圖，就非常像樹幹分枝，大枝分為中枝，中枝分為小枝，其中最大的枝為界，最小的枝為種 (圖 0-3)。

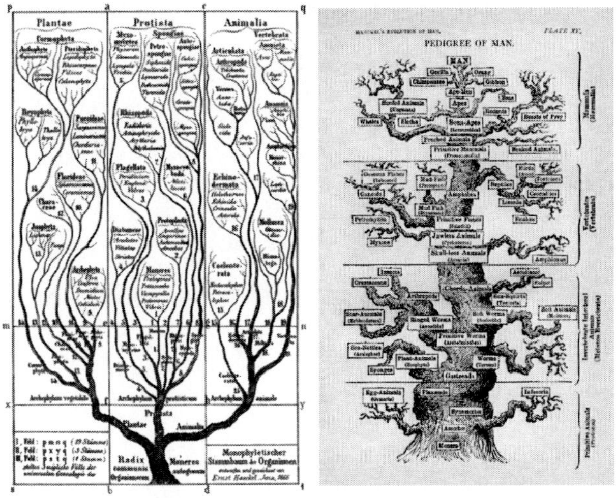

圖 0-3　西元 1860 年代德國科學家漢克爾（Hankel）畫的生物演化樹（a）和人類演化途徑（b）

這種分類樹實際上已經在暗示，所有的生物都來自共同的祖先，就像樹木上所有的小枝都來自種子發芽時的那根主幹。可惜林奈認為物種是不變的，因而也沒意識到分類樹所包含的深意。直到 124 年後達爾文的生物演化學說出來，人們才恍然大悟，原來分類樹其實就是生命演化樹，並且開始從生物演化的角度來研究物種及其變化。

既然分類樹就是演化樹，人們除了對現有的生物進行分類外，還對生物的過去進行研究，以了解生物演化的歷史過程，這就是對化石的研究。化石是過去的生物死亡後留下的物質或者痕跡，早已被人類注意到。亞里斯多德就發現岩石中的貝殼化石與海灘上的貝殼很相似，了解到化石是過去的生物遺留下來的。18 世紀初，首先用顯微鏡觀察到微生物的英國科學家羅伯特 · 虎克（Robert Hooke）觀察了已經滅絕的菊石（軟體動物如烏賊和章魚帶外殼的祖先）的化石，了解到這是以前生活過的生物遺留下來的。19 世紀初，英國的古生物學家瑪麗 · 安寧（Mary Anning）發現了相當完整的魚龍和蛇頸龍這兩種恐龍的化石，更證明有許多生物曾經在以前生活過，但是後來消失了。

在安寧發現恐龍化石的同時，準確測定岩石年齡的方法也出現了，這就是對放射性同位素的應用。放射性同位素是能夠放出射線的化學元素，而且在放出射線後還會變成另一種化學元素，這個過程叫做衰變。每種放射性同位素衰變的速率是固定的，與溫度和化學狀態無關，因而可以用來測定岩石的年齡。例如，鈾能夠衰變為鉛，岩石中的鉛越多，鈾越少，岩石形成的年代就越久遠。測定岩石中鈾和鉛的相對數量，就可以計算出岩石的年齡。除了鈾，還有多種放射性同位素可以用來測定岩石的年齡。

用這種方法，科學家計算出地球的年齡為 45.4 億年。各種生物出現的時間也符合達爾文的預期，即地球上的生物是從簡單的祖先演化而來的：40 億年前只有單細胞的細菌；最早的多細胞動物海綿出現在約 6 億年前；脊椎動物（身體中有脊柱的生物）出現在約 4 億年前；哺乳動物出現的時間還不到 2 億年；而人類最古老的化石則只有幾百萬年的歷史。最早的陸上植物（苔蘚）出現在大約 4.7 億年前，能夠結種子的植物出現在大約 3.5 億年前，而開花植物要到大約 1.3 億年前才出現。

除了化石，科學家也對地球過去的各個歷史時期做了大量的研究，發現在 40 多億年的時間內，地球發生過許多重大變化。大陸並不是固定不動的，而是在不斷漂移，不同的大陸之間分分合合，相撞時形成高原山脈，分開時形成新的海洋。火山爆發噴出的氣體會造成氣候變化，地球表面溫度也劇烈變化過多次，最熱時海水溫度曾經達到攝氏 40 度，最冷時整個地球都被冰雪包裹。再加上地震和隕石撞擊，地球上的生物經歷過一場又一場的浩劫。環境適合時生物大繁榮，蕨類植物長到 40 多公尺高，蜻蜓的翅展達到過 65 公分，恐龍統治地球，而災難來臨時又有成批的物種滅絕。據猜測，在地球上曾經存在過的物種中，超過 99%已經滅絕。大量原有的物種消失，新的物種不斷出現，這才是地球上生物發展的情形。將這個過程寫出來，就是第一種生命史。

生物的細胞結構也支持達爾文關於地球上所有的生物都來自少數共同祖先的觀點，不過細胞很小，只有一微米到幾十微米，而在近距離觀察時，人眼的解析度在 100 微米左右，自然看不見細胞。顯微鏡的發明使人能夠看見人眼不能直接看到的東西，包括生物的細胞結構。西元 1837 年，德國的生理學家特奧多爾 · 許旺 (Theodor Schwan) 和植物學家馬蒂亞斯 · 許萊登 (Matthias Schleiden)，在他們各自對生物結構觀察的基礎上，共同發表了生物結構的細胞學說 (圖 0-4)。這個學說認為，地球上所有的生物，無論是動物還是植物，也無論大小形狀、簡單還是複雜，都是由細胞組成的，而且細胞只能來自細胞，即新的細胞只能由已有的細胞分裂而來。如果各種生物都有自己的祖先，那麼所有這些祖先也就必須不約而同地發展出類似的細胞結構，而這種可能性是非常小的，因此地球上的各種生物應該來自共同的、細胞形式的祖先。

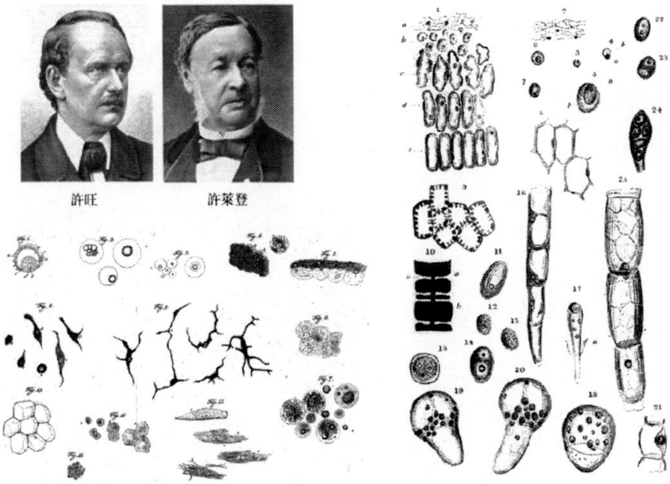

圖 0-4　許旺、許萊登和他們觀察到的細胞

所有這些資料都支持達爾文的物種可變、自然選擇的觀點，但是有一個重要問題沒有回答，就是這種現象背後的機制：是什麼原因使物種發生變化，而變化一旦發生，又能夠在相當長的時期內保持這些性狀，形成相對穩定的物種，以至於在短期之內會被人們認為是不變的？換句話說，要理解達爾文提出的生物演化現象，就必須解釋生物在大時間尺度上的變化和在小時間尺度上的穩定。要了解這個機制，僅憑觀察已經不夠了，必須進行科學實驗。而關於這個機制的第一條線索，是由與達爾文同時代的奧地利生物學家格雷戈爾·孟德爾（Gregor Mendel）提供的。

孟德爾出生於一個農民家庭，從小就在家裡的農莊中工作，對植物栽培非常熟悉，後來又在大學裡接受過物理學、數學和生物學的教育，所以也是受過訓練的科學家。在當時，許多農民已經懂得用雜交來改善作物的性狀，但是缺乏理論研究。孟德爾決定利用自己的科學知識，對雜交進行系統的研究。他發現，同為豌豆，不同品種之間卻在許多性狀上有明顯差別。他選擇了 7 種容易鑑別的差異來進行研究，分別是植株的高矮、種子的形狀、花的顏色、種皮顏色、豆莢的形狀、未成熟豆莢的顏色，以及花在植株中的位置。其中植株的高和矮、花色的紅和白、種子形狀的圓和皺最為人所知，其實用其他性狀所做實驗的結論也是相同的。

例如，他把開紅花和開白花的豌豆進行雜交，產生的雜交種（雜交第一代）都開紅花，好像控制開白花的機制消失了。但是當他用這些雜交種培育下一代（雜交第二代）時，卻有一些植株開出白花，說明控制開白花的機制並未消失，只是被暫時掩藏起來了。然而在雜交第二代中，開紅花的植株數是開白花的植株數的 3 倍，這個現象又該如何解釋呢（圖 0-5）？

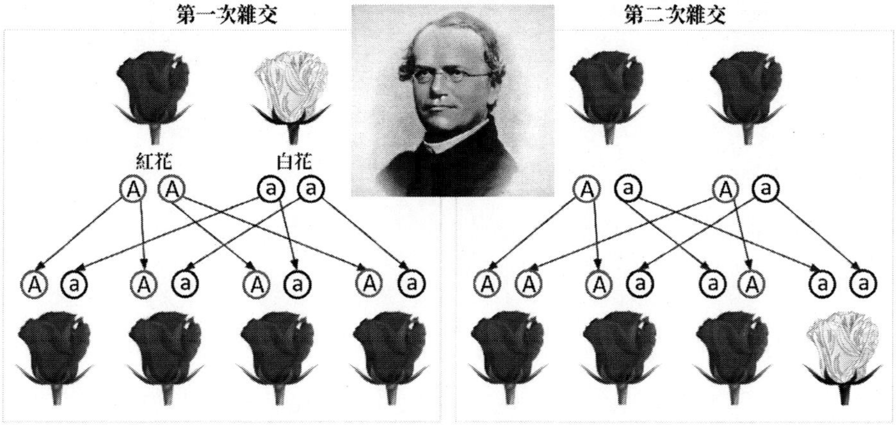

圖 0-5　孟德爾的豌豆遺傳實驗

經過思考，孟德爾認為，控制豌豆這些性狀的是某種物質單位，這些單位可以把生物的性狀傳遞給後代，所以又叫做遺傳單位。每種豌豆都有雙份遺傳單位，一份來自父本植物，一份來自母本植物。豌豆繁殖時，花粉（能夠提供精子）和胚珠（含有卵）都只含一份遺傳單位，二者結合（受精），又形成含有兩份遺傳物質的細胞，進而發育成為植株。

如果把控制開紅花的遺傳單位用 A 表示，控制開白花的遺傳單位用 a 表示，雜交第一代遺傳單位的組成就是 Aa、aA。由於當時還不知道的原因，A 能夠發揮作用，開出紅花，叫做顯性的，a 在 A 存在時不能發揮作用，被稱為是隱性的，所以雜交第一代都開紅花。

在從雜交第一代繁殖出第二代時，A 和 a 彼此分開，分別進入精子和卵，並且在受精時再結合，這樣就有 4 種結合方式，AA、Aa、aA 和 aa。由於 A 和 a 進入精子和卵的過程，以及不同精子與不同卵結合的過程都是隨機的，每種結合方式的機率應該相同。但由於 A 是顯性，a 是隱性，AA、Aa 和 aA 都開紅花，只有 aa 沒有 A 的掩蓋作用，所以開白花，紅花植株和白花植株的數目比應該是 3 ： 1，這就完美地解釋了豌豆雜交的實驗結果。無論是用 6 種性狀中的哪一種做實驗，結果都一樣。

這是極為重要的結果，說明生物的性狀是被由物質組成的單位控制的，而且這些單位還能夠傳給後代。而且從這樣的實驗結果，孟德爾能推斷出豌豆有兩份遺傳物質（現在所說的二倍體），精子和卵只有一份遺傳物質（現在所說的單倍體）。

西元 1865 年，孟德爾在自然史學術會議上報告了他的研究成果，題目是〈植物的雜交實驗〉。由於題目過於普通，這些結果並沒有立即引起科學界的重視，但是在不久之後就有人了解到這些結果的重要性，並且用各種方式重複孟德爾的實驗，其中最成功的就是美國遺傳學家和生物學家托馬斯‧摩爾根（Thomas Morgan）的實驗。

1908 年，摩爾根用實驗來檢驗孟德爾結論的正確性，不過他沒有重複豌豆雜交實驗，而是採用果蠅這種主要靠腐爛的水果為食的昆蟲。但是果蠅的體型比較小，性狀不好觀察，於是摩爾根用多種方法來使果蠅產生容易觀察的變種，包括強光和黑暗、加溫和降溫、用 X 光照射，甚至用離心機來增加重力等，但是在兩年的時間內一無所獲。直到 1910 年，摩爾根的實驗室終於產生一隻白眼睛的雄果蠅，而正常果蠅的眼睛是紅色的。用這隻白眼的雄果蠅與紅眼的雌果蠅交配，產生的雜交第一代全是紅眼睛。當用這些雜交第一代的雌果蠅與正常的紅眼雄果蠅交配，產生雜交第二代果蠅時，白眼果蠅又出現了，而且紅眼果蠅與白眼果蠅的比例也是 3：1，和孟德爾豌豆雜交實驗的結果完全一致（圖 0-6）。

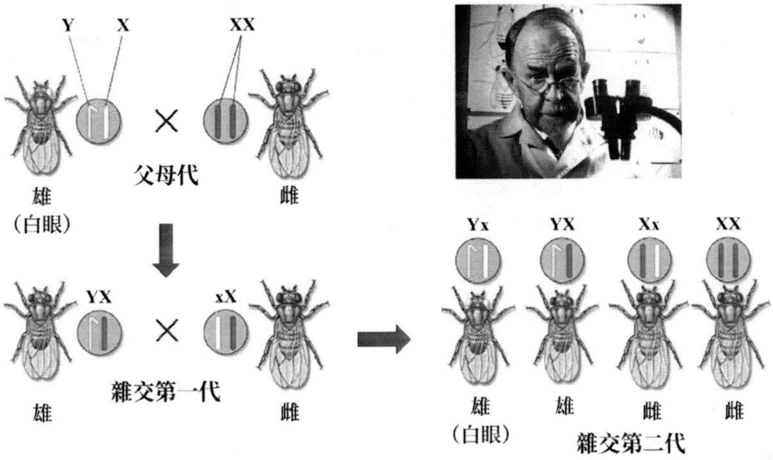

圖 0-6　摩爾根和他的果蠅雜交實驗

不僅如此，雜交第二代中的 782 隻白眼果蠅還全都是雄性的。在當時，細胞中的染色體已經被發現，因為它易於被染料染色而被看見。果蠅有 4 對染色體，其中 3 對彼此相同，而第 4 對在不同性別的果蠅中不同。在雌性果蠅中這兩條染色體的長度和結構都相同，叫做 XX 染色體對；而在雄性果蠅中，這一對染色體大小形狀不同，其中的一條和雌性果蠅中的 X 染色體相同，另一條只存在於雄性果蠅中，叫做 Y 染色體，因此 X 和 Y 是和果蠅性別有關的染色體，叫性染色體。雜交第二代的白眼果蠅全部為雄性，說明控制紅眼生成的遺傳單位與性染色體有關。

摩爾根的解釋是，控制紅眼生成的遺傳單位在 X 染色體上。在最初的白眼雄果蠅中，這個遺傳單位的變化（現在看來很可能是由 X 光照射引起的）使生成紅眼的功能喪失。由於雄果蠅只有一條 X 染色體，這條染色體中該遺傳單位的改變使這隻雄果蠅喪失正常的生成紅眼的遺傳單位，只能生成白色的眼睛。當這隻雄果蠅與正常的雌果蠅交配時，在雜交第一代中，雌性的兩條 X 染色體中的一條來自白眼雄果蠅，不能生成紅眼，但是另一條 X 染色體卻來自正常的雌果蠅，遺傳單位沒有變化，所以仍然可以產生紅眼。而雄性果蠅的 X 染色體只能來自正常雌果蠅，因此眼睛應該是紅色的。如果用 X 表示能夠正常產生紅眼的 X 染色體，用 x 表示不能產生紅眼的 X 染色體，在雌性中就有 X1 和 X2，在白眼雄性中就是 x 和 Y。分別含 X1 和 X2 的卵與分別含 x 和 Y 的精子結合，就有 X1x、X2x、X1Y、X2Y 這 4 種結合方式，它們都含有 X，因此雜交第一代都是紅眼睛的。在這裡 X 就相當於豌豆實驗中的顯性，x 相當於隱性。

雜交第一代的雌果蠅產生分別帶 X 和 x 的卵（這裡的 X 是 X1 還是 X2，效果都一樣），而正常雄果蠅產生分別含有 X 和 Y 的精子，它們之間的隨機結合也有 4 種方式，XX、XY、xX 和 xY。其中 XX、XY、xX 都含有 X，因此是紅眼睛，只有 xY 表現出白眼睛，紅眼睛果蠅的數量與白眼睛果蠅的數量比也是 3 ： 1。

摩爾根的實驗結果不僅證實了孟德爾的遺傳單位理論，還證明遺傳單位存在於染色體上，這是另一個重要的進展。摩爾根採用了當時已經提出的「基因」（gene）這個名稱，來取代孟德爾的遺傳單位，而且把基因的改變稱為突變（mutation），這兩個名稱後來就成為分子生物學中的標準術語。

儘管在當時還沒有人知道基因具體是什麼，突變又是什麼，但是基因和突變的概念，已經可以解釋達爾文的物種變化理論。基因控制生物的性狀，基因不變，物種的性狀也不會改變，這就解釋了平時我們看到的物種穩定。基因的突變又能改變生物的性狀，這就為達爾文提出的物種變化理論提供了物質基礎，即物種變化是由基因的變化引起的。這種變化的頻率不高，因此在平時不容易被發覺，但是在大的時間尺度上可以被發現。

1928 年，英國細菌學家弗雷德里克·格里菲斯 (Frederick Griffith) 發現，往小鼠體內單獨注射不致病的肺炎雙球菌，或者注射被加熱殺死的致病性肺炎雙球菌，小鼠都不會患病，然而把不致病的肺炎雙球菌和被熱殺死的致病性肺炎雙球菌一起注射到小鼠體內，小鼠就會患肺炎而亡。從死亡的小鼠身上提取出來的肺炎雙球菌也是致病的，說明在被熱殺死的致病性肺炎雙球菌中含有某種物質，能夠把不致病的肺炎雙球菌轉化成為致病的 (圖 0-7)。由於這種物質改變了不致病肺炎雙球菌的性狀 (從不致病到致病，從細菌表面沒有莢膜到長出莢膜)，所以它應該含有基因。但是這種物質到底是什麼，仍然是個謎。

以上這些整體規模的實驗為基因研究提供了重要的物質線索和思想框架，同時也到了它們能力的極限。要真正了解基因究竟是什麼，就必須在分子層面上對生物進行研究，具體了解生物體中有哪些分子，它們的結構是什麼，什麼樣的分子可以成為基因。基因要把生物眾多的性狀傳給後代，一定是比較複雜的分子，這樣才能包含每一種性狀的訊息。就像人類用文字來記錄訊息，基因也可能是由某種「單字」寫成的「文字」。由於基因還必須把訊息傳遞給後代，所以基因還必須能夠複製自己。

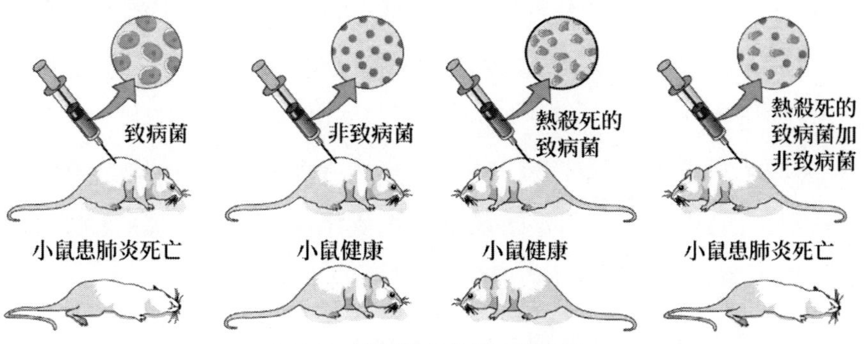

圖 0-7　格里菲斯的肺炎菌實驗

幸運的是，在這個時期，生物化學已經登場了，並且發現了兩類可能與基因有關的大分子：核酸和蛋白質。去氧核糖核酸（DNA）就是一種核酸，由 4 種去氧核糖核酸相連而成；蛋白質則是由不同的胺基酸相連而成。這些組成單位就像字母，可以拼寫出「單字」，進而組成「句子」，可以儲存訊息，因此基因既可能是核酸，也有可能是蛋白質。

1944 年，美國科學家奧斯瓦爾德 · 埃弗里（Oswald Avery）及其同事發表了他們對格里菲斯實驗研究的新成果。他們分離了致病性肺炎鏈球菌的各種成分，並且測試這些成分把不致病的肺炎鏈球菌轉化為致病性肺炎鏈球菌的能力，發現只有 DNA 具有這種能力，說明基因是由 DNA 組成的。細胞中的 DNA 幾乎全部存在於染色體內，也與摩爾根發現的基因存在於染色體中的實驗結果相符。

1953 年，美國生物學家詹姆斯 · 華生（James Watson）和英國生物學家法蘭西斯 · 克立克（Francis Crick）發表了著名的 DNA 雙螺旋結構模型。4 種去氧核糖核苷酸線性相連，成為長鏈，兩條這樣的鏈再彼此交纏，形成像麻花一樣的形狀（圖 0-8）。這 4 種去氧核糖核苷酸分別用 A、G、C、T 這 4 個字母代表。在兩條鏈的接觸處，A 和 T、C 和 G 由於形狀互補相配，就像拼圖中相鄰的兩片，能夠彼此配對，這樣就把兩條鏈結合到一起了。一條鏈上的 A 對應另一條鏈上的 T，一條鏈上的 C 對應另一條鏈上的 G，因此兩條鏈的序列是互補的，可以作為對方序列的模板。DNA 要複製自己時，兩條鏈分開，分別合成與自己互補的另一條鏈，就可以形成兩個與原來相同的 DNA 分子，這樣就解決了遺傳物質在生物繁殖時複製自己的問題。可是 DNA 很少參與細胞的生命活動，如果基因存在於 DNA 中，它們又是如何控制生物性狀的呢？

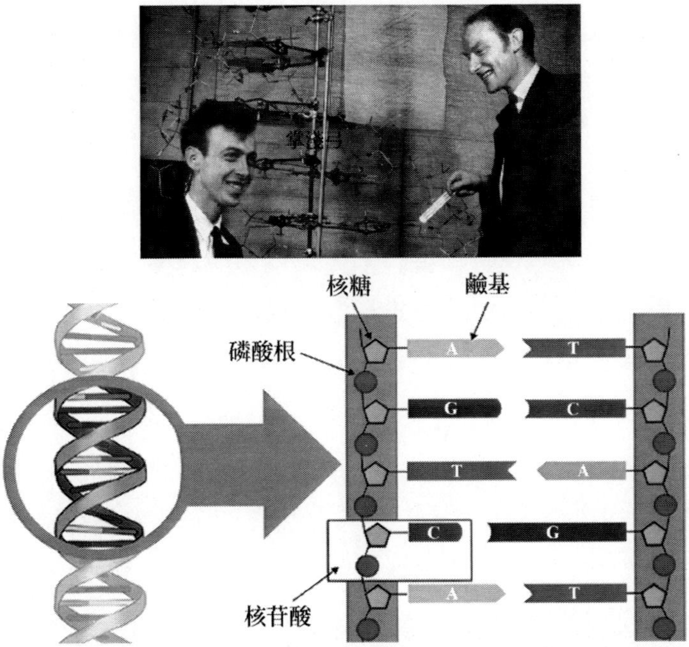

圖 0-8　華生（左）和克立克（右）與他們的 DNA 雙螺旋模型
核苷酸由 3 個部分組成：鹼基、核糖和磷酸根。鹼基 A 和 T、C 和 G 透過形狀配對。

蛋白質是細胞中最豐富的物質之一，每個細胞都含有數千種蛋白質，而且幾乎所有的生命活動都是由蛋白質來執行的，包括催化（即幫助和加速）生命活動所需要的數千種化學反應，所以蛋白質直接控制生物的性狀。蛋白質是由 20 種胺基酸相連而成的，相當於有 20 個字母，按理說蛋白質「書寫文字」的能力比 DNA 強得多，但是它卻不能組成基因，因為蛋白質有一項致命缺陷，就是無法複製自己。胺基酸之間沒有 DNA 中「字母」所具有的那種對應關係，因此蛋白質無法成為複製自己的模板。

DNA 上面的基因不能直接參與生物性狀的控制，而直接控制生物性狀的蛋白質又不能成為基因，基因又如何實現對生物性狀的控制呢？從邏輯上推斷，應該是DNA中的基因控制蛋白質的生成，即DNA鏈中A、

G、C、T 這 4 個字母排列的順序（專業名稱叫做序列）儲存了蛋白質分子中胺基酸序列的資訊。

這個推斷完全正確，世界上的多個實驗室用不同的方式證明了這一點。例如，科學家發現，無論何種細胞，蛋白質的合成都是在細胞質中的一種叫做核糖體的顆粒上進行的。把核糖體提取出來，放在試管中，加入各種胺基酸，也可以合成蛋白質，但同時還需要細胞中的另一類物質，這類物質也是核酸，但是與 DNA 稍有不同，叫做 RNA，是核糖核酸（ribonucleic acid）英文名稱的縮寫。與 DNA 類似，RNA 是由 4 種叫做核苷酸的單位相連組成的，組成 RNA 的核苷酸與組成 DNA 的去氧核糖核苷酸極為相似，只是在分子中多一個氧原子（去氧核糖核苷酸中「去氧」兩個字就由此而來），這些核苷酸也可以用 A、C、G 這樣的字母來代表，只是對應於 DNA 中 T 的核苷酸，除了分子中多一個氧原子外，在其他部分還有一些不同，改用字母 U 代表。雖然有這些不同，U 還是與 T 一樣，可以和 A 配對。問題是，這些 RNA 分子是從哪裡來的？它們和 DNA 的關係是什麼？

把核糖體合成所需要的 RNA 和 DNA 分子放在一起加熱，使 DNA 中的兩條鏈彼此分開，再緩慢冷卻，發現 RNA 可以像 DNA 中兩條鏈彼此結合那樣，與其中一條 DNA 鏈結合。這說明 RNA 中核苷酸的序列與 DNA 中的一部分序列是互補的，也和另一條 DNA 鏈上對應的序列相同，因此這些 RNA 的序列必然來自 DNA。DNA 先以自身為模板，合成 RNA 分子，RNA 分子再進入核糖體，指導蛋白質分子的合成。

用人工合成的全由 U 組成的 RNA，也可以在核糖體中指導蛋白合成，這樣合成出來的蛋白質全由苯丙胺酸（胺基酸中的一種）組成，說明由 U 這個「字母」拼成的「詞」代表苯丙胺酸。進一步的研究顯示，3 個字母即可代表一種胺基酸，叫做三聯碼，例如，上面說的完全由 U 組成的三聯碼 UUU 代表苯丙胺酸，而 UCU 則代表絲胺酸，GAA 又代表麩胺酸等 (圖 0-9)。用這種方式，DNA 的序列就可以為蛋白中胺基酸的序列編碼。每一種蛋白質都有自己特殊的胺基酸序列，也就需要不同的 DNA 區段為它們編碼，這些 DNA 區段就是被它們編碼的蛋白質的基因，基因的實質和工作方式，也終於被揭露出來。

基因規定了蛋白中胺基酸的序列，決定由它編碼的是哪種蛋白質。基因不變，蛋白質就不會改變。而 DNA 是非常穩定的分子，在幾萬年前滅絕的尼安德塔人遺留下來的骨頭化石中，DNA 仍然基本完整，這就解釋了為什麼各種生物能夠在相當長的時間內保持穩定，形成似乎不改變的物種。但在同時，DNA 序列又是可以改變的，每次 DNA 複製都不是 100%準確的，而是會有一些誤差；DNA 也會由於各種原因而受到損傷，如紫外線照射、X 光照射、一些化學物質的攻擊等。生物雖然都有修復受損 DNA 的機制，但是這些修復過程也不全是完美的。基因中 DNA 序列的改變就有可能導致蛋白質中胺基酸序列的變化，從而改變它們的功能，導致物種性狀的改變。這種過程發生的速度一般很慢，常常需要成千上萬年的時間。這樣，生物在較短時期內的穩定和在較長時期中的改變，都可以從基因的角度得到解釋。

第二個字母

第一個字母	U	C	A	G	第三個字母
U	UUU、UUC：苯丙 UUA、UUG：亮	UCU、UCC、UCA、UCG：絲	UAU、UAC：酪 UAA：終止 UAG：終止	UGU、UGC：半胱 UGA：終止 UGG：色	U C A G
C	CUU、CUC、CUA、CUG：亮	CCU、CCC、CCA、CCG：脯	CAU、CAC：組 CAA、CAG：麩醯	CGU、CGC、CGA、CGG：精	U C A G
A	AUU、AUC、AUA：異亮 AUG：蛋	ACU、ACC、ACA、ACG：蘇	AAU、AAC：天門冬醯 AAA、AAG：賴	AGU、AGC：絲 AGA、AGG：精	U C A G
G	GUU、GUC、GUA、GUG：纈	GCU、GCC、GCA、GCG：丙	GAU、GAC：天門冬 GAA、GAG：麩	GGU、GGC、GGA、GGG：甘	U C A G

圖 0-9　RNA 分子中核苷酸序列為蛋白質分子中胺基酸序列編碼的「三聯碼」
其中胺基酸名稱中的「基酸」二字略去。AUG 代表轉譯開始的第一個胺基酸（蛋胺酸），UAA、UAG 和 UGA 不為胺基酸編碼，而是轉譯終止的訊號。由於三聯碼有 64 種組合方式，而蛋白質分子中的胺基酸只有 20 種，所以多數胺基酸被多個三聯碼編碼。

對各種生物的研究發現，無論是微生物、植物還是動物，遺傳物質都是 DNA，這些 DNA 都用 A、G、C、T 這 4 種去氧核糖核苷酸組成，都用 DNA 中的基因為蛋白質編碼，編碼所使用的三聯碼也彼此相同，都用 RNA 傳遞訊息，在核糖體中指導蛋白質的合成，蛋白質也都由同樣的 20 種胺基酸組成，這是地球上所有的生物都來自同一個祖先最強而有力的證據，支持達爾文關於生物由少數祖先演化而來的觀點。無論孔雀與菊花看上去有多麼不同，它們在分子層面上卻是高度一致的，也真的有共同的祖先。

在生物演化的過程中，新基因不斷出現，單個基因還可以增殖出多份複製品並且進行分化，成為基因家族。基因之間可以發生融合，在不需要的時候又可以失效，變為偽基因。這些變化存留於生物的 DNA 中，成為生物演化的分子化石。比較各種生物的 DNA 和其中的基因，就可以看出生物之間的傳承關係和不同生物之間的親緣關係。就像用化石資料可以建造出生物演化的整體歷史，用分子化石的資料也可以建構出生物的分子演化樹。

在這些知識的基礎上，我們已經可以寫出與第一種生命史視角不同的第二種生命史，即透過基因演化和基因所編碼的蛋白質在各種生物功能中作用的變化，敘述地球上生命發展的整個歷程，從簡單細胞到複雜細胞，再由複雜細胞演變為動物、植物、真菌等不同門類的生物，每一類生物又不斷演化，形成地球上千千萬萬的物種。

由於生命是由化學元素組成的，為了尋根溯源，我們從宇宙誕生談起，依次敘述組成生命的化學元素的產生，生命前期分子在太空環境中的形成，原初生命的出現，各種生物功能的產生和發展及在此基礎上各種類型生物的出現，直至我們人類的誕生。

第一章

生命的前期準備

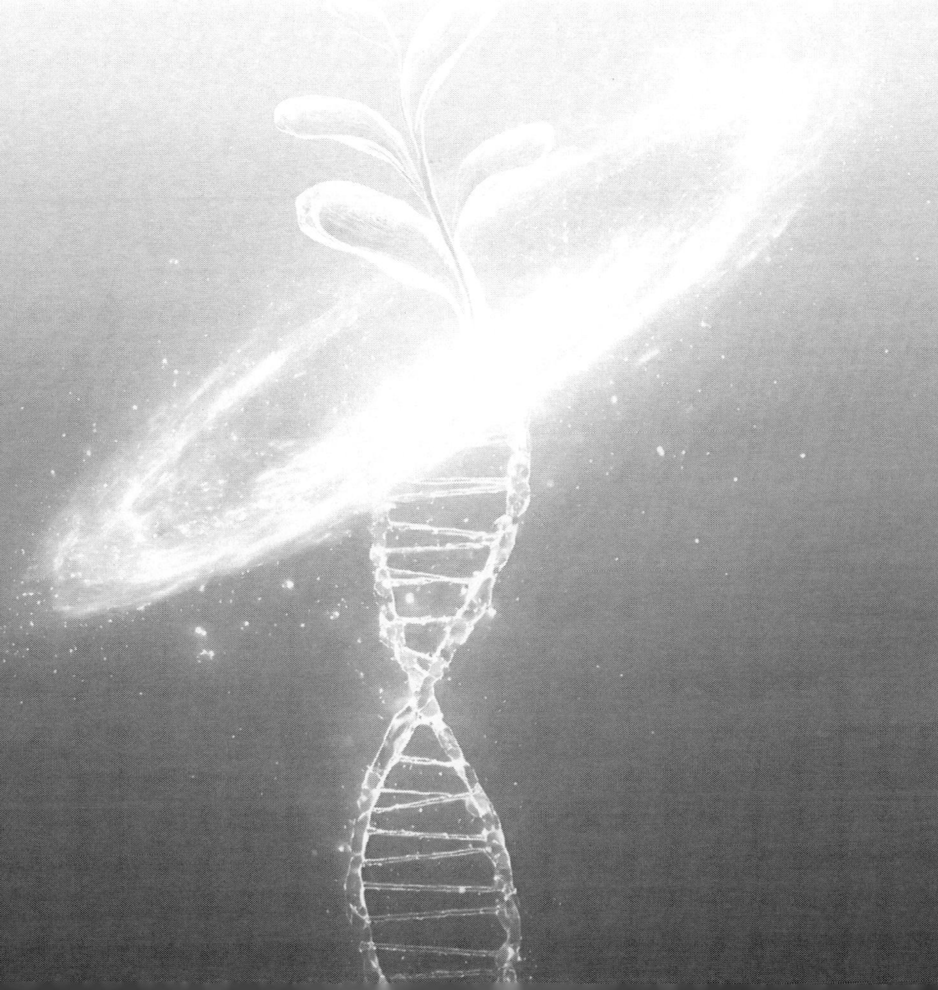

第一節　宇宙誕生和化學元素形成

說到生命的歷史，好像只和地球有關，因為生命是在地球上產生的。但是組成生命的物質，卻不是地球能夠製造出來的，也不是我們的太陽系能夠製造出來的。要知道組成生命的物質的最初來源，就要追溯到太陽系出現之前遙遠的過去，那就是宇宙的起源。

在 1920 年代之前，人們認為宇宙是靜止的，就連科學巨匠愛因斯坦都這樣想。但是在 1922 年，美國天文學家愛德溫 · 哈伯 (Edwin Hubble) 卻發現，宇宙其實是在膨脹的，其他星系正在離我們而去，而且離我們越遠的星系，飛離我們的速度越快 (圖 1-1)。如果把這個過程反推回去，宇宙最初就應該是一個點。

圖 1-1　哈伯和他在美國威爾遜山天文臺使用的望遠鏡

在過去的幾十年中，科學家對物質在極高溫度和極大壓力下的狀態也已經有了很好的了解，因而能夠從理論上把宇宙膨脹的過程倒推回去，得出我們的宇宙來自 137 億年前的一場大爆炸的結論，並且能夠描述出大爆炸後千億分之一秒直到現在的 100 多億年中，宇宙發展演變的整個過程，包括組成生命的物質的形成。

宇宙大爆炸是從一個密度和溫度都極高的奇點開始的。爆炸瞬間產生多種基本粒子，如夸克。由這些粒子組成的高溫高壓的「粥」迅速擴張，溫度也開始降低。大約 1 微秒後，溫度降到約攝氏 1,000 億度，基本粒子結合，形成電子、質子和中子。質子帶一個單位的正電，電子帶一個單位的負電，中子不帶電。質子和中子的質量差不多，而電子的質量只有質子的 1/1840。

電子、質子和中子的產生，意義極其重大。夸克那樣的基本粒子只能在極端條件下（如宇宙大爆炸的瞬間和實驗室的對撞實驗中）游離存在，而電子、質子和中子卻可以在從攝氏 1,000 億度的高溫到絕對零度（攝氏 -273 度）的溫度範圍內穩定存在，是組成現今世界上各種物質的粒子。它們的尺寸都很小，像質子和中子的直徑只有 1.7 飛米〔1 飛米是 1 公分的 1/（1×101^{3}）〕，電子的尺寸可能還要小一些，但是總算是在可以想像的尺寸範圍內了。就是這三種微小的粒子，組成了現今多姿多采的世界，包括幾千億個星系，比地球上沙粒數量還多的恆星，我們的太陽系、地球以及地球上的幾百萬種生物。

這看上去好像有點不可思議：區區三種粒子怎麼能夠變出這麼多花樣來啊？在兩千多年前，老子在《道德經》中就說：「道生一，一生二，二生三，三生萬物」，道出了宇宙發展的總規律。現在我們就來看看這三種粒子是怎麼生出「萬物」的。

質子雖然帶正電，彼此排斥，但是宇宙間卻有一種力，叫強作用力，可以把質子在中子存在的情況下結合在一起，形成由質子和中子組成的粒子團。在這裡中子是絕對必要的，質子之間的排斥力太強，沒有中子的摻和，單純由質子是不能形成粒子團的。在所有的粒子團中，中子數都不能少於質子數，而且質子的數量超過 20 時，還需要越來越多的中子才能「沖淡」質子之間的排斥作用，使粒子團穩定。例如，質子數為 20 時，中子數也為 20；質子數為 40 時，中子數為 51；質子數為 60 時，中子數為 84；質子數為 80 時，中子數高達 120。質子數超過 94 時，它們之間的排斥力是如此強大，以至於再多的中子也不能使粒子團穩定了。質子數更多的粒子團可以在實驗室中被人工創造出來，但是它們都不穩定，會很快分解。所以在穩定的粒子團中，質子數只能從 1 增加到 94，如果把 1 也算是「團」的一種特殊情況的話。

強作用力雖然很強大，但是作用距離非常短，只有在質子和中子相當靠近時才能發揮作用，所以只能在大爆炸後壓力和溫度都極高的時候發生。但這時宇宙正在迅速膨脹，溫度很快降低，質子和中子能夠結合為粒子團的時間很短，不過十來分鐘，在匆匆忙忙中只形成了含兩個質子和三個質子的粒子團，以及大量沒有結合、仍然是單個的質子。

38 萬年之後，溫度降低到攝氏幾千度，這時又發生了另外一個意義重大的事件，就是帶負電的電子開始圍繞帶正電的質子（或者由質子和中子組成的粒子團）不停地旋轉，形成原子，這些質子和粒子團也就成為原子核。原子中電子的數目等於質子的數目，所以原子整體不帶電。一個電子圍繞一個質子旋轉，就形成氫原子，兩個電子圍繞含兩個質子的原子核旋轉，就形成氦原子，而三個電子圍繞含三個質子的原子核旋轉，則形成鋰原子（圖 1-2）。由這些原子核形成的原子叫做化學元素，簡稱元素，意思是組成物質的基本因素，在性質上特別是在化學性質上彼此不同。

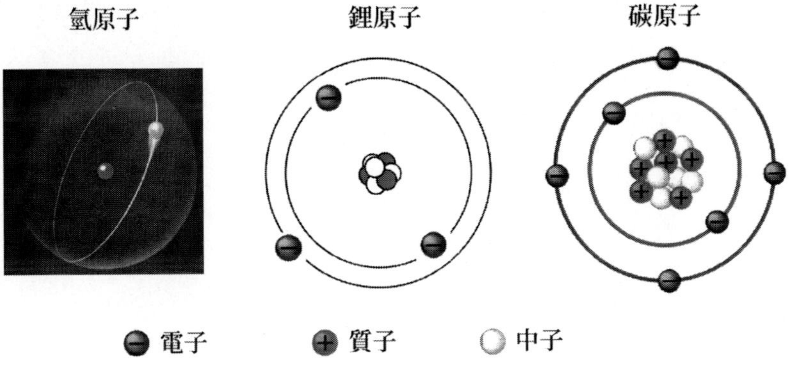

圖 1-2　原子的構造
可以看見電子的軌道是分層的。

原子的性質是由原子核外面電子的數量決定的，而電子的數量又是由原子核中質子的數量決定的，與原子核裡面中子的數量無關，所以是原子核中質子的數量決定原子屬於什麼元素，例如，氫、氦、鋰這三種元素的原子核中分別含有一個、兩個、三個質子，它們的性質也不同：氫和氦都是氣體，但是氫能夠燃燒，氦不能燃燒，而鋰是金屬。原子核中的中子數稍多一點或者稍少一點，對元素的性質基本上沒有影響。例如，鋰的原子核可以含有三個中子或者四個中子，但是由於質子數都是三個，這樣形成的原子都是鋰原子。含有相同質子數和不同中子數的原子屬於同一元素，在元素排序時排在同一位置，所以叫做同位素。

在這個時候，宇宙裡最多的化學元素是氫，其次是氦，它們之間的質量比約為 3 ： 1，原子數比為 12 ： 1，此外還有微量的鋰。組成我們身體的元素如氧、碳、氮、硫、磷等，此時還完全不見蹤影。在這樣的宇宙中，生命是不可能產生的。

幸運的是，宇宙中物質的分布不是絕對均勻的，而是有微小的濃度差異。由於重力的作用，濃度稍高地方的氣體就會把周圍的氣體吸引過來，使自己的質量增大，從而吸引更多的氣體，使這些地方的氣體濃度越來越大，最後凝聚成星球。這個過程需要很長的時間，所以第一批星球是在大爆炸之後 2 億年左右才形成的。

在這些星球內部，重力作用形成極大的壓力，氣體壓縮也會產生高溫。高溫使電子脫離原子，讓原子核重新裸露出來，而高溫高壓又使原子核能夠彼此接近到強作用力能夠發揮作用的距離範圍內，因而能夠再次發生融合，形成含有更多質子的原子核，這就是第二次造元素運動，這個過程也被稱為核聚變。與大爆炸剛發生時短暫的造元素過程不同，這次造元素的過程是在星球內部發生的，沒有宇宙膨脹帶來的溫度和壓力降低的問題，而且原子核融合時還會放熱，維持星球內部的溫度和壓力，因此造元素運動能夠長期進行下去。不過能夠進行到什麼程度，還要看星球的大小。

星球的質量越大，內部的溫度和壓力越高，就越能夠克服帶正電的原子核之間的排斥力，使它們融合，形成更重元素的原子核。星球質量小於三個太陽質量時，只能發生質子融合成氦核的反應，所以太陽是造不出氦以外的其他元素的。如果星球的質量大於三個太陽質量，就可以形成鈹和碳的原子核；星球的質量大於 8 個太陽質量時，就會形成氧、氖、鎂、矽等元素的原子核；如果星球的質量大於 11 個太陽質量，還會形成硫、氬、鈣、鈦、鉻、鐵、鎳等元素的原子核。所以質量龐大的星球就相當於是太上老君的煉丹爐，組成我們身體的元素就是在這些煉丹爐中生產出來的。

當星球內部的燃料耗盡時，核聚變停止，溫度和壓力降低，不能夠再抵抗星球外層向內的壓力，這時星球會猛然向內坍縮，坍縮時釋放的能量使星球爆炸，將這些新合成的原子核噴灑到太空中，而且在爆炸時的劇烈條件下，還會形成更重元素的原子核。由於星球外層的氫並不參與內部的核聚變反應，噴灑出去的物質主要還是氫，可以再次凝聚形成星球，太陽就是這樣的第二代或第三代星球。

因此，組成生物體的主要元素如碳、氧、氮、硫、磷、鈣等，都不是太陽系產生的，是過去比太陽大得多的星球死亡時，將這些元素與氫一起噴灑到太空中，再形成太陽系，包括地球。這些元素中的一些在後來形成了地球上的生物，所以地球上生物真正的老祖先是已經死亡的巨型星球。而且太陽系裡面塵埃的組成和年齡並不相同，可能來自不只一個星球，所以我們多半還有不只一個祖先。不過它們在爆炸之後餘下的部分已經變為中子星甚至是黑洞，很難觀察到，即使我們想祭拜它們，也很難找到。

第二節
組成物質的基本單位 —— 分子的誕生

透過星球內部的第二次造元素運動，宇宙中就有了近百種元素，但只實現了「三生百」，還不是「三生萬物」。如果每個原子中的電子只圍繞自己的原子核旋轉，原子之間不發生關係，世界上就只能有這一百多種原子，無法造出千千萬萬種物質，包括與生命有關的物質。

幸運的是，在多數元素的原子中，最外面的電子並不安分，而是會和其他原子相互作用，後果就是把原子結合到一起。金屬元素（如鈉元素）最外層的電子容易逃離，而一些非金屬元素（如氯元素）又容易獲得電子。當鈉遇到氯時，鈉原子便會給氯原子一個電子，鈉原子失去一個電子，帶正電，叫鈉離子，氯原子得到一個電子，帶負電，叫氯離子，在這裡離子就是透過失去或者得到電子而帶電的原子。帶正電子的鈉離子和帶負電的氯離子相互吸引，結合在一起，形成氯化鈉，就是我們每天都要吃的食鹽 (圖 1-3)。有些金屬元素如鈉和鉀，只能失去一個電子，叫做一價元素，另一些金屬元素如鈣和鎂，可以失去兩個電子，叫做二價元素。價在這裡就表示一種原子和其他原子相互作用時涉及的電子數量。

另一種把原子結合到一起的途徑不是電子的得失，而是共享電子。原子表層的電子不僅能夠圍繞自己的原子核旋轉，還能夠同時圍繞其他原子的原子核旋轉，這樣就把原子綁在一起了。有的原子只能用一個電子與其他原子共享，叫做一價原子，如兩個氫原子各出一個電子進行共享，結合在一起。有的原子能夠用兩個電子與其他原子共享，叫做二價原子，如氧原子可以用兩個電子分別與兩個氫原子共享。氮原子可以用三個電子分別與三個氫原子共享，是三價原子，而碳原子可以用四個電子分別與四個氫原子共享，是四價原子。這種情形就像用牙籤把塑膠球穿在一起，塑膠球就是原子，牙籤就是共價鍵。氫原子是一價的，上面只能插一根牙籤；氧原子是二價的，上面可以插兩根牙籤；氮原子上可以插三根；而碳原子上可以插四根等等 (圖 1-4)。

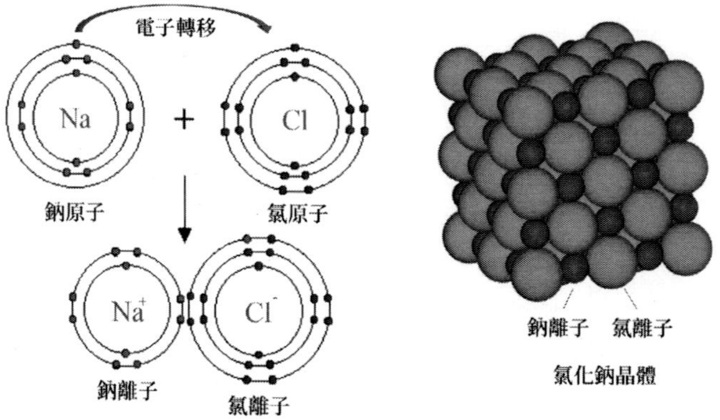

圖 1-3　鈉原子和氯原子反應生成氯化鈉

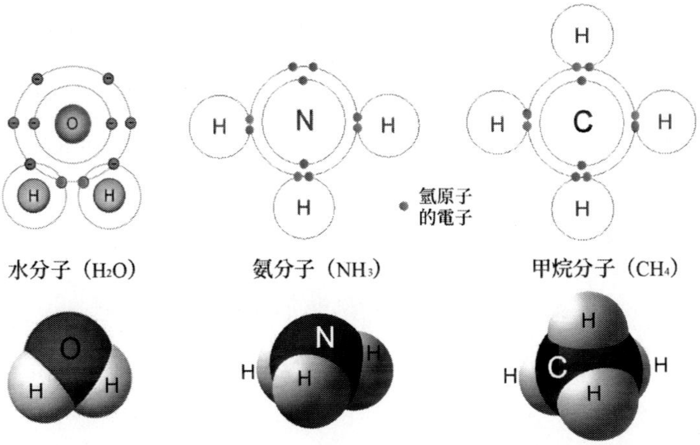

圖 1-4　氧原子、氮原子、碳原子分別與兩個、三個、四個氫原子共享電子，形成水分子、氨分子和甲烷分子
由於原子之間電子共享，這些原子也部分融合。

原子之間的這些連結叫做化學鍵，「鍵」在這裡就是連接的意思。透過離子的電荷相互吸引形成的化學鍵叫做離子鍵，如鈉離子和氯離子之間的化學鍵；透過電子共享形成的化學鍵叫做共價鍵，如把兩個氫原子連在一起的化學鍵。化學鍵可以形成，使原子結合，也可以斷裂，使原子分開。原子之間結合和分離的過程叫做化學反應，化學就是研究原子結合和分離的科學。

原子透過化學鍵特別是共價鍵連在一起，就可以形成由多個原子組成的分子。分子由原子透過化學反應結合而成，所以又叫化合物。原子在形成分子後，由於最外面的電子需求得到滿足，就變得安生了，分子也可以穩定存在。我們這個世界上的物質，多數是由分子組成，而不是由原子直接組成的。

為了把分子中原子的組成即分子式寫出來，元素用英文字母代表，叫做元素符號。讀者只要知道與生命密切相關的幾種元素的元素符號就基本夠用了：O（氧）、H（氫）、C（碳）、N（氮）、P（磷）、S（硫）、K

(鉀)、Na(鈉)。這些元素符號在多數情況下是元素英文名稱的第一個字母，如 O 就是氧的英文名稱 oxygen 的第一個字母。

在寫分子式時，分子中各種元素原子的數目用下標的阿拉伯數字表示。例如，兩個氫原子彼此相連形成的氫分子的分子式是 H_2；由一個氧原子和兩個氫原子組成的水分子的分子式是 H_2O。

為了寫出一個分子中原子之間具體的連接方式，可以用短線代表化學鍵，這樣寫出來的是分子的具體結構，叫做分子的結構式。例如，兩個氫原子彼此相連形成的氫分子用 H-H 表示；由一個氧原子和兩個氫原子組成的水分子是 H-O-H；由一個碳原子和兩個氧原子組成的二氧化碳是 O = C = O(氧為二價，碳為四價)等等。這種寫法對簡單分子來說好像意義不大，但是對於複雜分子卻完全必要。在寫複雜分子的結構式時，為了看上去更簡潔，有時會把碳原子的符號略去，化學鍵相交的地方就代表碳原子(參見圖 1-5)。

由於分子中可以有多種原子，每種原子的數量可以有多個，這些原子又能夠以各種方式彼此連接，所以能夠形成的分子的種類也是無限的，就像插有不同數目牙籤的塑膠球彼此相連，可以形成無限種結構，這就實現了「三生萬物」，從電子、質子和中子這三種粒子，先生成近百種元素的原子，再由這些原子生成千千萬萬種分子。

千千萬萬種分子，就會組成千千萬萬種不同的物質。分子是物質分割到最小、性質仍然不改變的單位。例如，水在蒸發時變成單個水分子，分散到空氣中，眼睛看不見了，但是仍然以水分子的形式存在。溫度降低時，這些分子就凝聚出來，重新變回液態水，包括雨水和露水；蔗糖溶化在水中時，蔗糖成為單個分子，分散在水中，眼睛看不見了，但是仍然以蔗糖分子的形式存在，把水蒸發乾後，蔗糖又結晶出來。但是如果我們用電解的方法把水分子分得更小，或者在我們的消化道中把蔗糖分子消化為兩半（葡萄糖和果糖），就不再是水分子和蔗糖分子了。

原子在組成分子時，共用電子在分子中的分布情形和電子在原來各自原子中的情形不同，所以分子的性質並不是原來原子性質的混合或者疊加，而是會出現完全不同的性質。例如，氫和氧在常溫下都是氣體，但是由氫和氧組成的水在常溫下卻是液體；氯是綠色的劇毒氣體，鈉是銀白色的金屬，但是氯和鈉形成的氯化鈉不僅沒有毒，還是我們每天都需要的調味品食鹽；碳、氫、氧都是沒有味道的，但是由這三種元素的原子組成的葡萄糖卻是甜的。所以千千萬萬種分子就有千千萬萬種性質。

有了這些知識，我們就可以來看看生命所需要的分子是如何形成的了。

第三節
生命所需要的分子能夠在太空中自然形成

組成生命的分子如葡萄糖、胺基酸、脂肪酸，看上去都非常複雜（圖1-5），就算化學家在實驗室裡製造它們，也得花費不少力氣，在生物出現之前，這些分子又是從哪裡來的呢？其實這些分子不僅可以在自然條件下形成，而且還相當容易形成。

星球耗盡內部的燃料爆炸後，噴灑到空中的氣體溫度降低，電子和原子核結合，生成各種元素的原子。原子在形成之後又會發生化學反應，彼此連接到一起，形成分子。除了幾種惰性元素（氦、氖、氬、氪、氙、氡）外，絕大多數元素的原子都會和其他原子組成分子，而不會以單原子的形式存在。

氫是宇宙中最豐富的元素，兩個氫原子彼此結合，就組成氫分子（H_2）；氫還會和氧發生反應生成水（H_2O），和氮反應生成氨（NH_3），和碳反應生成甲烷（CH_4），和硫反應生成硫化氫（H_2S）；碳和氧反應生成一氧化碳（CO）和二氧化碳（CO_2），硫和氧反應生成二氧化硫（SO_2）；氫還可以與碳和氮一起，形成氰化氫（HCN）等等。除了水容易形成液體外，這些物質基本上都是氣體（圖 1-5 左）。

有些化學反應生成的物質卻可以在太空環境中形成固體，如二氧化矽（SiO_2，沙子的主要成分）和其他礦物質（矽酸鹽、硫酸鹽和硝酸鹽等）。這些分子聚集在一起，形成太空中的宇宙塵埃。塵埃還可以聚集，形成隕石。

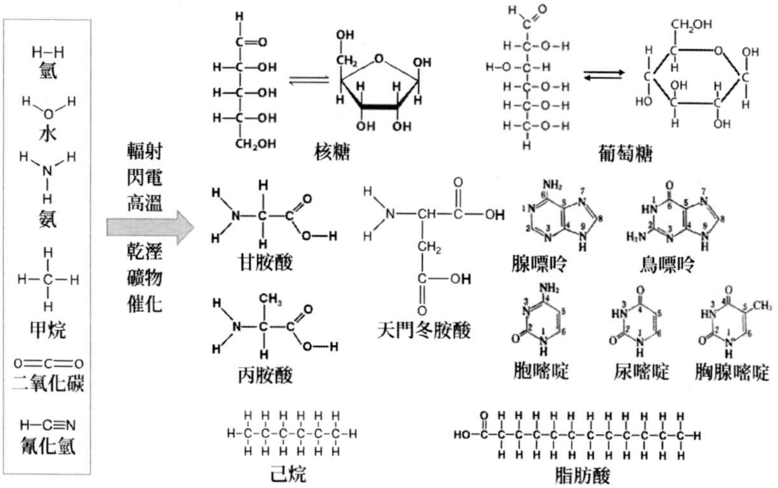

圖 1-5　生命所需要的分子能夠在太空中自然形成
左邊框中的簡單分子能夠在太空條件下自然形成右邊的各種複雜分子，
其中的核糖和葡萄糖可以在鏈形和環形之間來回轉換。

塵埃和隕石表面都能夠吸附水分子，而潮溼的表面又可以溶解和吸附前面所說的那些氣體分子，包括氨、甲烷、硫化氫、一氧化碳、二氧

化碳、二氧化硫、氰化氫等，這就大大提高了這些分子的濃度，並且將它們聚到一起。

來自星球的輻射如紫外線，具有很高的能量，能夠打斷這些分子中的化學鍵，讓各種原子有機會重新組合。水也會活躍地參與這些反應，塵埃和隕石的表面對化學反應還有催化（即幫助和加速）作用。在這些環境條件下，簡單分子就會變為比較複雜的分子，包括組成蛋白質的胺基酸、組成脂肪的脂肪酸等（圖 1-5 右）。

在引言中講過，RNA 的組成單位是 A、G、C、U 四種核苷酸，其實核苷酸本身又是由三種分子相連而成的，分別是鹼基、核糖和磷酸。鹼基是含氮的環狀化合物，因為在水中呈鹼性而被稱為鹼基。核苷酸裡面的鹼基有兩種，分別叫嘌呤和嘧啶，這兩個奇怪的名稱是它們英文名稱（purine 和 pyrimidine）的音譯，其中嘌呤又分為腺嘌呤（用 A 代表，注意在這裡字母不再代表元素）和鳥嘌呤（用 G 代表）；嘧啶又分為胞嘧啶（用 C 代表）和尿嘧啶（用 U 代表），四種核苷酸也以它們所含鹼基的符號作為自己的符號。這些嘌呤和嘧啶以及核糖，也可以在宇宙環境中生成。

例如，在 1969 年 9 月 28 日，一顆隕石降落在澳洲的默奇森地區，被命名為默奇森隕石（圖 1-6 左）。這顆隕石上面有 15 種胺基酸，包括組成蛋白質的甘胺酸、丙胺酸和麩胺酸。在從隕石中取樣時最容易被汙染的絲胺酸和蘇胺酸沒有被檢出，說明這些胺基酸確實來自太空。除胺基酸以外，默奇森隕石還含有嘌呤和嘧啶、核糖，以及大量的芳香化合物（由碳原子和氫原子組成的環狀化合物）、直鏈型碳氫化合物（由碳原子連成長鏈，上面再連上氫原子）、醇類〔含有羥基（-OH）的碳氫化合物〕、羧酸〔含有羧基（-COOH）的碳氫化合物〕等。默奇森隕石的例子證明，構成生命的分子確實可以在太空中自然形成。

圖 1-6　默奇森隕石和史丹利 · 米勒

除了宇宙塵埃和隕石，地球早期的表面也可以形成生命所需要的分子。地球表面有岩石、水、大氣（包圍地球的氣體），有來自太陽的輻射、閃電，還有火山爆發帶來的高溫，這些因素也能夠使簡單分子中的原子重新組合，形成新的、更加複雜的分子。

1953 年，美國科學家史丹利 · 米勒（Stanley Miller）（圖 1-6 右）混合甲烷、氨、氫、水這些地球早期大氣中的分子，再對這個混合物放電，以模擬閃電。一個星期後，水變成了黃綠色。米勒在水中檢測到有胺基酸形成，如甘胺酸、丙胺酸、天門冬胺酸。1972 年，米勒重複了這個實驗，但是用了更靈敏的方法來檢查實驗產物，結果發現了 33 種胺基酸，其中 10 種是生物體所使用的。

1964 年，美國科學家西德尼 · 福克斯（Sidney Fox）用了和米勒不同的方法來模擬地球早期的狀況。他把甲烷和氨的混合氣體透過加熱到攝氏 1,000 度的沙子，以模擬火山熔岩，再把氣體吸收到冷凍的液態氨中，結果生成了蛋白質中使用的 12 種胺基酸，包括甘胺酸、丙胺酸、纈胺酸、亮胺酸、異亮胺酸、麩胺酸、天門冬胺酸、絲胺酸、蘇胺酸、脯胺酸、酪胺酸和苯丙胺酸。

這些結果說明，利用星球爆炸後形成的簡單分子，如氫、氨、甲烷和水，在塵埃表面或者地球表面，可以生成許多生命所需要的分子。胺基酸既可以在太空中形成（如默奇森隕石中的胺基酸），也可以在米勒和福克斯各自模擬的地球表面的條件下生成，說明胺基酸在自然界中形成並不是一件難事，而且還可以透過多種途徑生成。嘌呤分子看似複雜，其實不過是由5個氰化氫分子聚合而成。這些分子就可以成為生命的起始材料。

檢查胺基酸、脂肪酸、葡萄糖的分子結構，發現它們有一個共同特點，即都是以碳為骨架的。這是因為碳原子是四價的，不僅能夠彼此相連成為長鏈或者環形結構，還可以在骨架上連上其他原子或者基團（如胺基、羥基、羧基等），因此地球上的生命是以碳為基礎的。這個事實許多人都體驗過：米飯煮焦了，肉和蔬菜燒焦了，都會變為黑色，那就是食物分子被高溫分解後殘留下來的碳。

由於和生命有關的複雜分子都含有碳，在化學上就把含有碳的分子叫做有機分子（一氧化碳和二氧化碳等簡單的含碳分子除外），從生物的另一個名稱有機體（organism）這個詞而來，原意是來自生命的分子。由有機分子組成的物質叫做有機物。

這些生物的起始材料可以在地球上生成，在太空中形成的這些材料也可以被隕石和塵埃帶到地球上。當地球上累積了越來越多的這些分子時，又一個意義極其重大的事件發生了，這就是生命的誕生。

第四節
最初的生命是核糖核酸（RNA）的世界

地球表面很早就有水，胺基酸、嘌呤、嘧啶、核糖這些分子都可以溶解在水中，開始它們創造生命的歷程。淺灘裡的水蒸發時，跑到空氣中的主要是水分子，胺基酸、脂肪酸、嘌呤、嘧啶、核糖等分子是不會蒸發的，而是留在剩餘的水中，濃度也會隨著水的蒸發而大大增加。高濃度使分子之間靠近，有利於它們之間發生化學反應，形成更複雜的分子。例如，前面提到的科學家福克斯，在合成胺基酸的基礎上，又把胺基酸的溶液在溫暖無氧的環境中讓水自然蒸發乾，結果發現，在這個乾燥過程中，胺基酸會連在一起，形成長鏈，類似於現在的蛋白質。

在淺灘裡面的水蒸發乾，形成較複雜的分子後，降雨或者浪花又可以帶來水，使這些分子溶化在水中。在再次乾燥的過程中，又會形成更加複雜的分子。這樣反覆地乾燥－溶化，就會形成越來越複雜的分子。2019 年，由德國、英國和日本科學家組成的團隊表示，反覆的乾－溼循環不僅可以從簡單分子形成嘌呤和嘧啶，還可以形成與核糖相連的嘌呤和嘧啶，這就是核苷（苷是與糖分子相連而形成的化合物）。在有磷酸鹽存在的情況下，核苷中的核糖還可以和磷酸相連，形成核苷酸。在溶液乾燥的過程中，核苷酸也可以彼此相連，形成長鏈，這就是核糖核酸，即 RNA（圖 1-7）。

蛋白質和 RNA 都是非常複雜的分子，有了這樣的分子，就已經走到生命的門檻邊了，但是由複雜分子組成的東西還不是生命。生命是一個能夠自我維持的動態系統，而不是一個靜態結構。生物與非生物的一個重大區別，就是生物能夠進行新陳代謝，即不斷地合成新的分子以取代老的分子，實現自我更新。剛剛死亡的動物身體構造和死前一樣複雜，但是新陳代謝停止，動態變成靜態，也就失去了生命。

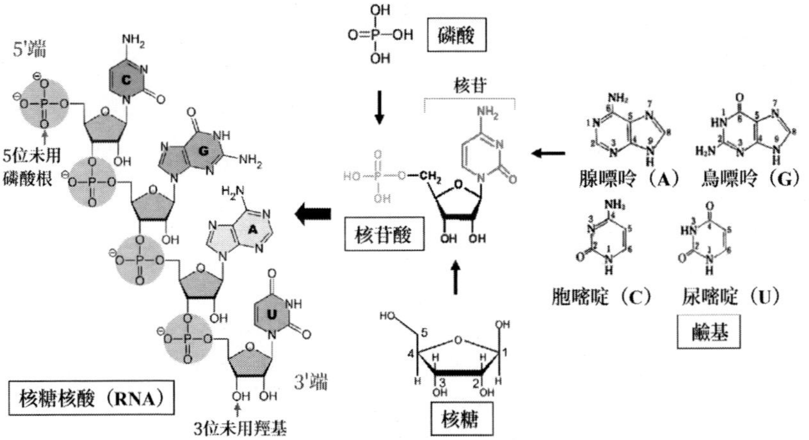

圖 1-7　RNA 分子的構成

新陳代謝需要不斷生產出新的生命分子，但是像蛋白質和 RNA 這樣高度複雜的分子在自然環境中形成的速度是非常緩慢的，如果有一種分子能夠加速自己的生成，這個分子就有了主動性。幸運的是，RNA 分子就具有這種能力，所以 RNA 分子形成後，就逐漸擺脫自然形成的緩慢過程，而開始自己製造自己，形成的速度大大增加了。被動的自然形成過程不是生命現象，而主動製造就是最初的生命活動。

一個分子要複製自己，需要有兩種能力，一種能力是能夠結合組成自己的「零件」，把它們的位置固定，相當於是一個工作臺，而 RNA 分子就有這樣的能力。RNA 是由 A、G、C、U 這 4 種核糖核苷酸相連組成的，由於它們之中的鹼基能夠分別與 T、C、G、A 去氧核糖核苷酸中的鹼基配對而結合（見「引言」），RNA 分子就可以與溶液中的去氧核糖核苷酸 T、C、G、A 配對，這樣就把溶液中合成新 RNA 分子的「零件」固定在 RNA 分子附近。

「零件」固定後，還需要把它們連接在一起。在自然狀態下，這個過程是非常緩慢的，但是 RNA 分子還有一種能力，可以加快這個過程，這就是催化。第一種 RNA 分子結合固定核苷酸「零件」後，另一種 RNA 可以將這些核苷酸連接起來，成為新的 RNA 分子。這個過程已經被科學家用實驗證實，例如，具有催化能力的 RNA 分子 tc19Z，就能夠以核苷酸為「零件」，以其他 RNA 為模板，在 24 小時內合成有 95 個核苷酸單位長的新 RNA。

新合成的 RNA 分子和模板 RNA 分子在序列上是互補的（見「引言」中 DNA 雙螺旋部分），如原來的 A 變成了 U，原來的 C 變成了 G。但是新的 RNA 又可以被當作模板，合成第三代 RNA 分子。在第三代 RNA 分子中，U 又變回 A，C 又變回 G，序列就和原來模板 RNA 分子的序列一致，相當於把模板 RNA 分子複製了。擔任催化作用的 RNA 分子，也可以用同樣的方式被其他有催化功能的 RNA 分子複製，這就相當於所有的 RNA 分子都能夠被複製。

蛋白質分子雖然功能強大，在現今的生物體內，幾乎所有的生命活動都是由蛋白質來執行的，但是蛋白質分子中的胺基酸卻沒有和其他胺基酸配對的能力，不能像 RNA 分子那樣固定組成自己的「零件」，蛋白質分子也就不能複製自己。早期生命中可以沒有蛋白質，但是不能沒有 RNA，所以早期的生命，很可能是 RNA 的世界。

第五節　生命以細胞的形式出現

有了能夠自我複製的 RNA 分子，就有了生命的萌芽，但是要形成生命，還缺少一樣重要的東西，這就是「牆壁」。RNA 複製自己的系統一旦形成，就需要有「牆壁」將其與外界環境分開，否則遇上下雨，或者潮流打來，這團溶液就被打散稀釋，這個系統也就蕩然無存了。

「牆壁」就可以將含有RNA複製系統的水溶液包裹起來，形成小囊。小囊可以將大的分子如RNA保持在小囊內，不被環境稀釋，又能夠讓小的分子包括核苷酸，進入小囊，使RNA有複製自己的材料。由牆壁圍成的小囊叫做細胞，牆壁就是細胞膜，地球上的生命也因此是以細胞的形式出現的。

要想知道分子如何在水中形成「牆壁」，就需要知道分子之間如何相互作用，這就關係到共價鍵的性質了。

共價鍵是原子之間共享電子形成的（見本章第二節），但是電子在兩個原子之間的分配不一定均等。有些原子如氧原子和氮原子，吸引電子的能力比較強，在和別的原子如氫原子共享電子時，會多吃多占，讓電子偏向自己一邊。多得一些電子的氧原子或氮原子就帶一些負電，少得電子的氫原子就帶一些正電。這樣的共價鍵就叫做極性鍵，即鍵的兩端帶不同的電荷。極性鍵會使分子中形成帶負電的區域和帶正電的區域。

例如，水分子是由一個氧原子和兩個氫原子組成的，這三個原子又不排在一條直線上，而是兩個氫原子偏向一邊，這樣就在氧原子那側帶一些負電，在兩個氫原子這側帶一些正電，使水分子成為極性分子。一個水分子上的氧原子和其他水分子上的氫原子由於電荷不同而相互吸引，這樣就把水分子拉到一起。除了氧原子，氮原子和氫原子之間也可以形成類似的連結。這些連結都和帶部分正電的氫原子有關，所以叫做氫鍵。氫鍵不是共價鍵，因為參與氫鍵的兩個原子之間沒有電子共享，只是正負電荷的吸引，氫鍵的強度也弱於離子鍵，因為只是部分電荷之間的相互吸引，但是氫鍵在分子的相互作用中發揮非常重要的作用。

例如，水分子很小，只含有一個氧原子和兩個氫原子，但是由於水分子之間能夠形成氫鍵，彼此「抓」得很牢，不容易離開其他水分子而飛到空中去（即所謂的蒸發），所以水的沸點很高，要到攝氏 100 度才沸騰。前面說的嘌呤和嘧啶之間能夠配對結合，除了形狀相配以外，還因為它們之間能夠形成氫鍵（圖 1-8）。

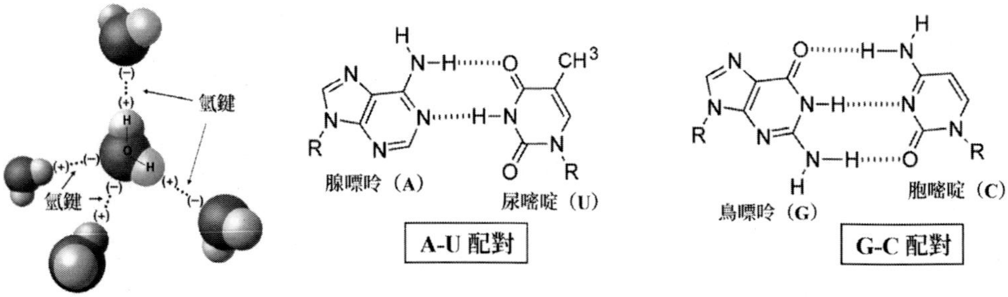

圖 1-8　水分子之間的氫鍵和鹼基之間的氫鍵
氫鍵用虛線表示。

與氧原子和氮原子不同，碳原子和氫原子之間形成共價鍵時，電子並不偏向任何一方，碳原子和氫原子都不帶電，這樣的共價鍵叫做非極性鍵，由碳原子和氫原子組成的分子也是非極性分子。非極性分子之間不能形成氫鍵，相互吸引力很弱，所以甲烷分子雖然和水分子差不多大，甲烷的沸點卻低到攝氏 -161.5 度，在室溫下是氣體。

極性分子遇到水，由於雙方都局部帶電，彼此之間可以形成氫鍵，所以極性分子很容易分散到水中，也就是溶解。在葡萄糖分子（$C_6H_{12}O_6$）中，有好幾個羥基（見圖 1-5 右上），氫原子是與氧原子相連的，帶一些正電，葡萄糖就很容易溶解在水中，像葡萄糖這樣的分子就是親水的。汽油是碳鏈上連上氫原子組成的碳氫化合物，其分子是典型的非極性分子（見圖 1-5 下中的己烷），因為不能和水分子之間形成氫鍵，要分散到水分子之間時還需要打破水分子之間的氫鍵，相當於要擠入彼此拉著手的人群，實際上很難做到，所以汽油不溶於水，是憎水的。

如果某種分子的一部分是極性的，另一部分是非極性的，這樣的分子就叫做雙性分子。雙性分子遇到水時，親水的部分會和水接觸，包在外面，憎水的部分被水「趕出來」，彼此聚在一起，躲在內部。這樣就會在水中形成小球，這就是結構的形成。

如果憎水的部分呈長條形，像火柴的桿，親水的部分在其一端，像火柴頭，這樣的「火柴」在放入水中時，火柴桿會躲開水，排列起來，形成膜狀物，火柴頭在膜的一面，與水接觸。為了避免膜的另一面（即沒有火柴頭的那一面）與水接觸，兩張膜可以透過腳對腳的方式貼在一起，形成雙層膜，這樣的膜內面是兩層火柴桿，膜的兩邊都是火柴頭，就可以把火柴桿和水隔開。

這樣的安排在相當程度上解決了分子的憎水部分與水接觸的問題，但是在膜的邊緣，火柴桿仍然能夠和水接觸。為了把火柴桿完全包裹起來，不讓它們與水接觸，膜可以捲起來，形成一個封閉的球面，這樣膜就沒有邊緣了，這正是細胞膜形成的原理。生物的細胞膜，就是封閉的雙層膜。

脂肪酸可能就是最初形成細胞膜的分子。它有一條長長的尾巴，相當於是火柴桿。這條尾巴由十幾個碳原子連成鏈，鏈上再連上氫原子。由於這條尾巴完全由碳原子和氫原子組成，所以是憎水的。脂肪酸的頭部是一個羧基（其中兩個氧原子都和碳原子直接相連），是親水的。「羧」是化學家造的字，由「氧」字中的「羊」和「酸」字的右半邊組成，意思是含氧的酸性基團（圖 1-9）。

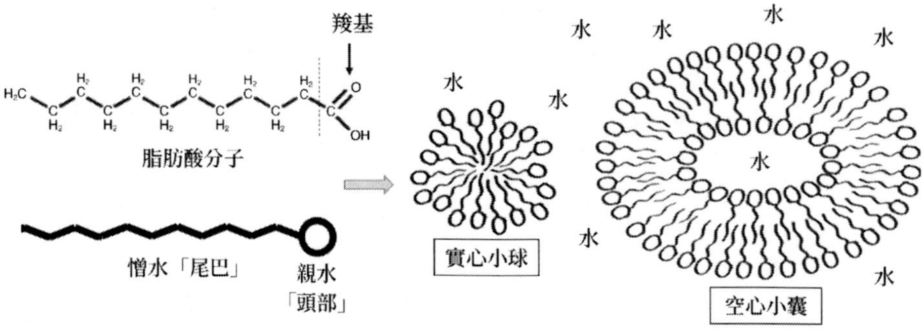

圖 1-9　脂肪酸分子在水中形成的結構
由於碳原子上的 4 根共價鍵伸向不同方向 (圖 1-4)，由碳原子組成的鏈是彎曲的。

脂肪酸在隕石和宇宙塵埃上就可以形成，所以可以為早期的細胞提供細胞膜。除了脂肪酸，其他兩性分子也有可能參與細胞膜的建造。為了證明在宇宙中產生的物質真的能夠形成細胞膜，科學家混合了水、甲醇 (CH_3OH)、氨和一氧化碳，在類似星際空間的溫度下用紫外線照射這個混合物。當被照射過的混合物的溫度升到室溫時，有一些油狀物出現。當把這些油狀物與水混合時，它們形成了囊泡，直徑 10～50 微米，與生物中細胞的大小相仿。這個結果說明，在太空中形成的物質中就有兩性分子，可以自動在水中形成囊泡結構，這就使原始的細胞得以生成 (圖 1-10)。

有了能夠自我複製的 RNA 分子，又有了包裹這個化學系統的膜，就有了最原始的細胞。隨著細胞長大，還可以透過機械力的作用如浪花的激盪，分為多個小細胞，這就是最初的繁殖。

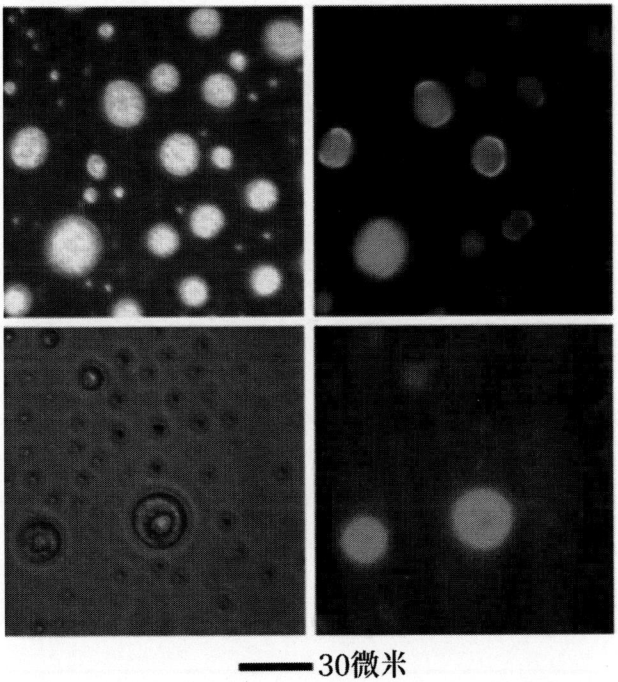

圖 1-10　模仿太空條件生成的物質在水中形成的囊泡

原始的細胞形成後，競爭也就開始，含有最能夠複製自己的 RNA 的細胞就會比其他細胞更有優勢，使自己的功能越來越強，包括幫助蛋白質的合成，而蛋白質的合成又進一步增強細胞的生存能力。這樣發展下去，就導致真正的生命在地球上產生，這就是原核生物。

第二章
原核生物是地球上生命的起源者

原核生物是地球上最早出現的生命，也是最簡單的生命形式。在這裡原核的意思不是有原始的細胞核，而是在有細胞核之前，也就是沒有細胞核，DNA 和蛋白質都同在細胞膜包裹的那團叫細胞質的溶液中。只有到了真核生物，DNA 被膜包裹起來，和細胞質分開，那個將 DNA 包裹起來的結構才是細胞核（見第三章和圖 3-1）。

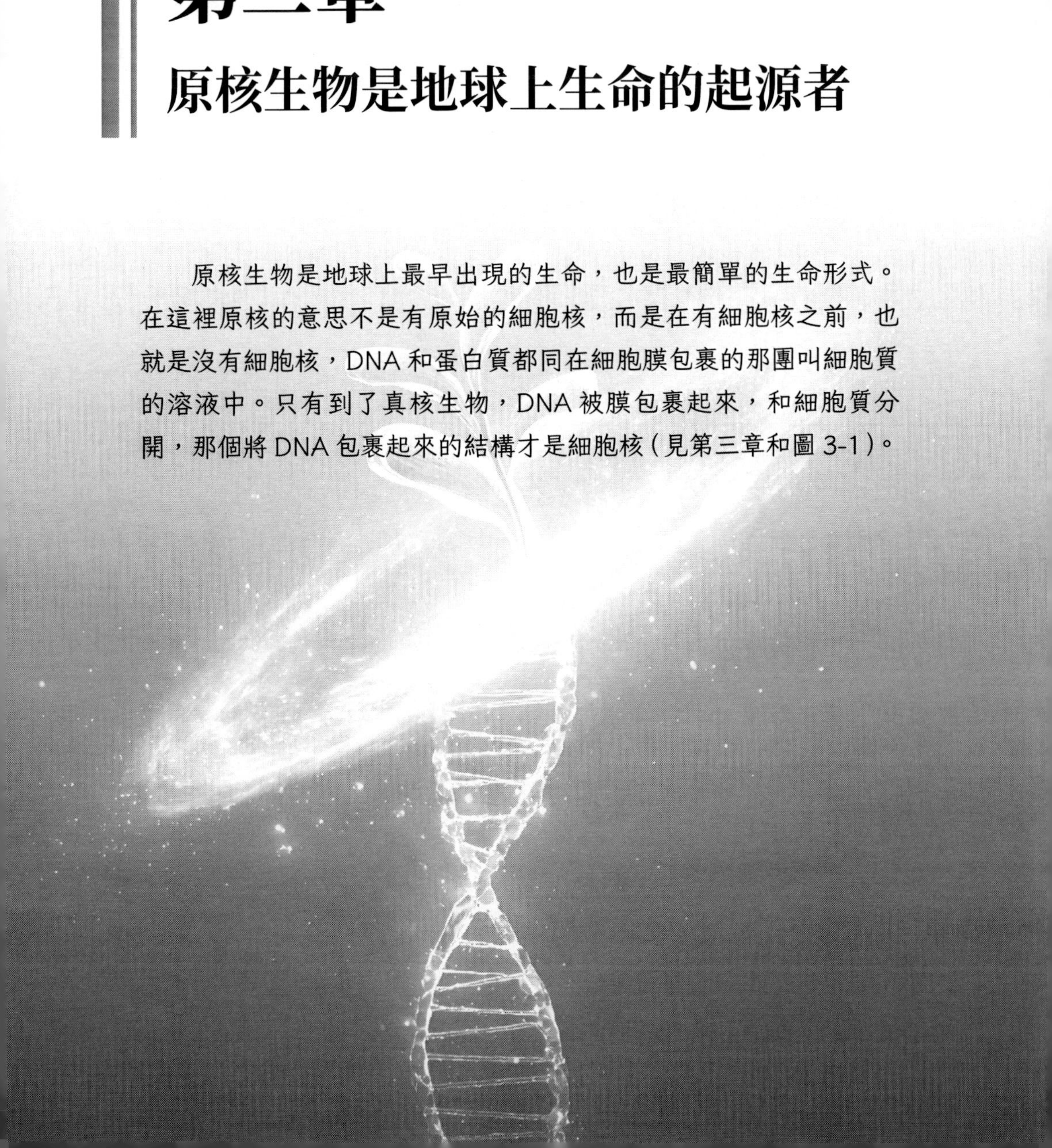

第一節
原核生物可能
在 40 億年前就在地球上出現

生命是什麼時候在地球上出現的？這個問題初看上去好像很難回答，因為最初的生命非常簡單，不過是細胞膜包裹的一團水溶液，本身不容易形成化石。但在實際上，科學家還是可以發現它們在遠古存在的證據，那就是透過它們留下的痕跡。

2017 年，科學家研究了加拿大西北部的一處海洋沉積岩，形成年代的範圍從 37.7 億年前～ 42.8 億年前，平均為 40 億年前。在這個海洋沉積岩中，有一些細小的管狀結構，直徑 16 ～ 30 微米，長幾百微米，從一個中心向四周發出，管內有赤鐵礦的細絲（圖 2-1）。現在能夠把鐵氧化為赤鐵礦的細菌也是管狀的，從一個中心向四周發出，細胞內也有赤鐵礦細絲，說明這些管狀物可能是早期能夠將鐵氧化的細菌（氧化的含義見本章第七節）。

為了進一步證明這些結構是生物形成的，而不是某些地質因素的結果，科學家們測定了這些管狀物中碳同位素的組成。碳原子核含有 6 個質子，但是可以有 6 ～ 8 個中子，所以原子量（原子的質量，大致相當於質子數加中子數）分別為 12、13 和 14，寫為碳 -12、碳 -13 和碳 -14。生物在進行新陳代謝時，對這些碳同位素並不是一視同仁的，而是偏愛最輕的碳 -12。這樣，在生物體內含碳的化合物中，碳 -13 ／碳 -12 的比例就會比自然環境中低。研究顯示，管狀物中碳 -13 ／碳 -12 的比例確實比環境中低，證明這些結構是生物來源的。

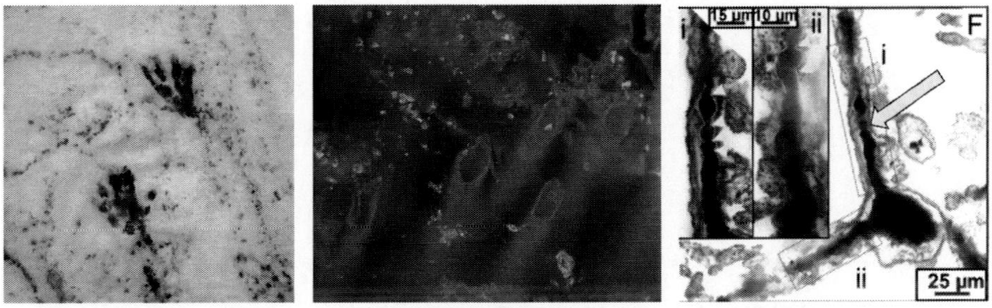

管狀結構從一個中心發出　　管狀結構復原圖　　管內的赤鐵礦細絲（箭頭）

圖 2-1 40 億年前氧化鐵的細菌

藍細菌過去被稱為藍綠藻，其實是一種細菌，屬於原核生物，而藻類是真核生物（見第四章第七節）。藍細菌可以在淺水處聚集，形成菌膜。被菌膜黏附的沙子可以免受水流的沖刷，形成和菌膜形狀一致的結構。菌膜被水流掀起時，沙子也會和菌膜一起捲成筒狀結構，菌膜被沙掩蓋，上面又可以長出新的菌膜。這樣長期反覆沉積，就會形成具有多層結構的疊層石。如果我們在古代的沉積岩中也發現類似的結構，就表示生命曾經在這些沉積岩中存在。

帶著這個想法，科學家在澳洲西部有 35 億年歷史的皮爾巴拉沉積岩中發現了疊層石（圖 2-2）。疊層石中碳 -13 ／碳 -12 的比例也比自然環境中低，證明它們也是由生命過程形成的。藍細菌能夠進行光合作用，是比較複雜的細菌，形成的時間比氧化鐵的細菌要晚，但也在 35 億年前就出現了。

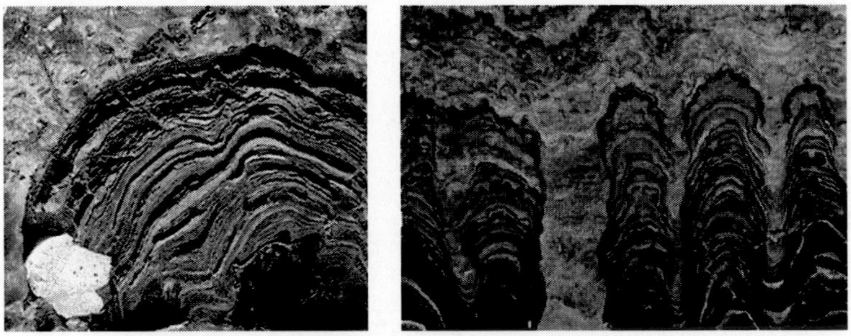

圖 2-2 35 億年前藍細菌在澳洲西部形成的疊層石

將鐵氧化的細菌和藍細菌都已經是真正的生物。對這些細菌的研究顯示，原核生物與最初的 RNA 世界相比，已經有了多項重大發展。這些發展不僅使原核生物能夠有效地生存，在幾十億年後的今天仍然在地球上繁衍，而且奠定了地球上更高等生命發展的基礎。

第二節　蛋白質變成生命活動的執行者

原核生物最大的貢獻，就是把生命從 RNA 當主角的世界轉變為蛋白質唱主角的世界。這個轉變的意義極為重大，導致了地球上後來所有生命形式的出現。它發生的方式也非常精彩，值得用稍微多一點的篇幅來敘述這個過程。

蛋白質分子的強大功能

RNA 是唯一能夠自己複製自己的分子，在分子之間的配合還很缺乏，各種分子必須單獨作戰時，只能由 RNA 來擔當創始生命先鋒的角色。但是僅由細胞膜和 RNA 組成的生命還過於簡單，甚至還不能正式被稱為生命。這主要是因為 RNA 雖然能夠催化自己的形成，但是催化其他化學反應的能力卻有限，不能合成即使是原核生物這類最簡單的生物所需要的各種分子，例如，組成核苷酸的嘌呤、嘧啶和核糖，以及組成最初細胞膜的脂肪酸，這些分子的供給還必須依靠緩慢的自然形成過程。在這種情況下，無論是 RNA 自身的增殖還是新細胞膜的形成，都會受到極大的限制，更不要說擁有後來原核生物多姿多采的生活。

之所以 RNA 的催化能力有限，是因為 RNA 只是由 4 種核苷酸組成的分子，雖然能夠透過鹼基配對結合核苷酸，但是結合其他分子的能力就比較弱，也就是難以形成加工其他分子的 「工作臺」。4 種鹼基能夠參與的化學反應也有限，相當於對其他分子進行加工的工具也不多。

但是由 20 種胺基酸組成的蛋白質分子可就不一樣了。胺基酸，顧名思義，是含有胺基 (— NH2) 的酸性分子，因為它們同時還含有一個帶酸性的羧基。在生物使用的胺基酸中，胺基和羧基都連在胺基酸分子中的同一個碳原子 (阿爾法碳原子) 上。一個胺基酸分子上胺基的氫原子和另一個胺基酸分子上羧基的羥基結合，脫離下來形成水分子，羧基和胺基餘下的部分相連，形成肽鍵，就可以把許多胺基酸分子串聯起來，形成肽鏈，其展開時的形狀像一根長繩子。肽鏈中具有未用胺基的一端叫做胺基端，具有未用羧基的一端叫做羧基端 (圖 2-3)。

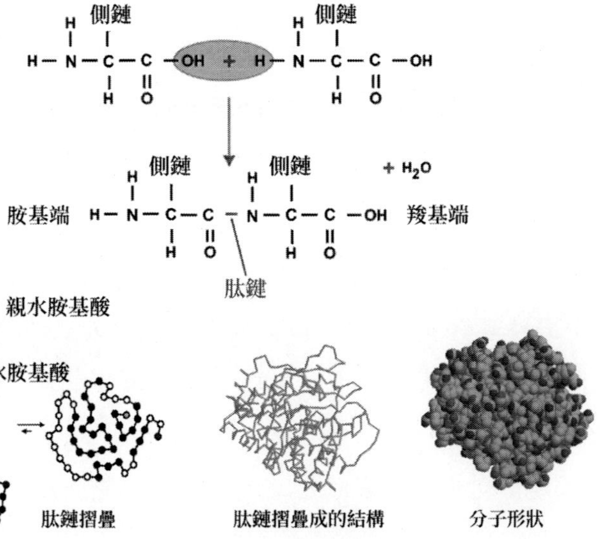

圖 2-3　肽鏈形成和摺疊。

除了胺基和羧基，阿爾法碳原子上還連有另一個原子團，叫做側鏈 (唯一的例外是甘胺酸，它的側鏈只是一個氫原子)。胺基酸連成肽鏈的長繩子時，這些側鏈就向外伸出，像長繩子上橫向伸出的短繩子。不同的胺基酸所含的側鏈結構各異，性質也不同，有的親水，有的憎水，有的帶正電，有的帶負電 (圖 2-4)，好戲就從這裡開場了。

肽鏈可以彎曲，繞成各種形狀。憎水的側鏈由於受到水分子的排斥，彼此聚到一起，而親水的側鏈由於能夠與水分子親密接觸，從外面包裹聚在一起的憎水側鏈，這樣就把肽鏈捲成一個球形，成為有生理功能的分子，叫做蛋白質。由於有 20 種側鏈，而且在不同的蛋白質分子中，胺基酸的數目和排列情況都不同，蛋白質分子就可以捲成千千萬萬種形狀 (圖 2-3 下)。

有了千千萬萬種形狀，就可以在蛋白質分子表面形成各種形狀的凹坑和溝槽，結合 (即固定) 各式各樣的分子。除了形狀配對外，蛋白質還能夠進行電荷匹配：其他分子上帶正電的地方，蛋白質分子在對應的地方就帶負電，其他分子上帶負電的地方，蛋白質分子上對應的地方就帶正電，或者不帶電，但是不能有電荷衝突。透過形狀和電荷匹配，儘管細胞裡面有成千上萬種分子，每種蛋白也都能找到專門與自己結合的分子，相當於能夠為其他分子準備工作臺。

蛋白質不僅能夠特異結合其他分子，在蛋白質的 20 種胺基酸的側鏈中，又有許多能夠參與催化過程，相當於工作臺上還自帶有多種加工工具，因此蛋白質對其他分子進行加工的本領非常強，也就是能夠催化生命活動需要的幾乎所有化學反應，合成生命所需要的幾乎所有分子。RNA 分子不能催化形成的嘌呤、嘧啶、核糖和脂肪酸，蛋白質都能輕鬆地合成。

不僅如此，蛋白的催化效率也比 RNA 高得多。例如，前面談到的 RNA 分子 tc19Z，在合成其他 RNA 分子時，24 小時才能把 94 個核苷酸連接起來。而由蛋白質組成的 RNA 聚合酶，每秒鐘就能把數千個核苷酸連接起來，催化效率比 RNA 高幾百萬倍！有了蛋白質的催化，生命活動才能活躍地進行，具有催化作用的蛋白質也就被單獨取了一個名字，叫做酶。

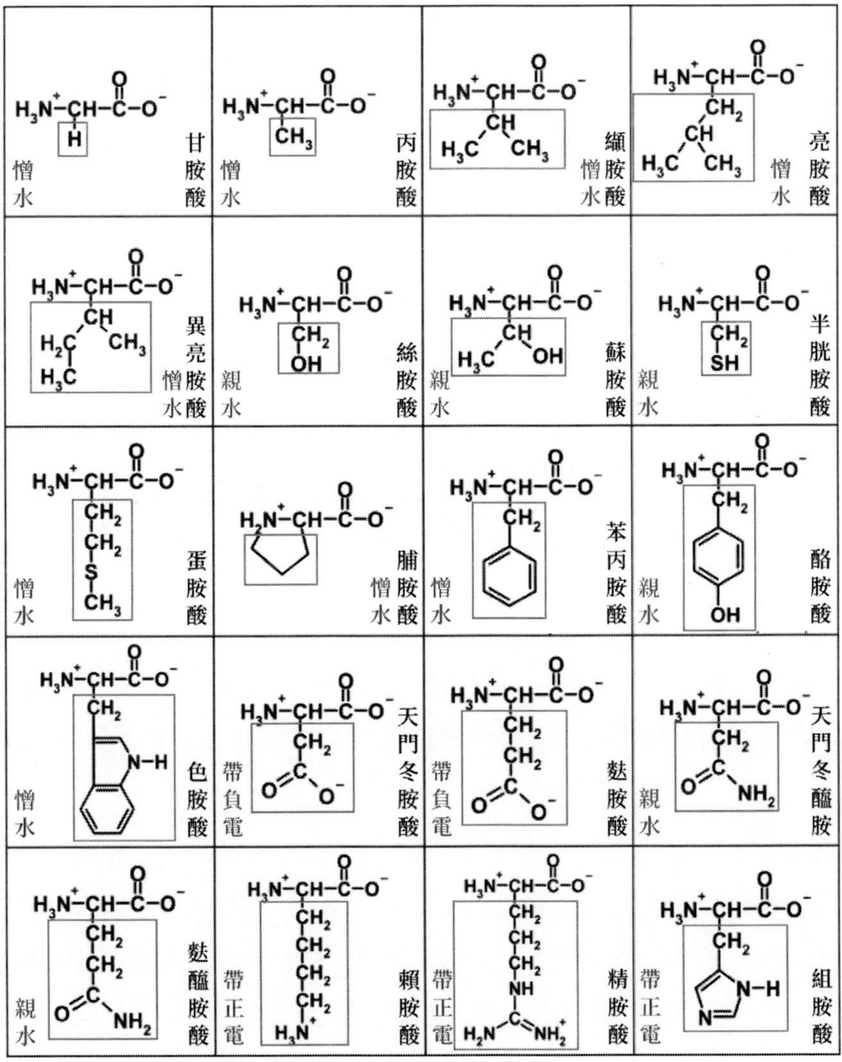

圖 2-4　胺基酸側鏈（綠框中的部分）和它們的性質
在生理環境中，羧基帶負電，胺基帶正電。

除了催化化學反應，蛋白質還能被用作「建築材料」（如指甲和毛髮），接收和傳遞訊息（見第六章和第十二章），搬運「貨物」（見第三章第五節），防禦外敵（見第十章），甚至組成生物的「鐘錶」（見第七章），因此說蛋白質是生命活動的執行者，一點都不過分。生命要進一步發展，就必須改用蛋白質來執行各種生命活動。

但問題是，蛋白質雖然可以催化幾乎任何分子的形成，但唯獨不能複製自己，也不能生產其他蛋白質分子，也就是蛋白質不能生產蛋白質。這看上去有點奇怪：蛋白質不是能合成千千萬萬種分子嗎？怎麼就不能把胺基酸也連接起來，形成蛋白質呢？

蛋白質分子不能複製自己

蛋白質確實能結合胺基酸，也能把胺基酸連接起來。例如，在我們的細胞中，有一種重要的分子叫穀胱甘肽，由麩胺酸、半胱胺酸和甘胺酸這三個胺基酸相連而成，這種分子就是由蛋白質催化合成的。蛋白質先結合半胱胺酸和麩胺酸，將它們連在一起，形成半胱胺酸－麩胺酸。另一個蛋白質結合半胱胺酸－麩胺酸和甘胺酸，再將它們連在一起，就形成穀胱甘肽。在這兩步反應中，蛋白質的工作方式是一樣的，即同時結合兩個分子，再將它們連在一起。

但是在這裡，蛋白質合成穀胱甘肽的方式與 RNA 分子複製自己的方式不同。RNA 分子複製自己時，嘌呤和嘧啶一對一地結合，所以結合的核苷酸的順序就對應 RNA 自己核苷酸的順序。但是蛋白質結合胺基酸時，並沒有將它的某個胺基酸和要固定的胺基酸一對一地結合，而是透過其空間結構來結合胺基酸，涉及多個胺基酸。這些與結合有關的胺基酸通常也並不相鄰，是肽鏈捲曲時才把它們帶到一起的。由於這個原因，結合每個特定的分子都需要專門的蛋白質。

如果我們用數字代表依次加上的胺基酸，在合成的第一步中，酶需要同時結合胺基酸1和2，將它們連成1-2。在第二步，再加胺基酸3時，酶需要同時結合1-2和3，這時在第一步中結合1和2的酶就不適用了，而需要另外一種酶。在往1-2-3上面加胺基酸4時，又需要第三種酶。而蛋白質通常是由幾百個胺基酸相連而成的，合成一個由400個胺基酸組成的蛋白質就需要399種不同的酶。我們的細胞內有數萬種蛋白質，如果每種蛋白質都需要成百上千的酶來合成，就需要幾百萬到幾千萬種酶，而且合成其他蛋白分子的酶自己也是蛋白質，它們又由誰來合成呢？所以用合成穀胱甘肽的方法來合成蛋白質是不可能的。

RNA能複製自己，但是催化功能有限；蛋白質催化功能強大，又不能複製自己。如果不能在RNA和蛋白質之間建立連結，現在地球上我們看到的生命就不可能產生。

RNA能夠爲蛋白質編碼並且催化蛋白質的合成

幸運的是，RNA還真的和蛋白質建立了連結。RNA分子中的嘌呤和嘧啶，除了能與分子外的嘌呤和嘧啶結合外，還能和分子內的嘌呤和嘧啶結合，導致分子內的鹼基配對，將RNA分子的長鏈折回來，相互結合成為各種形狀，其中一些空間形狀就能結合胺基酸，類似於蛋白質用三維結構來結合別的分子。

核苷酸在組成RNA分子時，第一個核苷酸中核糖上第三位碳原子上的羥基與第二個核苷酸上的磷酸根相連，第二個核苷酸中核糖上第三位碳原子上的羥基又與第三個核苷酸上的磷酸根相連，這樣就將多個核苷酸連在了一起。在這樣形成的RNA鏈中，第一個核苷酸上的磷酸根未被使用，又由於這個磷酸根是連在核糖第五位的碳原子上的，所以第一個核苷酸所在的一端叫做 5' 端。最後一個核苷酸中核糖上第三位碳原子上的羥基沒有被使用，所以最後一個核苷酸所在的端叫做 3' 端。由於這個原因，RNA 鏈是有方向的 (參看圖 1-7)。

一種小分子 RNA 的鏈回折，形成雙頭髮夾樣的結構時，就能結合胺基酸。在這個結構中，RNA 的兩端之間有一段距離，對應這個空隙的，是三個沒有配對的核苷酸。這三個核苷酸不同的序列就可以結合不同胺基酸的側鏈，例如，AAU 可以結合異亮胺酸的側鏈，CCA 可以結合色胺酸的側鏈，CCU 可以結合精胺酸的側鏈等 (圖 2-5)。

不僅如此，在這樣一個結構中，5' 端的核苷酸還能活化胺基酸上的羧基，使它與 3' 端核苷酸中的核糖相連，這樣就把胺基酸連在這個小 RNA 分子上了。然後 RNA 分子重新摺疊，使與 RNA 分子結合的胺基酸位於分子的一端，三個未配對的核苷酸位於分子的另一端 (圖 2-5 右上)。由於這三個核苷酸是未配對的，它們就可以和另一個 RNA 分子上對應的三個核苷酸配對，將胺基酸分子帶到另一個 RNA 分子附近。

由於兩條 RNA 鏈彼此結合時，鏈的方向是相反的，所以配對的三個核苷酸序列也必須反過來讀，例如上面說的小分子 RNA 中的 AAU 就可以和 RNA 分子上的 AUU 配對，CCA 和 UGG 配對，CCU 和 AGG 配對等。這樣，另一個 RNA 分子上的三個核苷酸就可以與小分子 RNA 上的胺基酸相對應，也就是編碼，叫做三聯碼，也叫密碼子，而小 RNA 分子上與三聯碼配對的三個核苷酸的序列由於和三聯碼的序列方向相反而且鹼基互補，叫做反密碼子。因此是小 RNA 分子上與胺基酸側鏈結合的三個核苷酸先產生了反密碼子，使另一個 RNA 分子上與反密碼子對應的三個核苷酸的序列成為密碼子 (圖 2-5 右下)。

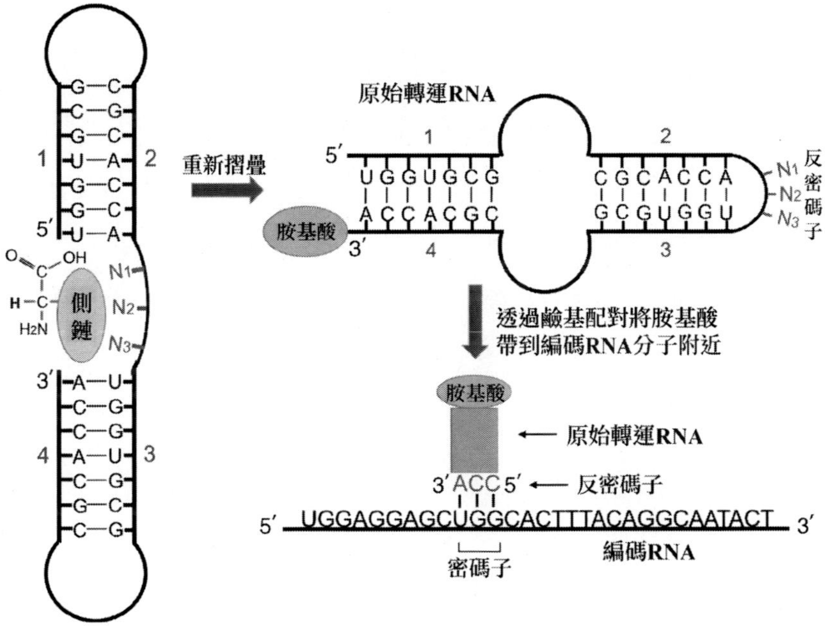

圖 2-5　小 RNA 分子結合胺基酸，並且活化這個胺基酸，
使其連在自己的 3' 端上，成為原始的轉運 RNA

透過反密碼子與三聯碼配對，小 RNA 分子就可以把與它相連的胺基酸帶到編碼 RNA 分子附近，固定「零件」的「工作臺」就建立起來了。由於小 RNA 的任務是把胺基酸帶到編碼 RNA 附近，它們就被稱為轉運 RNA（tRNA，t 表示轉運）。

有了「工作臺」，胺基酸被固定到編碼 RNA 分子附近後，還需要有分子將這些胺基酸連起來，形成蛋白質。這個工作是由另一個 RNA 分子來完成的。因此細胞中蛋白質合成的任務全部由 RNA 分子來進行：編碼 RNA、轉運 RNA 和催化 RNA。三種 RNA 分子彼此協同，實現編碼 RNA 分子中三聯碼的序列轉變為蛋白質中胺基酸的序列。功能有限的 RNA 分子彼此配合，合成功能強大的蛋白質分子，從此改變了生命的發展方式，不能不被認為是一個奇蹟。我們今天能在這裡，也全拜這個過程所賜。

直到今天，生物體裡面蛋白質的合成，也還是透過這個方式進行的，只不過蛋白質合成是在一種專門的結構叫核糖體的顆粒中進行的（圖 2-6）。催化 RNA 就在核糖體內，是核糖體的固定成分，叫核糖體 RNA（rRNA，r 代表核糖體）。信使 RNA（mRNA，m 代表信使）進入核糖體，tRNA 把胺基酸帶到 mRNA 附近，合成蛋白質。核糖體中除了 rRNA，還含有許多蛋白質分子，使核糖體合成蛋白質的過程更加高效，但是直接參與蛋白質合成過程的，仍然是 RNA 分子。

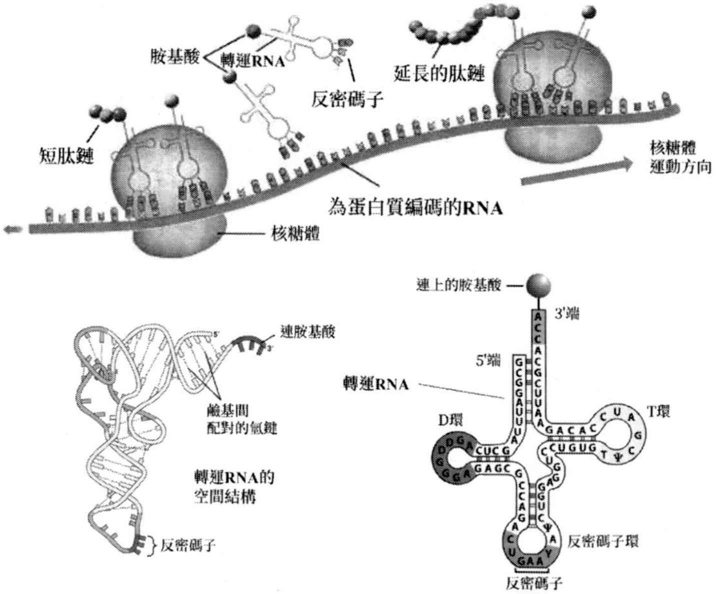

圖 2-6　原核生物合成蛋白質的過程

右下為現代的轉運 RNA，結構與圖 2-5 中的原始轉運 RNA 大體相似，其中胺基酸連在轉運 RNA 上的反應改用蛋白質來催化。左下為轉運 RNA 分子的三維結構圖。

隨著蛋白質唱主角，RNA 也逐漸退出原來單打獨鬥的角色，其為蛋白質編碼、儲存遺傳訊息的功能也被 DNA 所取代。

第三節 DNA 取代 RNA 成為儲存訊息的物質

RNA 用三聯碼來儲存蛋白質中胺基酸序列的訊息，是生命發展過程中極為重要的一步。它不僅能用這個訊息來指導蛋白質的合成，而且由於 RNA 能複製自己，還可以把這些訊息傳給下一代，也就是 RNA 還可以產生遺傳物質的作用。

RNA 分子雖然可以儲存訊息，但是也有一個缺點，就是不太穩定，在水中會逐漸分解為組成自己的核苷酸。而作為儲存訊息和遺傳物質的分子，卻應該有高度的穩定性，所以 RNA 分子需要改進。之所以 RNA 分子在水中不很穩定，是因為在核苷酸的核糖中，在第二位碳原子上還有一個羥基，在核苷酸連成 RNA 分子時未被使用。這個羥基能夠攻擊 RNA 分子自己，讓自己慢慢分解，相當於是咬碎 RNA 分子的牙齒。如果把這個牙齒敲掉，RNA 分子就穩定了（圖 2-7)。

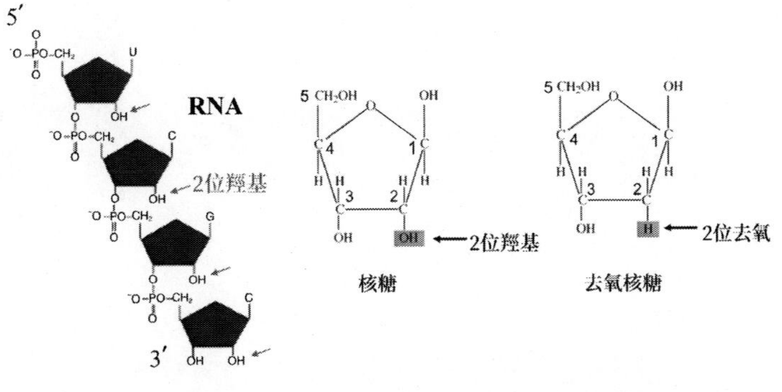

圖 2-7 RNA 分子中核糖上第 2 位碳原子上的羥基

在生物演化的過程中，為 RNA 分子「敲牙齒」的酶還真的出現了，它可以把核糖二號位的羥基去掉，換為氫原子。從羥基變為氫原子（一

H)，相當於核糖失去了一個氧原子。由於這個原因，這個羥基被氫原子換掉了的核糖就叫做去氧核糖，含有去氧核糖的核苷酸叫去氧核糖核苷酸，由去氧核糖核苷酸組成核酸就叫去氧核糖核酸，英文名字的縮寫就是 DNA，DNA 這個名稱就是這麼來的。

透過這種方式，RNA 就變為 DNA 了。RNA 在變為 DNA 時，還有一個變化，就是核苷酸中的尿嘧啶 (U) 被胸腺嘧啶 (T) 取代 (見圖 1-5 右)，但是同樣可以和 A 配對。因此 DNA 是由 A、G、C、T 代表的 4 種去氧核糖核苷酸組成的，以別於 RNA 中由 A、G、C、U 代表的 4 種核苷酸 (圖 2-8)。

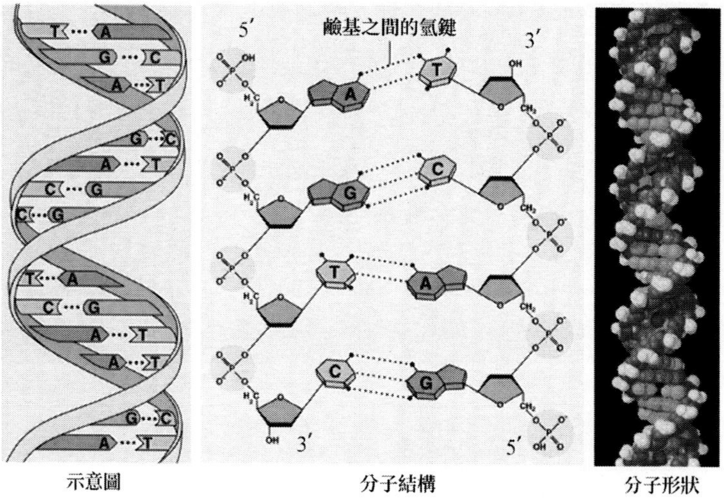

圖 2-8 DNA 的分子結構
雙螺旋中兩條鏈的方向相反。

DNA 分子不但穩定，也失去了催化的能力，只能老老實實地做儲存訊息的分子。DNA 分子有多穩定，可以從下面的例子看出來。人類有一個近親，叫做尼安德塔人，大約在三萬年前滅絕了 (見第十四章第三節)。從 13 萬年前尼安德塔人留下的一個腳趾的趾骨，科學家提取了

DNA 樣品，並且從這個樣品測定了尼安德塔人的全部 DNA 序列。這說明經過 13 萬年的時間，尼安德塔人的 DNA 分子仍然基本完整。

DNA 分子的穩定性除了與核糖上第二位的羥基被去除掉有關外，還和 DNA 雙螺旋的結構有關。RNA 分子要執行各種生理功能，是以單鏈形式存在於細胞中的，而 DNA 的作用只是儲存訊息，就沒有必要再形成只有單鏈分子才能形成的各種三維結構。在原核生物演化的過程中，出現了一種酶，叫 DNA 聚合酶，它可以用單鏈 DNA 為模板，合成另一條 DNA 鏈（參見圖 2-9）。新的 DNA 單鏈被合成後，並不像新合成的 RNA 分子那樣和模板分子分開，而是透過 A-T 和 C-G 鹼基配對而和模板 DNA 鏈結合在一起，彼此纏繞成為 DNA 雙螺旋結構。在 DNA 雙螺旋結構中，兩條 DNA 鏈的方向也像 RNA 鏈結合時那樣是相反的。由於 DNA 的結構是雙螺旋，DNA 的長度就不再用單鏈時去氧核糖核苷酸的數量表示，而是用彼此結合成對的核苷酸的數量來表示，叫做鹼基對（base pair，bp），如兩條由 3,000 個核苷酸長的 DNA 單鏈繞成的 DNA 雙螺旋的長度就是 3,000 個鹼基對。

不過這樣的 DNA 雙螺旋也有一個問題，就是 DNA 的末端像由兩股線編成的繩子一樣，容易散開。為了解決這個難題，原核生物把 DNA 連成環狀，無始無終，也就沒有末端的問題了。

RNA 變成 DNA 還產生另一個問題：DNA 是雙螺旋，所有的鹼基已經用在兩條 DNA 鏈之間的鹼基配對中了，沒有剩餘的三聯碼來與轉移 RNA 上的反密碼子結合，又如何指導蛋白質分子的合成呢？解決方式是，直接指導蛋白質合成的角色還是由 RNA 來扮演。

第四節 RNA 分子改扮臨時訊息分子的角色

在原核生物出現之前，單鏈 RNA 分子指導蛋白分子合成。在 DNA 雙螺旋出現後，如果把 DNA 分子中有關蛋白質分子的訊息轉移回 RNA 分子，就可以變回單鏈形式，再由 RNA 分子這個替身指導蛋白質的合成。訊息從 DNA 分子轉移到 RNA 分子的過程叫做轉錄，RNA 分子中三聯碼的序列被翻譯為蛋白質中胺基酸序列的過程叫做轉譯。

在轉錄過程中，一種叫做 RNA 聚合酶的蛋白質結合在為蛋白編碼的 DNA 區段上，並且把這一段 DNA 的雙螺旋暫時分開成為單鏈，再以其中一條單鏈 DNA 為模板，合成 RNA 分子。DNA 中兩條鏈的序列是互補的，含有為蛋白質編碼序列的鏈叫做正鏈，和正鏈互補的那條鏈叫負鏈。在合成 RNA 分子時，是以負鏈為模板的，這樣合成出來的 RNA 才有和正鏈相同的核苷酸序列 (圖 2-9)。

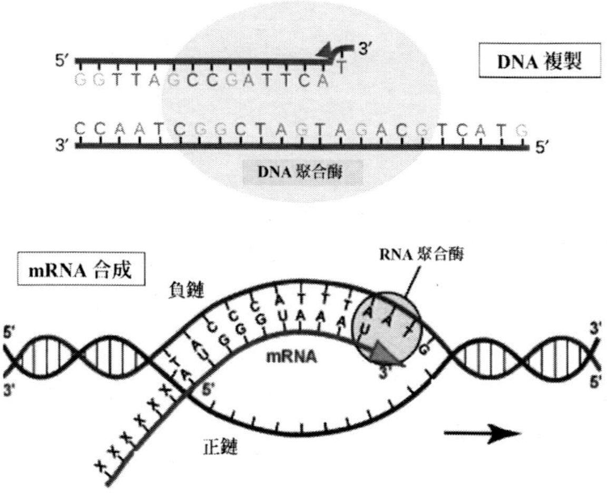

圖 2-9 DNA 複製 (上) 和 mRNA 合成 (下)

由於 RNA 分子是傳遞 DNA 中的訊息的，所以叫做信使 RNA (mRNA)。訊息由 DNA 分子儲存，經過 mRNA 分子轉化為蛋白質中胺基酸的序列，這就是現代分子生物學中經典的 DNA － RNA －蛋白質訊息傳遞鏈。

有了功能強大的蛋白質來執行各種功能，生命活動的效能就大大提高了。生命的發展又使蛋白質的種類不斷增多，功能也越來越豐富。這種情況發展下去，就出現了一種新的狀況，就是在不同情況下細胞所需要的蛋白質種類不同，例如，生長期和繁殖期所需要的蛋白質就不同；食物來源不同時，利用這些食物的酶也應該不同。這就需要有一個控制機制，根據需求來生產某些蛋白質，而不是在任何時候都生產所有的蛋白質，這個控制機制就是基因調控。

第五節　基因和基因調控

DNA 含有所有蛋白質分子結構的訊息，每種蛋白質在 DNA 分子中也都有為自己編碼的區段。為了有選擇性地只生產某些蛋白質，而不生產另一些蛋白質，DNA 為每個蛋白的編碼區段都裝上「開關」，只有當開關開啟時，這部分編碼區段才被轉錄為 mRNA。

這個「開關」，就是一些發揮控制作用的 DNA 序列，通常位於編碼序列的前方 (5' 方向)。它們能夠結合一些蛋白質分子，決定這部分的編碼區段是否被轉錄，例如，序列 GGGCGGG 能夠結合一種叫 SP1 的蛋白質，序列 AGTCACT 又能夠結合一種叫 AP1 的蛋白質。控制序列一般含有多個蛋白結合點，這些被結合的蛋白質彼此協同，共同決定 RNA 聚合酶是否能結合到這段 DNA 上，開始轉錄。

這些具有調控功能的蛋白質由於與轉錄過程有關，被稱為轉錄因子，上面說的 SP1 和 AP1 都是轉錄因子。有的轉錄因子可以使轉錄過程開始，相當於把基因「打開」，叫做活化因子；有的轉錄因子能阻止轉錄過程的開始，相當於把基因「關閉」，叫做阻遏因子。含有轉錄因子結合點的 DNA 區段控制轉錄過程是否啟動，叫做啟動子。為不同的蛋白質編碼的 DNA 區段有不同的啟動子，結合不同的轉錄因子，這些為蛋白質編碼的 DNA 序列就可以選擇性地被轉錄了。

編碼區段加上它的「開關」，即啟動子區段，就組成一個基因，所以基因就是帶有開關的、為蛋白質編碼的 DNA 區段。基因的「開關」被打開時，基因編碼的蛋白質能被合成，叫做這個基因的表達，意思是基因中的訊息被釋放出來，被實現了。基因的開關被關閉，編碼的蛋白質不能被合成，叫做基因的沉默。

在原核生物中，常常是幾個功能相關的基因彼此相連，共用一個啟動子，這樣啟動子就可以同時表達一組功能相關的基因。這種由一個啟動子控制幾個基因的 DNA 結構叫做操縱子，大腸桿菌的乳糖操縱子就是基因表達隨食物種類變化的好例子。

大腸桿菌最喜歡的食物是葡萄糖，但它也能食用乳糖。大腸桿菌中有三個和利用乳糖有關的基因，它們依次相連，共用一個啟動子，組成乳糖操縱子。在沒有乳糖的情況下，一個阻遏因子結合在轉錄開始的地方（DNA 序列為 TGGAATTGTGAGCGGATAACAATT，即阻遏序列），阻止 RNA 聚合酶的工作，這樣利用乳糖的蛋白質就不能被合成，以免浪費資源去生產用不到的蛋白質。在有乳糖的情況下，乳糖變成的異乳糖能結合在阻遏因子上。異乳糖的結合使阻遏因子的形狀改變，不能再結合在 DNA 上，這樣 RNA 聚合酶就可以結合在 DNA 上面，開始轉錄，進而生產利用乳糖的蛋白質。當環境中乳糖消失時，阻遏因子又可以再結合在阻遏序列上，阻止利用乳糖的基因表達（圖 2-10）。

基因調控機制的建立，是原核生物的偉大發明，地球上的生物因此才能根據需求合成自己需要的蛋白質分子，對外界環境的變化做出反應。

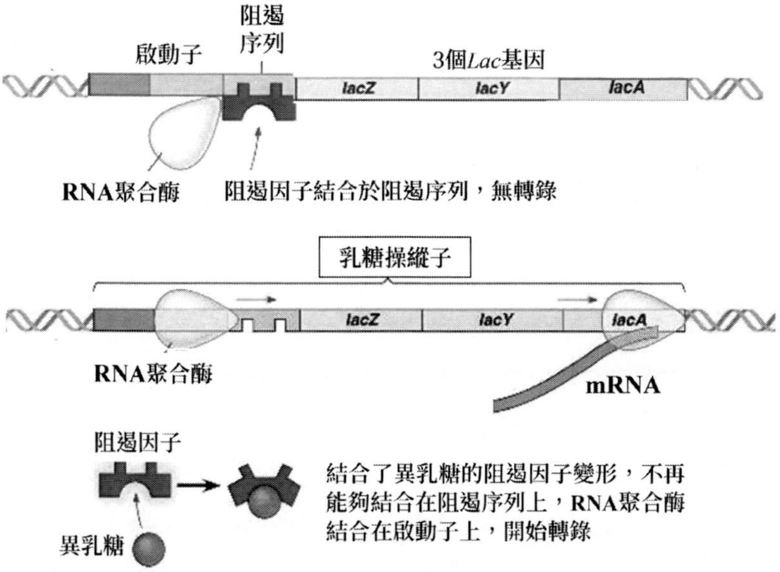

圖 2-10　大腸桿菌的乳糖操縱子

第六節　完善的細胞膜形成

在生命初期，由脂肪酸等比較簡單的分子組成的細胞膜還不完善，作為細胞牆壁的阻隔作用還比較差，只能留住比較大的分子如蛋白質、RNA 和 DNA，但是對於尺寸很小的離子如鈉離子和鉀離子，是沒有阻隔作用的，這些離子也就可以自由出入細胞。但是後來發生了一種情況，迫使細胞把「門戶」關緊，不再讓離子自由出入，這就是環境中離子的組成狀況發生了不利於細胞的改變，從富含鉀離子變為富含鈉離子了。

在地球形成之初，組成地殼的主要是一種含富鉀和磷的岩石，叫克里普岩（英文縮寫為 KREEP）。這些岩石被風化以後，鉀離子就溶於水中，形成富含鉀的水溶液，而生命就是在這樣的環境中產生的。檢查生物中最古老的蛋白質，發現它們的功能需要鉀離子，就連 rRNA 催化胺基酸連接成為蛋白質的反應，也需要鉀離子，而鈉離子有抑制作用。這些事實顯示，最古老的蛋白質和具有催化作用的 RNA 都是在富含鉀的水中產生的，它們的功能也都需要鉀離子。

在大約 40 億年前，克里普岩由於風化和地殼運動而基本從地球表面消失，新的岩石如花崗岩出現。雖然花崗岩中鉀和鈉的含量差不多，但是在花崗岩的風化過程中，鈉比鉀更容易溶出，使地球表面的水從富含鉀變為富含鈉。由於早期生物的細胞膜對各種離子是通透的，細胞內的鉀離子濃度不斷降低，而鈉離子濃度不斷升高，對生命活動越來越不利。但是在那個時候，蛋白質和 rRNA 對鉀離子的依賴已經無法改變，如果沒有一種辦法來保持細胞內的鉀離子濃度，同時防止鈉離子進入細胞，生物就可能滅絕。

為了適應這種狀況，有些生物改變了細胞膜的組成，從脂肪酸改為磷脂。磷脂分子有兩條脂肪酸組成的尾巴，這兩條尾巴連在一個甘油分子上，甘油分子又和一個磷酸分子相連，磷酸分子再連上親水的分子如絲胺酸和膽鹼。這樣組成的磷脂分子和脂肪酸一樣，也是兩性分子，即同時含有憎水部分和親水部分，但是由磷脂組成的細胞膜的品質卻高多了，既可以阻止鉀離子逃離細胞，也可以阻止鈉離子進入細胞（圖 2-11）。

直到現在，所有生物細胞內鉀離子的濃度都遠高於鈉離子的濃度；而細胞外的情形正好相反，是鈉離子的濃度遠高於鉀離子的濃度。保持細胞內的高鉀離子濃度，使生命活動能夠有效進行，正是由磷脂組成的細胞膜的功勞，所以從原核生物中的細菌，到真核生物中的真菌、植物和動物，細胞膜都是由磷脂組成的，就連磷脂中脂肪酸的種類都差不多，主要為軟脂酸、硬脂酸、油酸和亞油酸。

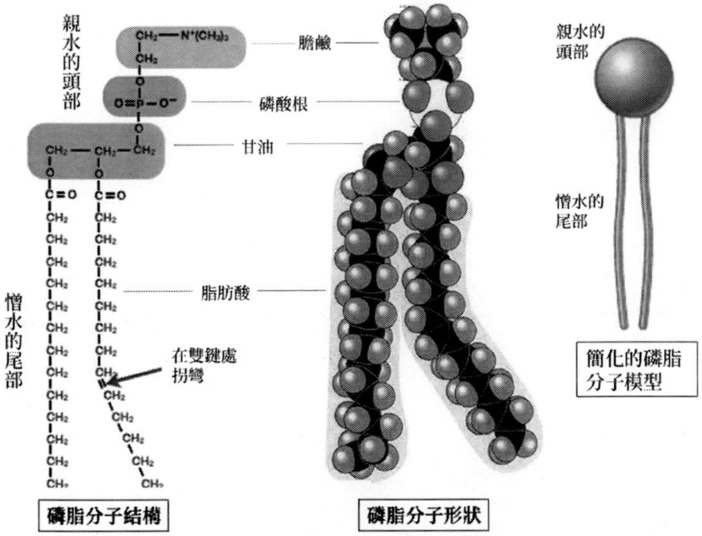

圖 2-11　磷脂分子的結構

不過生命畢竟是一個開放系統，必須不斷地和外界進行物質交換，讓營養物質進來，讓廢物垃圾出去，怎麼解決這個問題呢？那就在膜上裝上蛋白質，叫做膜蛋白，這些蛋白質分子穿過膜，中間有通道讓物質進出，相當於在牆壁上裝門和窗戶。不同的通道讓不同的物質進出，而且這些通道還可以根據需求打開和關閉，細胞就可以有控制地和外界交換物質了 (圖 2-12)。

由磷脂組成的細胞膜雖然對鈉離子和鉀離子有很強的阻隔作用，但也不是嚴絲合縫的，鉀離子還是會緩慢地洩漏出細胞，鈉離子也會緩慢地溜進細胞。為了維持細胞內高的鉀離子濃度和低的鈉離子濃度，細胞膜上還出現了離子幫浦，這些幫浦也是蛋白質，可以不斷將細胞內的鈉離子送出去，把細胞外的鉀離子帶進來。

由磷脂組成的細胞膜的出現，不僅使細胞內鉀多鈉少的情形得以保持，使細胞的生理活動得以正常進行，磷脂膜對離子的阻擋作用還被細胞利用，以新的方式來轉換能量，從而大大提高能量利用的效率。

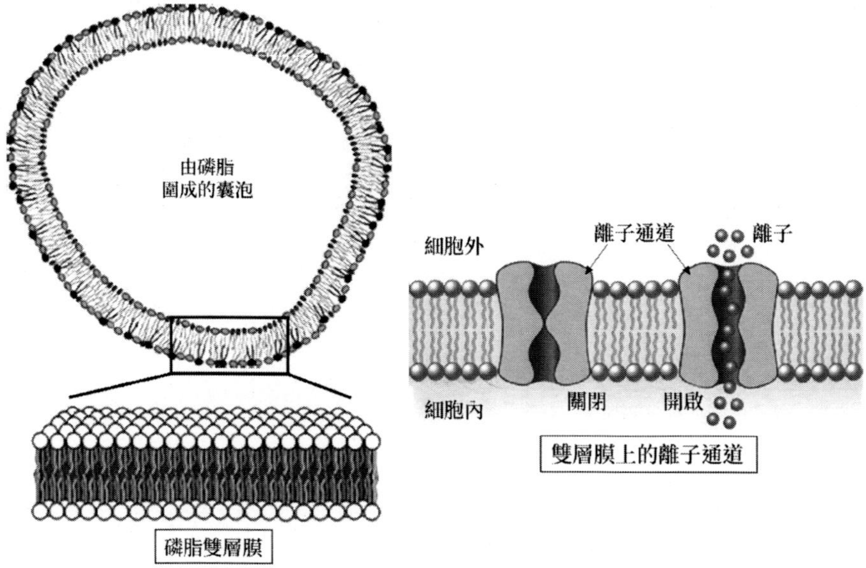

圖 2-12　磷脂雙層膜和膜上的離子通道

第七節 生物的能量供應 —— 氧化還原反應

生命活動是需要能量的。用「零件」組成更複雜的分子，如用胺基酸合成蛋白質，用核苷酸合成RNA，都需要能量的驅動，這就像用磚頭砌房子，是需要勞動和花力氣的。反過來，複雜分子分解為它們的組成部分就不需要能量，如蛋白質分解為胺基酸、RNA分解為核苷酸，就像年久失修的老房子自己就會垮塌。前面說的細胞把鈉離子送出去，把鉀離子帶進來，都是把離子從濃度低的地方轉移到濃度高的地方，相當於把水從低處打到高處，也需要能量。因此在最初的生命形成後，也必須要有能量供應，許多生理活動才能夠進行。

從焦磷酸到 ATP

最早向生物供應能量的分子可能是焦磷酸（$H_4P_2O_7$）。焦磷酸是兩個磷酸分子（H_3PO_4）連在一起形成的（圖2-13右上）。把磷酸的溶液在太陽底下晒乾，就可以生成焦磷酸。磷酸在水中時，裡面的一些氫原子會放棄電子而淨身出戶，成為氫離子。由於氫原子只有一個電子，氫離子就是氫的原子核，也就是一個帶正電的質子。氫離子使溶液帶有酸性，酸其實就是氫離子的味道。磷酸分子失去氫離子後餘下的部分叫磷酸根，因為保留有氫原子的電子而帶負電（如PO_4^{3-}，其中的3-表示三個負電荷）。兩個磷酸根連在一起，負電之間會有排斥力，把它們強壓在一起，就像彈簧被壓縮，是儲有能量的，連接兩個磷酸分子的化學鍵也就成為高能磷酸鍵。當焦磷酸分解為兩個磷酸分子時，就像彈簧彈開，高能磷酸鍵裡面的能量就被釋放出來，可以為其他生理活動所用。這種利用焦磷酸能量的做法至今仍為一些生物所保留，例如，在細菌和植物中，細胞仍然可以利用焦磷酸的能量，把氫離子送到細胞外面去。

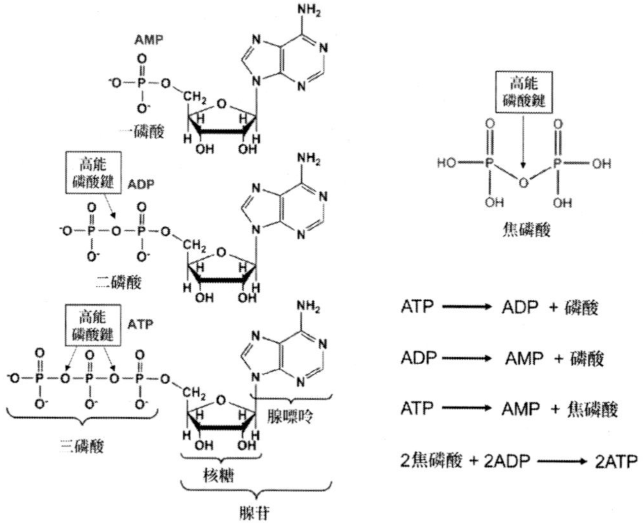

圖 2-13　焦磷酸和 ATP

不僅如此，焦磷酸的能量還可以轉移到另一個分子上去，如腺苷酸，即鹼基為腺嘌呤的核苷酸。腺苷酸是組成 RNA 的 4 種核苷酸之一，本來就在細胞中存在，它含有一個磷酸根，所以是一磷酸腺苷（adenosine monophosphate，AMP）。焦磷酸分解時，可以把產生的兩個磷酸根中的一個轉移到 AMP 分子中的磷酸根上，使兩個磷酸根連在一起，又變成一個類似焦磷酸的結構，不過這次是與腺苷相連，這樣形成的分子叫二磷酸腺苷（adenosine diphosphate，ADP）。用同樣的方式，焦磷酸還可以在 ADP 再加一個磷酸根，使三個磷酸根相連，分子也就變成三磷酸腺苷（adenosine triphosphate，ATP）（圖 2-13）。

在 ADP 分子中，有兩個磷酸根相連，這個部分就相當於是焦磷酸。在 ATP 分子中，更是有三個磷酸根相連。出於和焦磷酸同樣的原因，這些磷酸根之間的化學鍵也都是高能磷酸鍵，無論是 ATP 變為 ADP，還是 ADP 變為 AMP，還是 ATP 直接變為 AMP，都可以釋放出能量。現在我們身體裡面絕大多數需要能量的活動，如蛋白質合成、肌肉收縮、細胞把鈉離子送到細胞外，都是由 ATP 提供能量的。就像用貨幣可以買到各種商品，ATP 也被稱為生物的能量通貨，ATP 這個英文縮寫也成為大家熟悉的名詞，意味著能量。

焦磷酸提供的能量在早期形成的生物中發揮了重要的作用，但是焦磷酸的來源有限，生物要發展，就需要去尋找別的能量來源。

在生命的初期，生物還不能利用太陽能，只能依靠氧化還原反應來提供能量。就算在今天，所有的異養生物即依靠現成的有機物生活的生物，包括所有的動物，仍然依靠氧化還原反應來獲取能量。要了解什麼是氧化還原反應，就需要多知道一些原子中電子運動的知識。

氧化還原反應

氧化還原反應是電子從吸引電子能力弱的原子轉移到吸引電子能力強的原子的過程，在這個過程中電子從高能級轉移到低能級，類似於物體從高處落到低處，會釋放出能量。可是在所有元素的原子中，都是帶負電的電子圍繞帶正電的原子核旋轉，電子數等於質子數，為什麼有些元素的原子吸引電子的能力比較強，而另外一些元素的原子吸引電子的能力卻比較弱呢？

這裡說的原子對電子吸引力的強弱，不是原子核對原子中所有電子的吸引力，而是對最外層電子的吸引力。電子圍繞原子核旋轉的軌道，並不像人造衛星圍繞地球轉動的軌道高度是連續可變的，而是分層的（圖 1-2）。只有最外層的電子才參與化學反應，我們上面說的電子轉移，也只是外層電子的行為。

最外層軌道裡面的電子離原子核最遠，能級最高，就像高軌道上的人造衛星，要更大推力的火箭才能將其送入軌道。內層軌道離原子核較近，能級也較低。電子數目增加時，總是先去填能級最低的軌道，就像人群在入住一棟大樓時，先住一樓的單位，一樓的單位住滿了才住進二樓的單位，然後才住三樓的單位，以此類推。外層電子住幾樓，就看原子核中有多少電子，而電子數又是由原子核中質子的數量決定的。

電子軌道分層，有兩個因素會影響原子核對外層電子的吸引力。一是外層電子離原子核的距離，外層電子的層數越高，離原子核越遠，原子核的吸引力就越弱。二是原子核中質子的數量。在外層電子的層數不變的情況下，原子核中質子的數量越多，也即正電荷越多，對外層電子的吸引力就越強。所以原子核中質子數的增加有兩個相反的效果：如果質子數的增加導致新的外層出現，就會減弱原子核對外層電子的吸引，但是在外層電子的層數不變的情況下，質子數的增加又會增強對外層電子的吸引。

例如，鉀原子比氯原子重，質子數比氯原子多兩個，但是卻極易失去電子，這是因為鉀原子新增加的電子中，有一個住到四樓上去了，而氯原子的外層電子卻還都住在三樓，鉀原子的這個外層電子離原子核的距離比氯原子遠，所以鉀原子的原子核對這個外層電子的吸引力不如氯離子，鉀原子的外層電子也很容易跑到氯原子上面去。

在電子層數不變的情況下，原子核中質子數量的增多就會增加對外層電子的吸引力。這種增強的吸引力還可以把外層電子的軌道拉低，使原子變小，外層電子更接近原子核。例如，鈉原子和氯原子的外層電子都在第三層上，相當於都住在三樓，但是鈉原子的外層只有一個電子，半徑 0.08 奈米，也就是外層電子離原子核大約 0.08 奈米，而氯原子的外層有 7 個電子，半徑反而縮小到 0.05 奈米。原子核中正電荷增多，外層電子又離原子核更近，這兩個因素加起來，就使氯原子吸引外層電子的力量比鈉離子強得多，很容易把鈉原子的外層電子搶過來。

換一個說法就是：外層電子數越多，原子核對外層電子的吸引力就越強，而由於量子力學的規則，外層最多能夠容納 8 個電子，所以隨著外層電子數的增加，原子也就從易於失去電子到易於得到電子。鈉原子外層只有一個電子，很容易失去電子，而氯原子外層有 7 個電子，就很容易得到電子。

氧原子的外層有 6 個電子，抓電子的能力是相當強的，可以讓多種元素原子的外層電子進入自己的軌道，生成氧化物，例如，氧和氫反應生成水（可以稱為氧化氫），氧和鐵反應生成氧化鐵，氧和矽反應生成二氧化矽，氧和碳反應生成二氧化碳等，反應過程叫做這些原子被氧原子氧化。

由於氧無處不在，參與這類反應也最多，我們也就把氧作為抓電子能力強的元素的代表，把所有這些反應通通稱為氧化反應，雖然不一定有氧參加。例如，電子從鈉原子轉移到氯原子，沒有氧參加，仍然叫做鈉原子被氯原子氧化。

鐵原子抓外層電子的能力沒有銅原子強，所以把鐵絲放到硫酸銅溶液中，鐵原子的外層電子就轉移給銅離子，自己變成鐵離子，進入溶液；銅離子得到電子成為銅原子，在鐵絲表面形成一層銅。在這裡鐵原子也是被銅原子氧化的，雖然並沒有氧參加。銅離子得到電子，被還原為沒有被氧化的銅原子。一方被氧化就是另一方被還原，就像買和賣總是成對出現，涉及雙方的反應也就合在一起，被稱為氧化還原反應。

能夠被氧化，或者說能夠提供電子的原子或者分子就是還原性強，或者被稱為還原性分子。氫原子只有一個電子，而且住一樓，按說離原子核很近了，但是氫的原子核只有一個質子，它對這個電子的吸引力也不強，容易給出電子，所以含氫原子多的分子也多是還原性分子，如氫氣、甲烷、氨氣、硫化氫。有機物如葡萄糖、脂肪酸、胺基酸也富含氫，所以也是還原性分子。這些還原性分子被氧化時都丟掉氫原子。

而容易得到電子的原子或者分子氧化性強，或者被稱為氧化性分子。它們被還原時常常得到氫原子，例如，氧得到氫原子成為水分子，二氧化碳被氫還原時變為水和甲烷，所以被氧化常常是丟掉氫原子，被還原常常是得到氫原子。這些說法是從不同的角度來描述氧化還原反應的，其實說的都是一個意思。

由於氧化還原反應能夠釋放出能量，也就有可能被生物所利用。在早期地球的大氣中，有豐富的氫，還有火山噴發釋放出的硫化氫，可以作為還原性的分子；大氣中的二氧化碳和岩石中的硝酸鹽則可以作為氧化性的分子。它們之間的氧化還原反應就可以為生物提供能量。在細胞膜還不完善、不能阻擋離子穿過細胞膜的情況下，生物利用這些能量的方式，是先在參與反應的分子中形成含有磷酸根的高能鍵，然後把這個磷酸根直接轉移到 ADP 分子上，生成 ATP，類似於焦磷酸生成 ATP 的過程。

透過磷酸根的直接轉移生產 ATP

氫氣被二氧化碳氧化時，會把二氧化碳中的碳原子還原為甲基（$-CH_3$），甲基在礦物的催化下生成乙醯基（CH_3CO-），再經過中間步驟變為乙醯磷酸（CH_3CO-Pi，其中 Pi 代表磷酸根）。乙醯基和磷酸根之間的化學鍵就是高能鍵，可以把這個磷酸根轉移到 ADP 分子上，形成 ATP。就是在今天，有一種甲烷菌仍然能夠用這種方式來生產 ATP。這種菌出現在大約 40.1 億年前，也就是生命剛剛出現的時候，說明早期的生命的確可以用這種方式生產 ATP。

這種用磷酸根轉移來生成 ATP 的方式現在仍然為生物所使用，包括我們人類。例如，葡萄糖是所有生物的主要「燃料」分子，它的氧化可以向生物提供能量。一種利用葡萄糖能量的方式是將它部分氧化，即不是完全氧化成為二氧化碳和水，而是變成乳酸。在這個過程中也會形成含有磷酸根的高能鍵，再用磷酸根轉移的方式產生 ATP。我們在高強度運動時，氧氣供不上，細胞就用這種方式生產 ATP。我們在劇烈運動後感到肌肉痠痛，就是乳酸大量形成的緣故。

磷酸根直接轉移的反應只在分子之間進行，不需要結構完善的細胞膜，是早期生命利用能量的主要方式。但是這種方式也有局限性，就是必須先生成帶磷酸根的高能鍵，而這是許多氧化還原反應無法做到的。隨著完整細胞膜的出現，另一種轉換能量以生產 ATP 的方式出現了，這就是需要完善細胞膜的蓄水發電方式。

用蓄水發電的方式合成 ATP

氫除了可以被二氧化碳氧化外，還可以被硝酸鹽氧化，形成亞硝酸鹽和水。但是這個反應不能形成帶磷酸根的高能鍵，反應釋放出來的能量只能以熱的形式放出，生物無法加以利用。在完善的細胞膜出現後，又出現了一個非常重要的分子，這就是醌 (quinone)。醌分子的出現，再與完善的細胞膜配合，使生物可以利用氫被硝酸鹽氧化所釋放的能量，而且由此改變了生物利用能量的方式。

醌分子之所以有這麼大的本事，和它的分子結構有密切關係。醌分子有一個能夠進行氧化還原反應的頭部，上面再連一條長尾巴。這條尾巴只含有碳原子和氫原子，是高度憎水的，它使醌分子能夠溶解在細胞膜的油性內層中並且在膜內游動，其頭部也就可以在細胞膜中擺來擺去，從細胞膜的一側擺向另一側，也能夠接觸細胞膜中不同的蛋白質（圖 2-14）。

醌分子的頭部是一個由碳原子組成的環狀結構，其中彼此相對的兩個碳原子上面各連有一個羥基。這兩個羥基可以各失去一個氫原子，剩下的氧原子和與之相連的碳原子一起，變成兩個羰基（C ＝ O，「羰」也是化學家造的字，讀音「湯」，意思是碳加氧形成的基團）。羰基得到氫原子，又可以變回羥基，因此醌分子可以反覆得到和失去兩個氫原子，可以作為氫原子的轉運站。

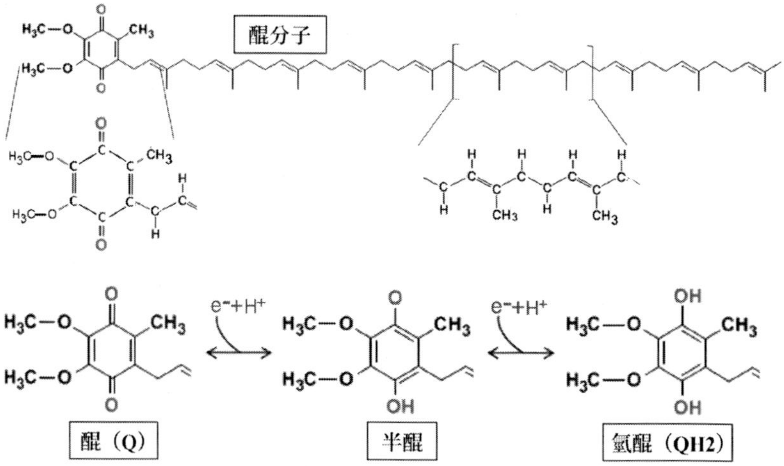

圖 2-14　醌分子的結構和氧化還原反應

上為醌分子的結構，其中用短線代表的含義在下面用原子之間的化學鍵加以說明。氫醌分子在失去一個電子（e^-）和一個質子（H^+）後變為半醌，半醌再失去一個電子和一個質子，就變成醌。一個電子和一個質子就相當於一個氫原子。

醌分子中的氧原子以羰基形式存在時，是失去了氫原子的，分子處於被氧化的狀態，叫做醌，簡稱為Q；醌分子中的氧原子以羥基的形式存在時，是得到了氫原子的，分子處於被還原的狀態，叫做氫醌，簡稱為 QH_2。

醌分子的這個能力使它可以在氧化還原反應中扮演中間人的角色，例如，A 要還原 B 時，A 可以先把醌還原為氫醌，再由這樣生成的氫醌還原 B。氫被硝酸鹽氧化時（也就是氫還原硝酸鹽時），氫原子先透過氫酶把醌還原為氫醌；氫醌在細胞膜內游動，到達膜中的硝酸鹽還原酶，透過它再還原硝酸鹽，醌的中間人作用就完成了。

經過醌這個中間人的好處是，氧化還原反應釋放出的能量就能夠為生物所用。硝酸鹽還原酶在靠細胞膜外表面的地方氧化氫醌中的氫原子，奪取它們的電子，失去電子的氫原子變成氫離子，被釋放到細胞膜的外側。硝酸鹽還原酶把這樣獲取的電子輸送到細胞膜的內側，再從細胞膜的內側拿走兩個氫離子，讓電子和氫離子結合，變回氫原子，氫原子再把硝酸鹽還原為亞硝酸鹽。這相當於把兩個氫離子從細胞膜的內側轉移到外側。這個反應不斷進行，細胞膜外側的氫離子就會越來越多，而細胞膜內側的氫離子則會越來越少，形成一個跨膜氫離子濃度梯度。這個氫離子的濃度梯度就是儲存能量的一種方式，類似於水壩內面比外面高的水位具有能量，可以用來發電。在這裡梯度就是差別的意思，類似於梯子上不同的梯級高低不同（圖 2-15）。

硝酸鹽還原酶在細胞膜外側釋放氫離子時，是需要消耗能量的，因為細胞膜外面氫離子多，帶正電，在帶正電的區域釋放帶正電的氫離子，是要受到排斥的，但是氫醌被氧化時釋放的能量可以驅動這個過程。同樣的，在細胞膜內側拿走氫離子也是需要能量的，因為是從帶負電的區域拿走帶正電的氫離子，會受到負電的拉扯，但是硝酸鹽被還原釋放出的能量也可以驅動這個過程。這樣，氫被硝酸鹽氧化所釋放的能量，就以跨膜氫離子濃度梯度的形式被儲存起來了。

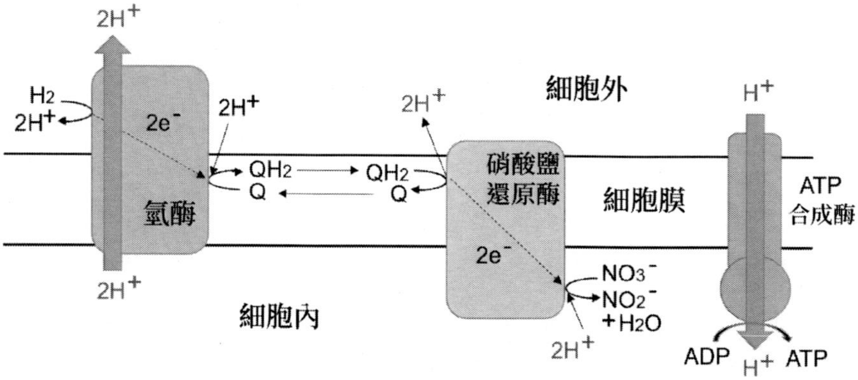

圖 2-15　醌分子在氧化還原反應中轉換能量的作用

在膜兩側實現淨轉移的氫離子用紅色表示。氫酶催化氫還原醌的反應，同時利用電子流過的能量將氫離子送到細胞外面去。氫被氧化時釋放出的氫離子在醌被還原時又被用掉，對氫離子的跨膜轉移沒有貢獻。

這真是一個非常聰明的轉化能量的方法，而且用同樣的方式，還可以讓醌做其他氧化還原反應的中間人，實現能量轉換。這樣，細胞就可以用同一種方法來利用各種氧化還原反應所釋放的能量了，所以醌分子實在是生物轉換能量的大功臣。

為了進一步提高能量利用的效率，在氫醌和氧化性分子還原酶之間，還可以另外加上一個蛋白複合物，用它來氧化氫醌，再把電子傳遞給氧化性分子還原酶。這就像一級水電站還不能充分利用水力，中間再建一個水電站。這樣的中間複合物叫 bc1 複合物，它除了能夠氧化氫醌，跨膜轉運氫離子外，還可以利用流過的電子的能量直接把氫離子送到細胞膜外面去 (圖 2-16)。

還原性分子一般都含有氫原子，氧化它們的主要方式是氧化它們的氫，所以氧化這些還原性分子，把醌還原為氫醌的酶都叫某種分子的去氫酶，如乳酸去氫酶，前面談到的氫酶也是去氫酶的一種。還原性分子被醌氧化時也是會釋放出能量的，為了利用這些能量，生物也用電子流過一些（不是全部）去氫酶時釋放的能量直接把氫離子從細胞膜內送到細胞膜外去，這樣就在細胞膜上形成還原性分子——去氫酶——Q/QH_2——bc1 複合物——氧化性分子還原酶——氧化性分子這樣的電子傳遞鏈，能夠最大限度地轉換氧化還原反應釋放出的能量。

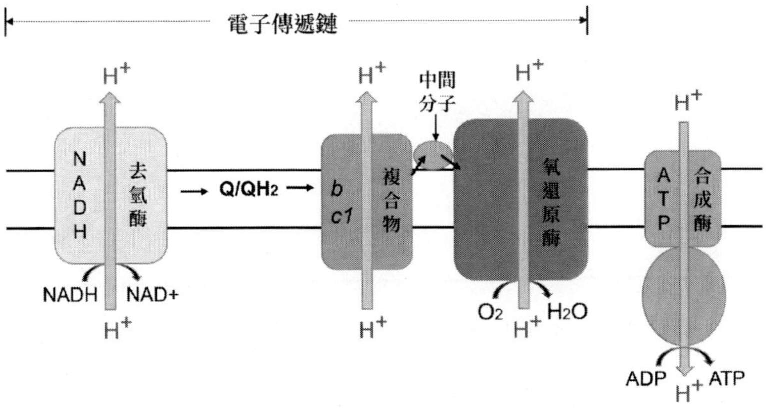

圖 2-16　電子傳遞鏈

圖中的氧化性分子為氧，所以鏈末端的酶為氧還原酶。

從這個機制可以看出，要用蓄水的方式轉換能量，對離子不通透的細胞膜是絕對必要的，生命初期那種對離子通透的細胞膜就像漏水的水壩，是無法建立跨膜氫離子濃度梯度的，因此這種轉換能量的方式一定出現在細胞膜完善之後。

跨膜氫離子濃度梯度將能量儲存起來，怎麼用它來合成 ATP 呢？在用水庫中的高水位發電時，水通過大壩，帶動水輪機旋轉，水輪機再帶動發電機發出電來。細胞用跨膜氫離子濃度梯度合成 ATP 的過程與此非常相似，氫離子從細胞膜外側流回細胞膜內側時，會穿過膜上一個叫

ATP 合成酶的蛋白，讓它旋轉，旋轉的力量把 ADP 和磷酸根捏在一起，就合成 ATP 了（圖 2-16 右）。

用蓄水發電的方式利用氧化還原反應釋放的能量合成 ATP，是原核生物的偉大發明，從此生物就有了高效利用能量的方式。這種機制一旦建立，能夠利用的還原物和氧化物也就越來越多。除氫氣外，甲烷和氨這樣的還原性分子，以及除硝酸鹽外，像硫酸鹽這樣的氧化性分子也都可以利用了。現在的大腸桿菌就可以利用 15 種還原性分子和 10 種氧化性分子。

所有的去氫酶和氧化性分子的還原酶都參與氧化還原反應，都有電子流過它們，而蛋白質傳遞電子的能力不是很強。為了彌補這個短處，這些蛋白質分子都招募了一些能夠參與氧化還原反應、同時又能傳遞電子的基團，作為蛋白質的輔基。輔基主要有兩類：一類是由鐵原子和硫原子組成的鐵硫中心（Fe-S），另一類是血紅素，在其中心部分結合有一個鐵離子，可以傳遞電子（參看圖 2-17 右下）。這類血紅素和我們血液中攜帶氧的血紅素是同一類分子，所以血紅素最早的功能不是攜帶氧氣，而是傳遞電子。含有血紅素的蛋白質叫細胞色素，隨血紅素和蛋白結構的不同而分為多種，如細胞色素 a、細胞色素 b、細胞色素 c、細胞色素 c1，細胞色素 d 等。前面談到的 bc1 複合物就含有兩個細胞色素 b，一個細胞色素 c1 和一個鐵硫中心。

這套系統被發明後，就被所有的生物採用，作為生物能量轉換、合成 ATP 的主要系統。現在我們身體中 ATP 的合成，也主要是透過這套系統進行的。不僅如此，這套系統進一步發展，還能夠利用太陽光中的能量，導致光合作用的出現。

第八節　生物的能量供應——光合作用

以醌分子為中心的氧化還原系統的建立，使生物可以高效地轉換和利用能量，但是自然界中還原性分子的數量有限。地球形成初期的大氣中雖然有大量的氫，但是氫是最輕的氣體，容易逃逸到太空中去，再加上生物的消耗，大氣中的氫就越來越少。火山噴發會釋放出硫化氫，但是隨著火山活動降低，加上生物不斷地消耗，硫化氫也越來越少。作為主要氧化劑的硝酸鹽的數量也有限，而且也有不斷被生物消耗、數量減少的問題。

由於氧化還原反應的原料供應有限，靠這種反應生存的原核生物的生存和發展也只能保持在比較低的程度上。地球上的生物要大發展，就需要一種無處不在，而且在長時期內都不會枯竭的能源，這就是太陽光。地球軌道上太陽輻射的平均強度為 1,369 瓦／平方公尺，地球從太陽輻射獲得的總能量可以達到 1.7×10^{17} 瓦，地球在一小時內獲得的太陽能，比人類一年使用的能量還要多。

在太陽光的能量中，紫外線貢獻約 7%，可見光貢獻約 50%，紅外線貢獻約 43%。紫外線的能級太高，容易造成化學鍵的斷裂，而紅外線的能級又太低，主要增加分子的熱運動，都不適合作為生物的能源。能夠作為生物有效能源的，主要是可見光和波長接近可見光波長的紅外線。

要有效利用可見光，依靠蛋白質、核酸、糖類和脂肪都不行，因為它們對可見光沒有吸收，而只能依靠色素。色素就是有顏色的物質，有顏色就說明色素分子吸收了可見光中的一部分波長，沒有被吸收的部分在我們的眼睛裡就會顯現出顏色。

在氧化還原系統中就有色素存在，這就是上面說過的細胞色素中的血紅素。它吸收可見光中的綠光，所以在我們眼中為紅色。隨著生物的演化，一些血紅素分子的結構發生變化，結合的鐵離子換成了鎂離子，吸收的光從綠光變成了紅光，所以在我們眼中變為綠色，我們也把這樣改變了的血紅素改稱為葉綠素（見圖 2-17 左下）。更重要的是，吸收的紅光能夠激發葉綠素中的電子，提高它的能量狀態，使葉綠素容易給出電子。電子加上溶液中的氫離子，就變成氫原子，這樣被光激發的葉綠素就成為還原性分子。

氧化還原系統中的血紅素本來就能夠和醌分子發生氧化還原反應，變成葉綠素後仍然如此，這樣被光激發的葉綠素就可以代替還原性分子，把醌還原為氫醌，氫醌再透過和以前一樣的方式被 bc1 類型的複合物氧化為醌，就可以建立跨膜氫離子濃度梯度，合成 ATP 了。在這裡 bc1 複合物也發生一些改變，除了仍然含有細胞色素 b 和鐵硫中心外，原來含有的細胞色素 c1 變成細胞色素 f，所以改稱為「bf 複合物」。

還原性分子的問題解決了，氧化性分子的問題又如何解決呢？那就使用被光激發、射出了電子的葉綠素分子。葉綠素分子在失去一個電子後帶正電，可以接收電子，使自己變為氧化性分子。只要 bf 複合物能夠把從氫醌那裡得到的電子送回這個帶正電的葉綠素分子，葉綠素分子就恢復被激發之前的狀態，可以再次被光激發，還原醌分子。這樣就形成一個電子迴路，僅用光就能驅動這個迴路運轉，合成 ATP。這就是光合作用的開端。

在原核生物中，紫細菌就使用了這樣一個系統（圖 2-17）。含有葉綠素的蛋白複合物叫做光系統，它含有兩個葉綠素分子，分別靠近細胞膜的內側和外側。外側的葉綠素分子被光激發，給內側的葉綠素分子一個電子，這個葉綠素分子再把電子傳遞給醌分子。兩次激發，醌分子就得到兩個電子，再從細胞膜內側獲取兩個氫離子，把醌還原為氫醌。氫醌在細胞膜的外側被 bf 複合物氧化，在細胞膜外釋放兩個氫離子，bf 複合物得到的電子又傳遞給一個叫細胞色素 c2 的分子。這個分子不是膜蛋白，而是附在細胞膜外側上的一個小蛋白，可以在膜表面上滑動。從 bf 複合物接收了電子的細胞色素 c2 離開 bf 複合物，滑向反應中心，在那裡把電子交給失去了電子的葉綠素分子，就完成了一個循環。每個循環在細胞膜外側釋放兩個氫離子，在細胞膜內側拿走兩個氫離子，電子流過 bf 複合物時還會把氫離子直接從細胞膜內送到細胞膜外，整體結果就是將太陽光中的能量轉換為跨膜氫離子濃度梯度，可以用來合成 ATP。

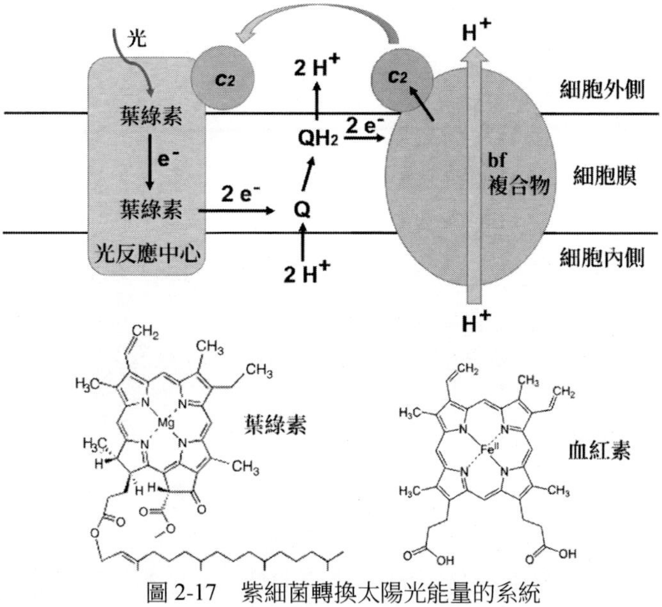

圖 2-17　紫細菌轉換太陽光能量的系統

光系統解決了生物的能源問題，但是還沒有解決生物合成有機物的問題。就像在第一章中所說的，生物分子都是以碳為骨架的，而碳最方便的來源就是空氣中的二氧化碳。但是二氧化碳並不含氫原子，所以生物只能依靠現成的還原性分子（如氫氣和硫化氫）來提供氫原子，而這些還原性分子的供應又是有限的。

為了解決這個問題，生物對光系統進行了改造，讓它的還原能力更強，這樣活化的葉綠素分子就不再把醌還原為氫醌，而是把一個叫 NADP+ 的分子還原為 NADPH。NADPH 就可以提供氫原子，把二氧化碳轉變成有機物。這個新的光系統被稱為光系統Ⅰ，而原來還原醌的光系統被稱為光系統Ⅱ。其實光系統Ⅰ是由光系統Ⅱ變來的，它們的編號應該反過來才對，只不過還原 NADP+ 的光系統被發現在先，占了Ⅰ的編號而已（圖 2-18）。

光系統 Ⅰ的出現也帶來一個問題：由於葉綠素射出的電子被用於合成有機物，不再經過 bf 複合物回到葉綠素分子上，所以光系統Ⅰ中給出電子的葉綠素分子必須另找電子來使自己還原。

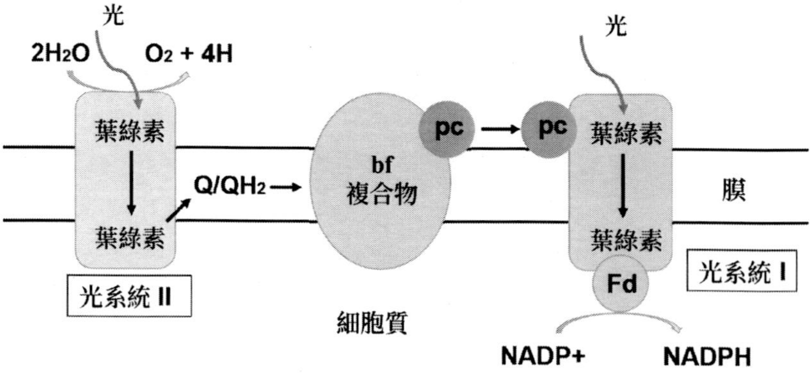

圖 2-18　藍細菌的光合系統

在同時，原來還原醌分子的光系統（即光系統Ⅱ）也有變化，使失去電子的葉綠素分子氧化性更強，可以奪取水分子中氫原子的電子讓自己還原。水分子中失去電子的氫原子變為氫離子，被釋放到細胞膜外面，水分子中失去氫原子的氧原子結合成為氧分子，以氧氣的形式放出。被激發的葉綠素分子仍然把醌還原為氫醌，氫醌也仍然被 bf 複合物氧化，建立跨膜氫離子濃度梯度，但是現在已經不再需要把電子傳回光系統Ⅱ了，因為這樣的電子已經由水分子提供，所以透過 bf 複合物的電子必須另找出路。而這時光系統Ⅰ又缺電子來源，於是 bf 複合物就把電子透過一個叫質體藍素（pc）的小分子傳遞給光系統Ⅰ，用來還原失去電子的葉綠素分子，這樣光系統Ⅰ缺電子來源和 bf 複合物電子無去處的問題都解決了。

透過這種方式，兩個光系統就串聯起來了，光系統Ⅱ負責建立跨膜氫離子濃度梯度，給出的電子經過 bf 複合物傳給光系統Ⅰ，光系統Ⅰ再接力，將電子用於 NADP+ 的還原，為合成有機物提供氫原子，因此生物用二氧化碳合成有機物所需要的氫原子最終是由水分子提供的。

原核生物中的藍細菌就是這樣做的。藍細菌擁有串聯在一起的兩個光系統，既可以利用太陽光的能量合成 ATP，又可以用二氧化碳製造有機物，這樣就在能量供給上徹底擺脫了對還原性分子和氧化性分子的依賴，又在有機合成上擺脫了對現成有機物的依賴，成為海洋中進行光合作用的重要生物。

光合作用是原核生物的又一偉大發明，在有陽光和水的地方，生物在原則上都可以製造有機物。有機物大量生產，又為異養生物（依賴現成有機物生活的生物）的生存創造了條件。光合作用釋放的氧氣還可以取代硝酸鹽，成為氧化還原系統使用的主要氧化性分子。由於氧無處不在，而且可以將有機物徹底氧化，最大限度地釋放能量，這就為異養生物包括後來出現的動物在地球上的繁榮提供了能量保證。

第九節　原核細胞中做機械功的蛋白質

原核生物的生理活動不僅需要進行各種化學反應的分子，還需要一些能夠產生機械力的分子，在細胞分裂、「貨物運輸」、細胞運動、細胞形狀中發揮作用。

使原核細胞分裂的蛋白質 FtsZ

原核生物的細胞在分裂時，會在細胞中部形成由蛋白質組成的一個環，叫做分裂環。這個環不斷收縮，就可以把細胞裂為兩個（圖 2-19）。分裂環由十幾種蛋白質組成，其中產生關鍵作用的蛋白質叫分裂蛋白（FtsZ 蛋白）。FtsZ 蛋白在 GTP（三磷酸鳥苷，也是高能化合物，類似三磷酸腺苷 ATP，只不過鹼基不是腺嘌呤而是鳥嘧啶）的存在下可以聚匯成幾十個單位長的直鏈，這些鏈互相重疊排列，形成一個繞細胞分裂面的環，類似棉纖維紡成的線。FtsZ 蛋白透過 FtsA 蛋白與細胞膜連繫。與 FtsZ 蛋白結合的 GTP 水解時，直鏈會向一個方向彎曲，產生拉力，使分裂環收縮，將細胞一分為二。所有的原核生物都含有 FtsZ 蛋白。黃連素能夠與 FtsZ 蛋白緊密結合，抑制 FtsZ 環的形成，這就是黃連素具有廣譜抗菌作用的原因之一，因為它能夠阻止原核生物的細胞分裂。

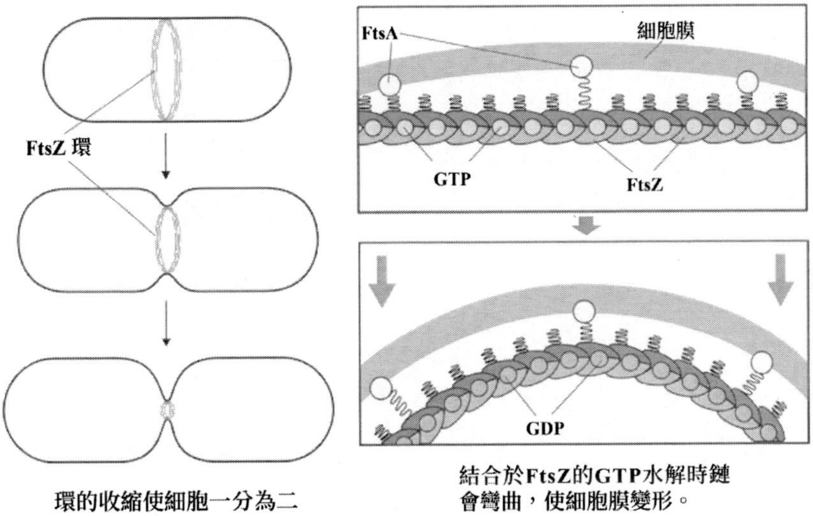

圖 2-19　使細菌分裂的 FtsZ 蛋白

將遺傳物質分配到
兩個子細胞中去的縮分系統和推分系統

原核生物的細胞分裂前，DNA 被複製，生成兩份 DNA。如果沒有一種機制把這兩份 DNA 分配到兩個子細胞中去，就有可能在細胞分裂時，兩份 DNA 都進入其中一個子細胞，而另一個子細胞又得不到 DNA。為了防止這種情況，原核生物發展出了一套系統，叫縮分蛋白系統，英文縮寫為 ParABS，包括蛋白質 ParA、ParB 和 DNA 上的序列 ParS（圖 2-20）。

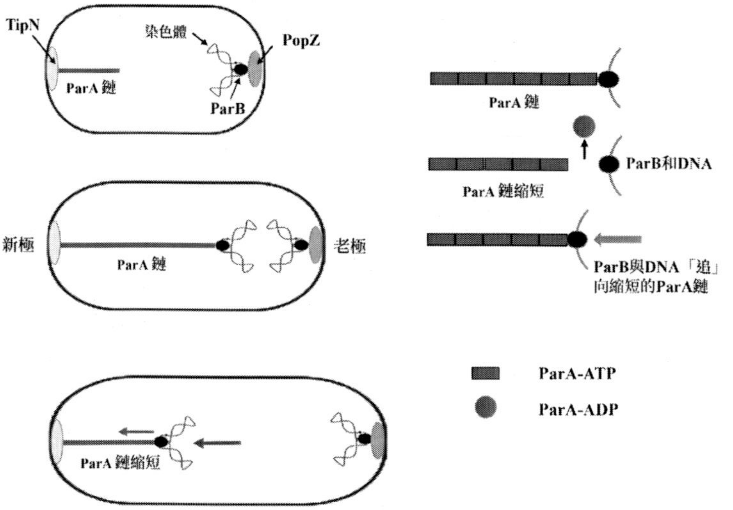

圖 2-20　使細菌複製後的兩份 DNA 被分到兩個子細胞中去的 ParABS 系統

ParA 在 ATP 存在時能夠聚合成長鏈，而 ParB 可以結合在 DNA 複製起始點的序列 ParS 上。細胞的兩端叫做極，在 DNA 複製前，結合 ParS 的 ParB 透過蛋白 PopZ 把 DNA 的複製起始點固定在細胞的老極上 (即在上次細胞分裂時已經存在的極，細胞分裂新形成的極叫新極)，而 ParA 的長鏈則透過蛋白 TipN 被固定在細胞的新極上。DNA 被複製後，原來的 DNA 仍然被固定在老極上，而新 DNA 的 ParS 也和 ParB 結合。當新 DNA 的 ParS-ParB 複合物遇到從新極發出的 ParA 長鏈時，就會與 ParA 結合，同時活化 ParA 水解 ATP 的活性。當末端 ParA 上面的 ATP 被水解為 ADP 後，這個 ParA 形狀改變，從 ParA 鏈的末端脫落，使 ParA 鏈縮短一個單位，同時暴露出新的 ParA-ATP 末端。由於這個末端又可以和 ParS-ParB 複合物結合，ParS-ParB 複合物就向縮短了的 ParA 鏈方向前進一步。ParS-ParB 複合物與新的 ParA-ATP 末端結合，又觸發 ParA 水解 ATP 的活性，使又一個 ParA 分子從鏈端脫落。這樣，ParA 鏈不斷縮短，ParS-ParB 複合物也就一直追著不斷退縮的 ParA 鏈走，直至它到達新極為止。由於原來的 DNA 一直被固定在老極上，新的 DNA 到達新極，就和原來的 DNA 分布在不同的子細胞中了。至於為什麼 ParS-ParB 複合物能夠追著縮短中的 ParA 鏈走，是因為細胞中的分子是在運動中的，而 ParS-ParB 複合物遇到 ParA 鏈時又能夠與之結合（參見本章第十節）。

原核生物的細胞裡面不但有主要的環狀 DNA，還有主要 DNA 外的小環狀 DNA 分子，叫做質粒。質粒上也有基因，如抵抗抗生素的基因。細胞分裂時，質粒也要被複製，然後被分配到兩個子細胞中去。與主要 DNA 透過縮分蛋白系統來分配不同，質粒的分配是由推分蛋白系統來完成的，縮寫為 ParMRC，包括蛋白 ParM、ParR 和 ParC（圖 2-21）。

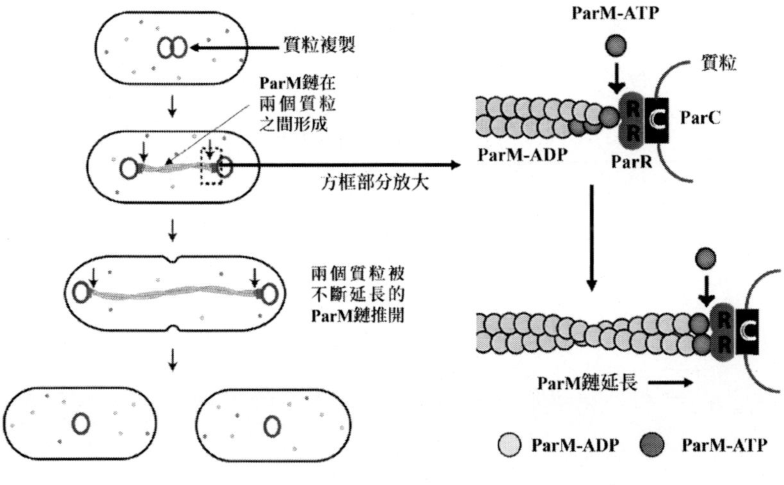

圖 2-21　把質粒分到兩個子細胞中去的 ParMRC 系統

ParM 和 ParA 一樣，在結合 ATP 後能夠聚合成長鏈，而且新的 ParM-ATP 單位可以在鏈的兩端同時加入。新加入的 ParM-ATP 會使鏈裡面的 ParM-ATP 單位水解為 ParM-ADP。這樣，ParM 鏈中間的部分就是由 ParM-ADP 單位組成的，兩端戴有 ParM-ATP 的帽子，而這個帽子能夠使鏈保持穩定。ParC 類似 ParB，可以結合在質粒 DNA 複製起始處的

DNA 序列；而 ParR 可以充當中間人，把 ParM 和 ParC 結合在一起。質粒複製後，兩份質粒各有一個複製起始點，它們分別和 ParC-ParR 結合，這時 ParM 鏈在這兩個 ParC-ParR 複合物之間形成。新的 ParM-ATP 單位在 ParM 與 ParR 結合處插入，使 ParM 鏈不斷延長，推著兩個質粒向細胞的兩極運動。細胞分裂時，ParM 鏈也從中間被切斷。由於 ParM 鏈主要是由 ParM-ADP 單位組成的，中間 ParM-ADP 單位的暴露會使 ParM 鏈迅速瓦解，兩個質粒就分別留在兩個細胞裡面了。

使原核生物運動的鞭毛蛋白

有些原核生物還發展出了用於游動的鞭毛，使原核生物可以主動地向有利的生活環境移動，或者逃離不利的生活環境。原核生物的鞭毛是由鞭毛蛋白組成的，鞭毛的根部插在細胞膜上的一個「旋轉軸承」上。這個「旋轉軸承」由多個蛋白質分子組成，可以被從細胞外流向細胞內的氫離子流帶著轉動，類似於水輪機的工作原理。「軸承」的轉動帶著鞭毛轉動，就可以推著原核生物的細胞前進（參見第六章圖 6-4）。

在本章第七節中，我們談到跨膜氫離子濃度梯度是細胞儲存能量的一種方式，在這裡，這種能量就被直接用來使鞭毛轉動，而不是先合成 ATP，再用 ATP 來驅動鞭毛轉動。

使原核細胞成爲桿形的蛋白質

原核生物的細胞可以是球形，也可以是桿形，被分別稱為球菌和桿菌。桿菌含有成桿蛋白（MreB），而球菌則沒有這種蛋白質。MreB 分子在 ATP 存在時能聚合成類似彈簧的螺旋形長絲，緊貼細胞膜的內面，貫穿細胞的全長，好像從內面撐住塑膠管的金屬螺旋。MreB 螺旋還發揮鷹架的作用，讓合成細胞壁的酶沿著 MreB 螺旋的位置合成新的細胞壁，使細胞成為桿形（圖 2-22 左）。

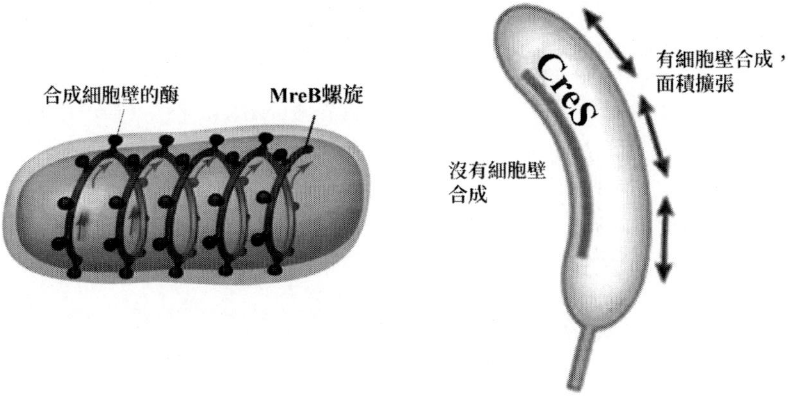

圖 2-22　成桿蛋白（MreB）和新月蛋白（CreS）

使原核細胞彎曲的成新月蛋白

如果桿狀細胞彎曲，就可以形成新月狀或螺旋狀的細胞。這是由於一種成新月蛋白（CreS）的作用。Cres 蛋白分子自身就可以聚合成鏈，不需要 ATP 的存在。這些 CreS 鏈結合於細胞的一側，妨礙細胞壁合成；細胞另一側沒有 CreS 鏈結合，細胞壁就可以正常合成，使細胞壁面積增大，讓桿狀的細胞彎曲，或者變為螺旋形（圖 2-22 右）。

這些進行機械工作的蛋白質不僅在原核細胞中發揮重要作用，其中的分裂蛋白、成桿蛋白和成新月蛋白還被真核細胞繼承，成為肌肉骨骼系統中的一部分（參見第三章第五節）。

第十節　紛亂中的秩序

有些原核生物能夠藉助鞭毛來游動，也有許多原核生物附著在其他物體表面，一動不動。但這只是表面現象，原核生物細胞裡面的分子其實是在做非常激烈的運動的，否則就不會有原核生物的生命。

原核生物細胞裡面分子的運動可以用喧囂來形容。例如，在攝氏25度時，水分子的運動速度高達640公尺／秒，是波音飛機速度的兩倍以上。大一些的分子運動速度要慢一些，但是仍然非常快，像葡萄糖分子的運動速度就是202公尺／秒，比人類100公尺賽跑的世界紀錄還快20倍左右。即使是龐大的蛋白質分子，每秒鐘也能跑好幾公尺，在直徑1微米的原核細胞中，如果沒有其他分子的阻擋，它一秒鐘能跑上百萬個來回。當然這些分子不是真的這樣來回跑，細胞的內容物主要是液體，其中絕大多數是水分子，這些分子密密地擠在一起，它們的運動速度又是如此之快，所以每個分子都以極高的頻率和其他的分子相互碰撞。

細胞中的分子為什麼要做這麼激烈的運動呢？這是因為只有這麼激烈的運動，才能使分子能夠以足夠快的速度運動到所需要的位置。氧分子和二氧化碳分子從細胞外進入細胞內，再達到需要它們的位置；轉錄因子運動到基因的啟動子上，啟動基因表達；胺基酸運動到核糖體上，開始蛋白質的合成；核苷酸運動到DNA轉錄為RNA的地方，開始mRNA的合成；質粒被ParM鏈推著走，都需要分子移動位置。

在宏觀世界，我們要移動一個物體，如搬一塊磚，推一輛腳踏車，是需要花費力氣的，要細胞裡面的分子移動位置，誰來推它們呢？答案是誰也不需要，分子本身就在動，這就是分子的熱運動。溫度越高，分子動得越快，所以溫度是分子運動激烈程度的量度。

我們平時用來衡量溫度的尺度是攝氏溫標，是把水沸騰的溫度定為攝氏 100 度，水結冰的溫度定為攝氏零度而得到的。但是在攝氏零度，分子仍然在運動，所以攝氏溫標並不是衡量分子運動激烈程度的好指標，而把分子停止運動時的溫度算作零度，才能更好地反映溫度與分子運動激烈程度之間的關係。這樣的溫標叫做絕對溫標，或者叫克氏溫標，克氏溫標的零度叫做絕對零度，相當於攝氏 -273.15 度，這時分子的運動完全停止。而常溫的攝氏 25 度，就相當於克氏 298.15 度。在這樣的溫度下，分子的運動就會達到上面說的那樣激烈的程度。

看到這裡，你也許要問：細胞那麼小，只有 1 微米左右，移動這點距離不過是瞬間的事情，需要分子跑那麼快嗎？就像前面說的，細胞裡面並不是空的，而是充滿了水，氧分子和葡萄糖分子要移動，就像我們要通過一條擠滿了人的大街，這些分子必須透過與水分子不斷地碰撞，才能曲曲折折地從濃度比較高的地方移動到濃度比較低的地方，而不能直接跑過去，這個過程叫做分子在水中的擴散。由於有大量水分子的阻擋，分子向某個特定方向淨移動的速度是非常慢的。放一勺糖到一杯水中，如果不攪動，過了很長時間上層的水仍然不怎麼甜，儘管糖已經完全溶化在下層的水中，說明糖分子在水中的擴散是非常慢的。水分子的尺寸大約是 0.282 奈米，在 1 微米的距離上可以排列 3,546 個水分子。葡萄糖分子要在水中移動哪怕 1 微米的距離，也要面對至少 3,546 個水分子的阻擋。只有在常溫下，也就是接近克氏 300 度，分子才能透過迅速的碰撞移位擴散過那 1 微米左右的距離，滿足生命活動的需求。

例如，大腸桿菌在適宜的條件下，每 20 分鐘就可以繁殖一代。在細胞一分為二之前，它的遺傳物質必須進行複製。大腸桿菌的 DNA 有 4,639,221 個鹼基對，要在 20 分鐘裡複製這個 DNA，每秒鐘就要複製近

4,000 個鹼基對。就算 DNA 的複製是從一點開始，向兩個方向同時進行的，每秒鐘也要複製近 2,000 個鹼基對，也就是每秒鐘必須有近 2,000 個核苷酸透過擴散到達複製位置。由於有 4 種核苷酸，每次與 DNA 合成地點碰撞的核苷酸中，只有 4 分之 1 的機會是正確的核苷酸，這就需要至少每秒 8,000 次的碰撞。在每次碰撞中，分子的方向還是隨機的，只有少數具有正確的方向，能夠真正參與化學反應，所以核苷酸必須以比每秒 8,000 次高得多的頻率去碰撞，才能滿足大腸桿菌繁殖的需求。

與 DNA 的複製相比，蛋白質的合成速度受碰撞頻率的影響更大。蛋白質是由 20 種胺基酸按一定順序相連而成的。在每次胺基酸與合成中心碰撞時，只有 20 分之 1 的機會到達的胺基酸是正確的，所以蛋白質的合成速度遠比 DNA 的合成要慢。在大腸桿菌中，核糖體每秒鐘只能新增 18 個胺基酸到新合成的肽鏈上。如果擴散速度和碰撞機率再低，生命活動就難以維持了。

神奇的是，儘管原核生物的細胞裡面是一個喧囂和紛亂的世界，但是每種分子又都能找到需要與自己結合的分子，並且進行特異的相互作用，一切生命活動也能有條不紊地進行。這主要是由蛋白質分子能辨識和特異結合其他分子而實現的（見本章第二節）。

第十一節
為什麼原核生物細胞的大小是微米級的

原核生物的細胞都很小，一般只有 1 微米（1 公釐的 1000 分之 1）大。之所以細胞會這麼小，主要是因為分子在水中擴散速度非常慢，只有在微米的距離上，分子才能透過擴散及時到達所需要的地方。

另一個原因是幾何因素。一個物體變大時，直徑按線性增長，表面積按平方增長，而體積是按立方增長的。例如，一個圓球的直徑增加為原來的兩倍時，表面積增加為原來的 4 倍，而體積增加為原來的 8 倍。這樣，隨著細胞變大，單位體積所分到的表面積就會變小。而細胞是透過表面與外界交換物質的，細胞越大，表面積和體積的比例越小，對交換物質越不利。因此從物質交換的角度看，細胞越小越有利。

但是細胞也不能太小。蛋白質分子一般有十幾奈米大，一個細胞裡有幾千種蛋白質，每種蛋白質還不只一個分子，只有細胞大到一定程度，才能容納下這麼多蛋白質分子，並且使它們有效地工作。1 微米左右的大小，是細胞化學系統的需求和分子擴散速度的限制相互平衡形成的最佳值。

第十二節　細菌和古菌

在演化過程中，原核生物逐漸分化為兩大類：細菌和古菌。它們的大小差不多，都沒有細胞核，DNA 都呈環狀，細胞內都沒有由膜包裹的、叫做細胞器的結構，都用 FtsZ 蛋白進行細胞分裂，因此古菌也曾經被歸類於細菌。但是隨著研究的進展，人們了解到古菌和細菌之間還有許多差別，是彼此不同的兩大門類。

例如，細菌的細胞壁是由肽聚糖組成的，長長的糖鏈（由葡萄糖的變種相連而成）之間透過由幾個胺基酸組成的短肽鏈彼此相連，形成網格那樣的結構。古菌的細胞壁不含肽聚糖，而是由糖蛋白組成，即主體是蛋白質，上面連有糖基。

細菌 DNA 結合的蛋白比較小，例如 HU 蛋白和 H-NS 蛋白，古菌

DNA 結合的蛋白比較大，是組蛋白，與真核生物 DNA 結合的組蛋白類似。

細菌在合成 RNA 時所用的 RNA 聚合酶比較簡單，一般只含有 4 個蛋白亞基（蛋白質複合物中的單個蛋白），而古菌的 RNA 聚合酶比較複雜，常常含有 10 個蛋白亞基，更像是真核生物的 RNA 聚合酶。

許多古菌還能夠在非常嚴酷的環境中生活，如極高溫（攝氏 122 度）、極低溫（攝氏 -25 度）、高鹽（30% 氯化鈉，是海水鹽濃度的 8.5 倍）、極酸（pH 為 0）、極鹼（pH 為 12.8）、強輻射（比我們周圍環境中的輻射強度高幾十萬倍）、極高壓（如海溝深處的 1,100 大氣壓），說明古菌的生存能力非常強。

細菌和古菌雖然有這些不同，但是它們之間的一次聯合卻導致了意義極其重大的事件，包括最後我們人類的出現，這就是真核生物的誕生。

第三章

真核生物讓生命邁向更高階段

原核生物對最初的 RNA 世界進行了多種改造，已經是生命力強大的生物，能夠在地球上幾乎所有的角落繁衍。不過原核生物也有其局限性，就是構造相對簡單，基因數量較少，難以有進一步的發展，即使是在 40 億年後的今天，原核生物基本上還是 1 微米大小的單細胞生物。

但是大氣中氧氣的出現迫使原核生物做出改變，導致真核生物的誕生。

第一節
古菌和細菌的聯合造就了真核生物

原核生物是在大氣中沒有氧氣的還原性環境中產生的，最初也只適應這樣的環境。在原核生物出現後的長時期內，地球上的環境也一直是還原性的，大氣中有很少氧氣。雖然光合作用很早就開始釋放氧氣，但是這些氧氣很快就被地球上的還原物質如氫氣、氨、甲烷，以及亞鐵離子等所消耗，不能在大氣中累積。在這種情況下，原核生物也就舒舒服服地生活了十幾億年。這是一段非常漫長、完全屬於原核生物的時期。

但是在大約 22 億年前，情況開始改變了。光合作用釋放氧氣的速度終於超過還原性物質消耗氧氣的速度，氧氣開始在大氣中累積，稱為大氧化事件，可以從多種指標如沉積岩成分的變化推斷出來。氧氣雖然對我們是須臾不離的必需品，但是對於習慣在還原性環境中生活的原核生物卻是災難，許多原核生物因此死亡。能夠活下來的原核生物採取了兩種方式，一種是躲，即退縮到仍然是還原性的環境中如地殼和海洋深處，成為厭氧菌。另一種是適應，主動利用大氣中的氧氣來進行氧化還原反應，即有氧呼吸。有氧呼吸可以將有機物徹底氧化成為水和二氧化碳，釋放出更多的能量，而且由於氧存在於空氣中，幾乎無處不在，能夠利用氧的原核生物就獲得了新的生存優勢。

在這種情況下，一件意義重大的事件發生了，這就是一個能夠進行有氧呼吸的細菌進入了一個古菌細胞的內部。這個過程不是古菌吞進細菌，因為吞食是一個非常複雜的過程，需要細胞膜主動運動將食物顆粒包圍，包圍食物顆粒的細胞膜融合，才能將食物吞入細胞內（見本章第五節）。這需要能夠讓細胞膜運動的蛋白質，不是原核生物「做體力工作」的蛋白質（如 FtsZ 蛋白）能夠做到的，因此原核生物都沒有吞食能力。可能是由於偶然的外部力量，如石頭滾動，將古菌細胞壓裂，但又不完全壓碎，古菌細胞在恢復過程中，將附近的一個細菌也包裹進去了。

包裹進去的細菌也沒有被古菌細胞殺死和消化，因為原核生物既然沒有吞食功能，也就沒有在細胞內消化外來食物顆粒的能力。細菌在古菌細胞內存活，卻帶來了意想不到的效果：細菌消耗氧氣，使古菌能夠更好地適應有氧環境的生活，細菌的有氧呼吸又能夠為古菌提供大量的能量。古菌本來就生存能力強大，再與這樣的細菌強強聯合，就形成更有生存優勢的細胞，這就是真核細胞的前身。

這個事件的遺跡至今存留在每一個真核生物的細胞中，包括我們人類的細胞。經過長時期的演化，進入古菌的細菌已經降格為古菌細胞的一個細胞器（細胞內執行某種特定功能的結構），專門為細胞提供能量，因其形狀為線狀或顆粒狀而被稱為粒線體（圖 3-1），但是它仍然保留了細菌的一些特點。例如，它像許多細菌那樣被兩層膜包裹；有自己的 DNA，而且是細菌那樣的環狀 DNA；有自己的轉錄和轉譯系統，也就是能夠以自己的 DNA 為模板，生產自己的蛋白質；氧化還原系統位於內膜上，相當於是在細菌的細胞膜上。粒線體也像細菌那樣，透過分裂來繁殖，因此粒線體只能來自粒線體，古菌細胞是造不出粒線體的。

因此所有的真核細胞其實都是細胞套細胞。主人細胞是原來的古菌，而客細胞是原來的細菌。基因分析的結果顯示，粒線體是由一種叫 α- 變形菌的細菌變化而來，而主人細胞是古菌中的洛基古菌。所有真核生物的粒線體都有共同的祖先，說明當初細菌進入古菌細胞的事件只發生了一次，但就是這次細菌與古菌的聯合產生了真核細胞。

古菌細胞擁有粒線體後發福了，身體變大，而粒線體又可以自己分裂繁殖，所以每個真核細胞都可以擁有成百上千個粒線體，相當於擁有成百上千個動力工廠。有了豐富的能量供應，真核細胞就能夠在原核生物的基礎上進一步發展，包括細胞核的出現。

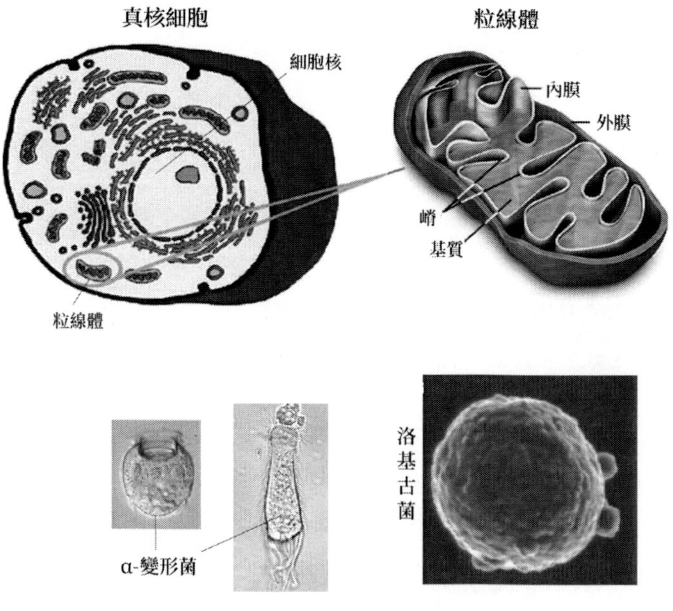

圖 3-1　真核細胞 (a)、粒線體 (b)、α- 變形菌 (c) 和洛基古菌 (d)
變形菌因其形狀多變而得名。

第二節　細胞核的功能

真核細胞一般有幾十微米大，在光學顯微鏡（解析度大約是 0.2 微米）下，真核細胞最明顯的特徵就是有一個細胞核，直徑大約 6 微米。細胞核基本上就是由兩層類似細胞膜的膜包裹著 DNA，這有什麼必要性嗎？原核生物的細胞沒有細胞核，DNA 是裸露在細胞質中的，不是也活得好好的嗎？要回答這個問題，就需要了解真核生物和原核生物在基因結構上的差別。

在原核生物的基因中，為蛋白質編碼的區段是連續的，即三聯碼一個接一個，沒有間斷，轉譯為 mRNA 後這個編碼區段仍然是連續的。當 mRNA 的生產還在進行中時，合成蛋白質的核糖體就可以結合在 mRNA 分子上，開始肽鏈的合成了。原核生物以快速繁殖獲勝，將轉錄和轉譯合併在一起進行，可以節省大量的時間，對原核生物的生存是有利的。

但是在真核生物的基因中，為蛋白質編碼的區段卻是不連續的，中間被不編碼的 DNA 序列隔開（圖 3-2）。如果用紅線代表基因中為蛋白質編碼的區段，用白線代表不編碼的區段，在原核生物中每個基因的編碼區域就是一條連續的紅線，而在真核生物中這條紅線卻被分成幾段，中間被白線隔開。在轉錄為 mRNA 分子後，這些白線部分被剪掉，紅線片段被連在一起，這個過程叫做 mRNA 分子的剪接。剪接使編碼區段在 mRNA 分子中重新變得連續，然後才在核糖體中指導蛋白質的合成。

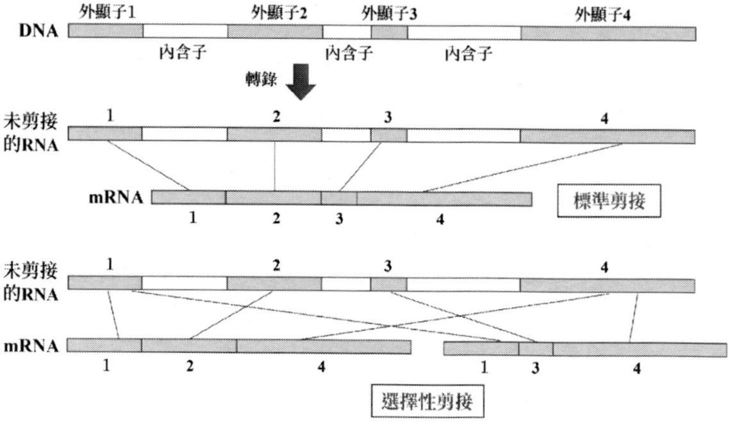

圖 3-2　基因的外顯子、內含子和剪接方式
在標準剪接中，所有的外顯子都被連在一起。
在選擇性剪接中，只有部分外顯子被剪接在一起，形成不同的 mRNA。

紅線部分由於被保留在剪接後的 mRNA 中，被轉譯為蛋白質，編碼部分的訊息被表達出來，所以叫做外顯子。而白線部分由於位於基因的編碼部分之間，在剪接過程中被剪掉，沒有訊息表達在蛋白質分子中，所以叫做內含子。

內含子出現的時間非常早，在 RNA 世界中就已經存在了。當時的 RNA 一身數任，又要複製自己，又要催化蛋白質的合成，還要用自己的核苷酸序列為蛋白質中胺基酸的序列編碼。要讓 RNA 中核苷酸序列編碼出來的蛋白質正好具有生理功能，機率非常小，就像要讓英文字母隨機排列也能夠排出有意義的句子。更可能的情形是 RNA 分子內有許多彼此分開的小區段，這些區段為蛋白質編碼，把這些區段連接起來，就能夠形成一個連續的、編碼出來的蛋白質又具有生理功能的區域，而這些區段之間的部分已被刪除掉。這就像隨機排列的字母難以產生有意義的句子，但是選擇性地去掉一些字母，就可以連成有意義的句子。

這些為蛋白編碼的 RNA 區段，就是後來的外顯子，而被去掉的

RNA 區段就是後來的內含子。RNA 分子具有自我剪接的能力，能夠在合成蛋白質之前，自己把這些內含子除去。

在原核生物形成後，DNA 取代 RNA，成為儲存訊息的分子，這種情形就不是很理想了。細胞要合成蛋白質，DNA 分子中的訊息必須先轉錄到 mRNA 分子上，而 mRNA 的合成是需要能量和資源的，把不含編碼訊息的內含子序列先轉錄到 mRNA 分子中，再將它們剪除，顯然是一種浪費。細胞分裂時，DNA 要被複製，這些沒用的內含子序列也要同時被複製，也是一種浪費。原核生物構造簡單，能量供應有限，能夠消除這種浪費的生物就具有競爭優勢，逐漸取代仍然保留內含子的生物，這樣經過長期的競爭和淘汰，原核生物基因中的內含子就基本上被清除掉了，使原核生物的基因中為蛋白質編碼的區段基本上是連續的。

到了真核生物，能量供應不是問題了，就可以回過頭來開發內含子的用處，那就是用同一個基因生產出多種蛋白質。既然真核生物的基因中為蛋白質編碼的序列是由多個外顯子拼接成的，如果改變拼接方法，只選擇性地使用其中一些外顯子，就可以拼接出不同的編碼序列，生產出不同的蛋白質了。這種方法叫做選擇性剪接，使同一個基因生產出多種蛋白質，基因的功能就大大擴張了。例如，人類只有 20,000 多個基因，比起大腸桿菌的 4,000 多個基因，似乎不算多，但是透過選擇性剪接，這 20,000 多個基因卻可以產生 100,000 種以上的蛋白質。所以越是高等的生物，基因中內含子的數量越多，人類的每個基因就平均含有 8 個以上的內含子。

內含子使基因的編碼序列分為數段，也產生了新的問題，就是在合成 mRNA 時，內含子的序列也和外顯子一起被轉錄。如果用還沒有剪接的 mRNA 來指導蛋白質合成，由於核糖體並不認識 mRNA 分子中哪些序列是外顯子，哪些序列是內含子，勢必會把內含子的序列也當作三聯碼進行轉譯，形成錯誤的蛋白質，所以真核生物必須要有一種方式，避免沒有剪接好的 mRNA 與核糖體接觸，而這正是細胞核的作用。

有了細胞核後，DNA 轉譯為 mRNA 的過程在細胞核中進行，而合成蛋白質的核糖體則在細胞核外的細胞質中，轉錄和轉譯就在空間上被分開了。包裹細胞核的膜叫核膜，上面有孔，叫做核孔，但是內徑只有幾奈米，只能允許比較小的分子通過，像核糖體這樣龐大的複合物是進不了細胞核的，也就接觸不到沒有剪接完的 mRNA。只有等到 mRNA 剪接完成，變成成熟的 mRNA 後，才通過核孔出來，進入細胞質，在核糖體中指導蛋白質合成。所以細胞核的出現，是真核生物基因中含有內含子的必然結果。雖然這會延遲轉譯過程開始的時間，但是真核生物以質取勝，並不依靠快速繁殖來生存，而發揮內含子作用帶來的好處遠遠超過推遲轉譯帶來的壞處，所以真核生物的細胞都有細胞核。

不過內含子數量的增加也使 DNA 分子變得更長，而細胞核的出現又使 DNA 只能存在於細胞核的狹小空間內，這就迫使真核細胞根本改變對 DNA 的處理方式，DNA 不再以環的形式存在，而是分段，同時與包裝蛋白結合，形成多條線性的染色體。

第三節　染色體、端粒和基因調控

原核生物 DNA 的長度雖然比不上真核生物的 DNA，但是也已經相當長了，在細胞有限的尺寸下，如何裝下這麼長的 DNA，已經是一個問題了。例如，大腸桿菌的環狀 DNA 有 460 萬個鹼基對，周長 1.56 公釐，是大腸桿菌細胞周長的 500 倍。細菌採取的辦法是讓 DNA 繞麻花，即讓

DNA 的雙螺旋再繞成螺旋，成為麻花繞成的麻花，即超級螺旋，這樣就可以將 DNA 緊縮成一團。這個過程需要 DNA 分子彎曲，而 DNA 分子中的磷酸根是帶負電的，彼此排斥，趨向於使 DNA 變直。為了讓 DNA 分子彎曲，大腸桿菌讓 DNA 結合一些帶正電的分子，如精胺（$C_{10}H_{26}N_4$）和 Ku 蛋白，以中和 DNA 上的負電荷，使其變得容易彎曲。

古菌採取的辦法不是繞麻花，而是繞小球。一類帶正電的蛋白質，叫做組蛋白的，聚合成為小球，DNA 繞在上面，每個小球繞大約 60 個鹼基對的 DNA，形成核小體，這樣也可以使 DNA 占據的長度大幅縮短。

到了真核生物，DNA 分子就更長了，例如，酵母菌的 DNA 有大約 1,200 萬個鹼基對，長 4 公釐；變形蟲的 DNA 有 3,400 萬個鹼基對，長 11 公釐；人的 DNA 更是有 30 億個鹼基對，長 1 公尺。再用原核細胞裝 DNA 的方式顯然不行了。真核細胞的方法是先將 DNA 分段，例如，酵母菌將 DNA 分為 16 ～ 18 段，變形蟲分為 6 段，人分為 23 段，這樣每一段就比總長短得多。不過這些片段仍然相當長，還需要包裝。

真核細胞是由主細胞古菌包含客細胞細菌形成的，所以也繼承了古菌包裝 DNA 的方式，即讓 DNA 纏繞在組蛋白的小球上，形成核小體，只不過真核細胞的組蛋白種類更多，形成的小球也更大，這樣每個小球可以繞大約 146 個鹼基對 (圖 3-3)。核小體之間有幾十個鹼基對長的 DNA，不與蛋白結合，所以 DNA 整體上看像一串念珠。這樣的念珠串還可以繞成螺旋狀，形成更粗的螺管線。到了細胞分裂期，螺管線還可以來回摺疊，使 DNA 包裝成短粗的形狀，叫做染色體，可以被鹼性染料染色而在顯微鏡下被看見。在平時，DNA 的包裝不如在染色體中那麼緊密，而是以螺管線或者念珠串的狀態分散在細胞核中，叫做染色質。

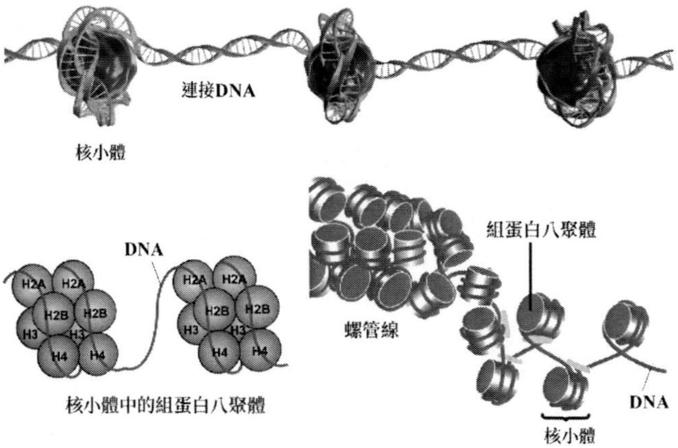

圖 3-3 DNA 的包裝

包裝的問題解決了，卻又帶來新的問題，就是每條染色體都有兩端，這兩端就像沒有鞋帶扣的鞋帶，DNA 的兩條鏈容易鬆開。為了防止這種狀況，真核細胞在染色體的兩端加上一些重複的 DNA 序列，並且用蛋白質將它們包裹起來，形成端粒 (圖 3-4)。端粒就像鞋帶兩端的鞋帶扣，可以防止鞋帶鬆開。由於 DNA 複製的機制，每複製一次，端粒 DNA 就會縮短一點，如果不加以修復，端粒就會越來越短，最後導致 DNA 不穩定，使細胞失去進一步分裂的能力。人的上皮細胞在體外培養的條件下分裂 50 次左右就不再分裂，進入老化狀態，就是因為上皮細胞沒有修復端粒的能力。因此對於需要無限次分裂的細胞如生殖細胞，細胞裡面有專門修復端粒的端粒酶，它自身帶著與端粒中重複 DNA 序列互補的 RNA，可以結合在端粒上，將端粒延長 (參見第十一章第三節和圖 11-8)。

染色質形成帶來的另一個問題是基因表達。在原核生物中，DNA 和與之結合的蛋白質的質量比大約是 10 ： 1，所以 DNA 基本上是裸露的，轉錄因子可以比較容易地結合在啟動子上。而在真核生物中，DNA 和與之結合的蛋白質的質量比大約是 1 ： 1，還形成了核小體和螺管線這樣的結構，所以 DNA 是被蛋白質封鎖起來的，轉錄因子要結合在某個啟動子上，進行基因調控，就必須先把這段染色質打開，讓 DNA 暴露出來。

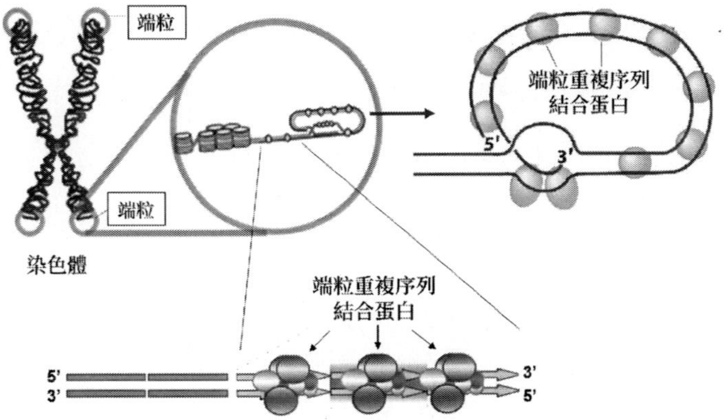

圖 3-4　端粒的結構

由於在核小體中，DNA 是透過自己的負電荷和組蛋白上的正電荷相互吸引而纏繞在組蛋白上的，如果減少組蛋白上面的正電荷，組蛋白和 DNA 的結合就不緊密了，DNA 就可以脫落下來。減少組蛋白正電荷的一種方法就是在組蛋白中胺基酸側鏈的胺基上加上乙醯基，把胺基的正電荷封鎖掉，叫做組蛋白的乙醯化，可以把染色質鬆開。

除了組蛋白的乙醯化，基因啟動子的甲基化也是調控基因的一種方法。甲基化是在啟動子中 CG 序列中的 C（胞嘧啶）上面加一個甲基，相當於讓 C 戴了一個帽子，使轉錄因子不認識啟動子上的結合點而不能與之結合，也就不能將基因的「開關」打開。

這些染色質結構的變化除了由蛋白質控制，還與許多 RNA 分子有關。這些 RNA 分子也轉錄自 DNA 序列，但是並不為蛋白質分子編碼，所以既不是 mRNA，也不是 tRNA 和 rRNA，而是影響基因的表達，統稱調控 RNA，包括參與染色質結構的變化，與 mRNA 分子結合以妨礙轉譯過程，或者影響 mRNA 的穩定性等，是又一種調節基因表達的方式。

所以在真核細胞中，基因調控的基本原理雖然和原核生物一樣，也是透過轉錄因子與啟動子之間的作用決定基因的「開」和「關」，但是真核生物的基因調控機制更加複雜，涉及 DNA 的包裝狀況，轉錄因子的種類也更多。真核生物也不像原核生物那樣幾個功能相關的基因共用一個「開關」，即操縱子（參見第二章第五節），而是每個基因都有自己的啟動子，以進行更加精細的調控。

細胞核的出現需要有膜，而作為真核生物前身的原核生物並沒有細胞核，真核細胞中包裹細胞核的膜即核膜，又是從哪裡來的？這可以從少數原核生物中找到線索。

在一種叫隱球菌的細菌中，已經出現了細胞內的膜，這些膜甚至部分包裹 DNA，形成類似細胞核的結構，不過這些膜還沒有在細胞內分隔出彼此隔絕的空間，因此還沒有真正的細胞核。對這種細菌的研究顯示，它已經具有一些蛋白質分子，能對細胞膜「動手術」，讓細胞膜彎曲內突，最後和細胞膜脫離，成為細胞內的膜。真核細胞中核膜的出現，也是這些蛋白質分子工作的結果。

第四節　對細胞膜「動手術」的蛋白質

能夠讓細胞膜搬家的蛋白質叫做網格蛋白，由三條比較長的蛋白鏈（重鏈）和三條比較短的蛋白鏈（輕鏈）聚成三叉狀（圖 3-5）。這些三叉狀的分子彼此相連，就能夠形成一個籠子樣的結構。足球是由五邊形和六邊形的皮片縫合在一起形成的，皮片之間的縫就是三叉形的，網格蛋白就像是組成足球縫的部分，能夠形成中空的籠子。

幾個網格蛋白先彼此相連成片，再透過轉接蛋白與細胞膜相連。轉接蛋白能辨識細胞膜上的一些特殊的蛋白，決定哪部分細胞膜與網格蛋白相連。一旦網格蛋白的片與細胞膜結合，就會招募更多的網格蛋白，逐漸形成籠狀，在這個過程中細胞膜也被拉進籠內，緊貼籠的內面。

這樣形成的籠子向細胞內伸出，就像往細胞質裡長出的蘑菇，與細胞膜之間透過「莖」相連。這時另一種叫縊斷蛋白的蛋白質，纏繞在莖上，利用 GTP 水解提供的能量收縮，將莖掐斷，內面襯著細胞膜的籠子就脫離細胞膜，進入細胞內部了。

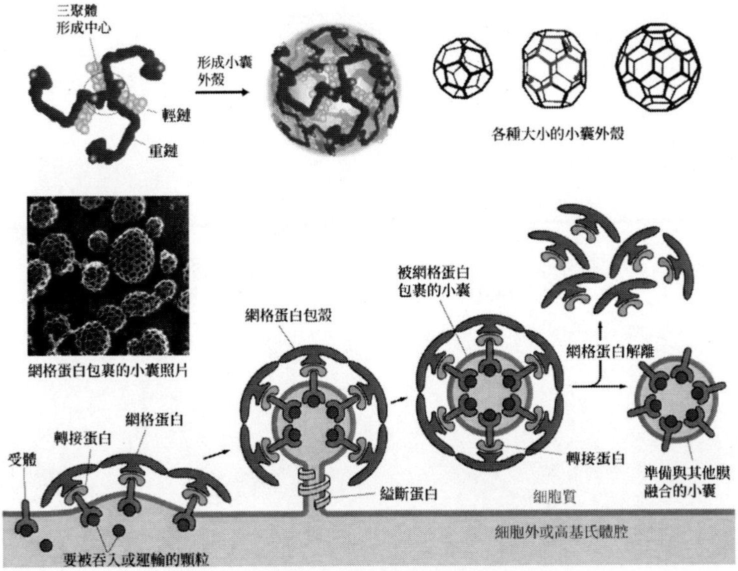

圖 3-5　網格蛋白運輸細胞膜及其內容物

籠子進入細胞後，還需要將細胞膜解放出來。這時熱休克蛋白 HSP70 結合在網格蛋白上，用 GTP 水解釋放的能量使網格蛋白從細胞膜上解離，留下的就是位於細胞內的由細胞膜包裹的小囊泡。

這些小囊泡可以透過膜融合蛋白融合在一起，形成更大的囊泡。膜融合蛋白有幾種，彼此配合使細胞膜融合（圖 3-6）。一種膜融合蛋白有憎水的尾巴插入膜內，另一種膜融合蛋白能與這些蛋白在膜外的部分結合，結合的方式是從一端到另一端，類似拉鍊拉合，在這個過程中就把兩個囊泡的細胞膜拉在一起，彼此融合。囊泡融合後，另一個蛋白結合在融合蛋白上，利用 ATP 水解時提供的能量讓融合蛋白與囊泡膜分離。

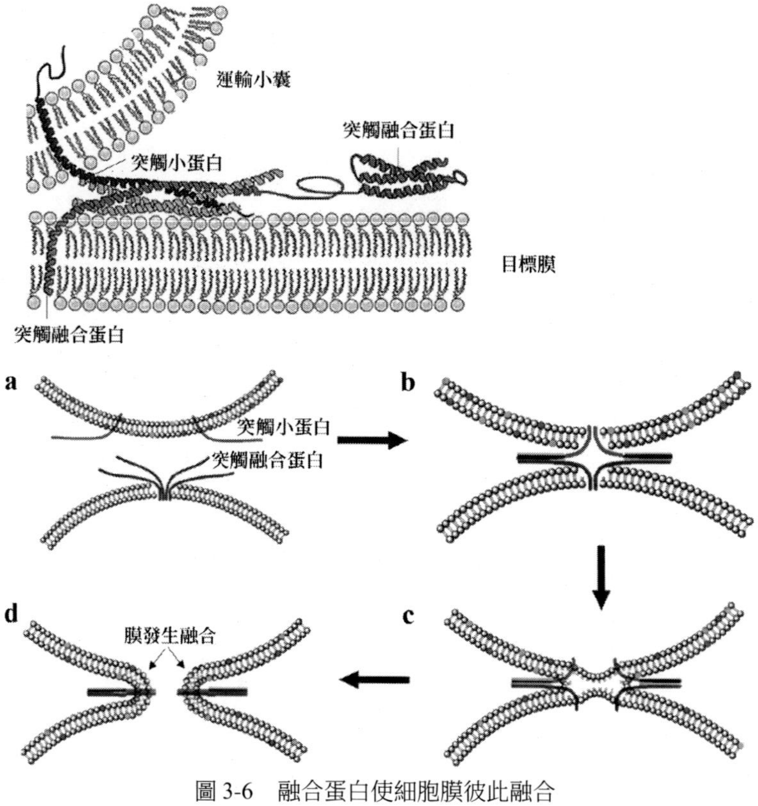

圖 3-6　融合蛋白使細胞膜彼此融合

除了對細胞膜「動手術」的蛋白質，真核細胞還發展出了更強大的動力系統，在細胞支撐、細胞內運輸和細胞分裂上發揮重要作用。這就是真核細胞的「骨架」和「軌道運輸系統」。

第五節
真核細胞的「骨架」和「軌道運輸系統」

一些原核細胞就已經需要細胞骨架來支撐了，真核細胞遠比原核細胞大，就更需要支撐了。真核細胞大了，蛋白質和細胞器的移動就不能完全依靠擴散，而需要主動運輸，細胞分裂也是更艱鉅的任務。真核生物繼承了原核生物的成桿蛋白，新月蛋白，以及分裂蛋白，對它們加以改造，不僅可以產生支撐作用，它們之中的一些還可以作為真核細胞內「貨物」運輸的「軌道」。與此配套，真核細胞還發展出了能夠在這些軌道上「行走」的「火車頭」，在細胞內運輸各種「貨物」，在真核細胞的分裂中也發揮重要作用。

肌纖蛋白和肌球蛋白

肌纖蛋白是原核生物成桿蛋白 MreB 的後代，它和成桿蛋白一樣，在 ATP 存在時能聚合成長絲，叫做微絲。微絲直徑約 7 奈米，是真核生物的「細胞骨架」中最細的。微絲和成桿蛋白絲一樣，也是雙螺旋的，即由兩根微絲互相纏繞組成，但是與 DNA 的雙螺旋不同的是，DNA 雙螺旋中的兩根鏈是可以分開、單獨存在的，而微絲的單鏈並不存在，一旦聚合就是雙螺旋 (圖 3-7)。

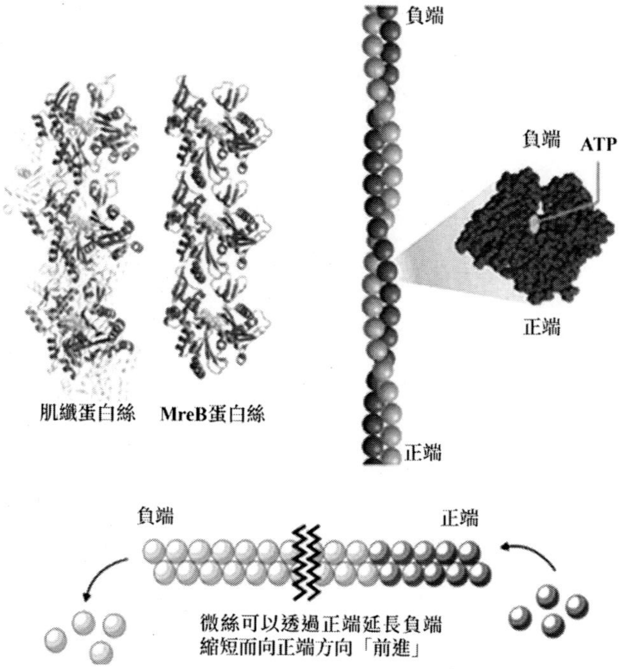

圖 3-7　肌纖蛋白組成的微絲
左上為肌纖蛋白微絲與 MreB 蛋白絲形狀比較圖。

肌纖蛋白分子上有一個凹槽，是結合 ATP 的地方。肌纖蛋白聚合成微絲時，所有的凹槽都朝著一個方向，所以微絲是有方向的，末端凹槽暴露的一端叫做負端，末端凹槽被埋在內部的一端叫做正端。

微絲在真核細胞的支撐上發揮重要的作用。例如，許多微絲從細胞核的核膜上發出，像人的頭髮；微絲再與細胞膜相連，相當於有無數隻手從內部拉住細胞膜，真核細胞就結實多了。

微絲的長度是可變的，肌纖蛋白可以從兩端加到微絲上去，也可以從兩端脫落下來。如果肌纖蛋白的濃度很低，微絲上面的肌纖蛋白就會從兩端解離下來，微絲縮短；反之，如果肌纖蛋白的濃度很高，微絲就會不斷延長。微絲正端結合肌纖蛋白的能力比負端強，所以在某一個肌纖蛋白的濃度範圍內，正端會不斷新增新的肌纖蛋白而延長，而負端不斷喪失肌纖蛋白而縮短，整條微絲好像是在向正端方向前進，儘管它的中段可以保持不動。

與微絲配合的蛋白質叫做肌球蛋白，它有一個頭部和一條尾巴，形狀像一根高爾夫球桿（圖 3-8）。它的頭部透過「脖子」與尾巴相連，所以能低頭和抬頭。頭部在低頭狀態時，能結合到微絲上，頭部朝向微絲的正端方向。如果這個時候頭部結合一個分子的 ATP，它就會從微絲上脫落下來，同時 ATP 水解，提供能量使分子抬頭，結合到微絲更前端的位置上。頭部抬起就像彈簧拉伸，會產生張力，使其恢復低頭狀態。如果微絲的位置是固定的，這一低頭就會使肌球蛋白向微絲的正端方向移動。反之，如果肌球蛋白不能移動，就會拉著微絲向負端方向移動。這樣，微絲就可以成為肌球蛋白行走的「軌道」，肌球蛋白也就成為能在微絲軌道上行走的「火車頭」。如果肌球蛋白的尾巴又能結合到細胞膜上或者細胞器上，就能拉著它們向微絲的正端方向走。這些功能非常有用，可以做許多事情。

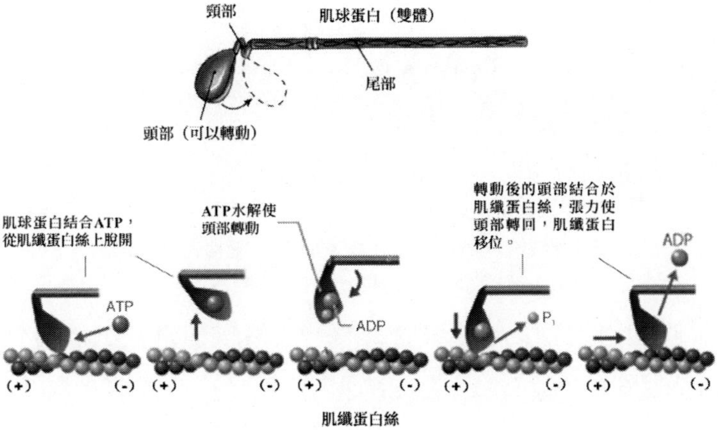

圖 3-8　肌球蛋白的結構和它在肌纖蛋白絲上「行走」的原理

例如，真核細胞在固體表面上爬行時，微絲在細胞的前端形成，正端朝著細胞爬行的方向，並且隨著細胞膜的前移，正端不斷伸長，這樣就可以一直支撐著前進的細胞膜，防止它回縮。肌球蛋白的尾巴結合在細胞膜上，頭部結合在微絲上，向微絲的正端「行走」，就可以拉著細胞膜往前走。在細胞的後端也有微絲，這些微絲的正端也朝著前進方向，因此是負端朝向細胞後部的細胞膜。微絲的負端不斷縮短，與後端細胞膜結合的肌球蛋白也拉著細胞膜向微絲的正端行走，細胞的後端不斷縮回，細胞就前進了。

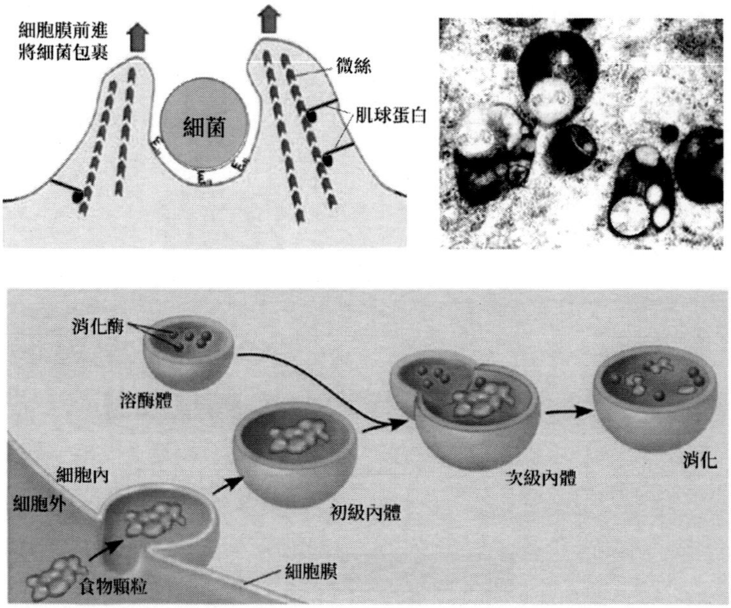

圖 3-9　微絲—肌球蛋白系統使真核細胞獲得吞食能力
右上為內體與溶酶體融合的照片。

將細胞爬行的工作方式稍加修改，還可以使真核細胞吞進食物顆粒，包括整個細菌（圖 3-9）。在細胞膜上的受體（也是蛋白質分子）探測到有細菌存在時，微絲在接觸面周圍形成，正端朝向食物方向。正端不斷延長，推著細胞膜前進，而結合在微絲上的肌球蛋白則揹著後面的細胞膜前進，這樣就逐漸將食物顆粒包圍，最後細胞膜融合，細菌就被細胞膜包裹，進入細胞內部，形成「內體」，內體與溶酶體融合，裡面的食物就被消化了。

基於微絲的運輸系統在現今的植物細胞中也繼續存在，如綠藻細胞中有胞質流動，即細胞質和葉綠體一起沿著細胞邊緣流動。這是因為微絲沿著細胞的內壁排列，形成軌道，肌球蛋白揹著葉綠體在微絲上行走，就帶著細胞質一起流動了。

微絲和肌球蛋白系統在真核細胞的分裂中也發揮重要作用（參見本章第六節），後來還在動物中發展成為肌肉（參見第四章第六節）。

中間纖維蛋白

中間纖維蛋白是原核生物 CreS 的後代。和 CreS 一樣，中間纖維蛋白自己就可以聚合成長絲，不需要 ATP（圖 3-10）。兩個中間纖維蛋白先彼此交纏，形成二聚體，二聚體彼此結合，形成四聚體，四聚體再連成中間纖維的長絲。中間纖維直徑約 10 奈米，比微絲粗一些，又比微管（見下文）細一些，所以叫做中間纖維。由於在四聚體中兩個二聚體的方向相反，因此四聚體和由它形成的中間纖維都是沒有方向的，也不能作為貨物運輸的軌道（火車頭不知道往哪個方向跑），而只發揮支撐作用。

例如，中間纖維也像微絲一樣，從核膜發出，與細胞膜連接，從內面拉住細胞核。在核膜的下面，還有一層由中間纖維組成的支撐結構，這些纖維彼此垂直相交，形成像紗布那樣的網狀物，從內面支撐核膜。

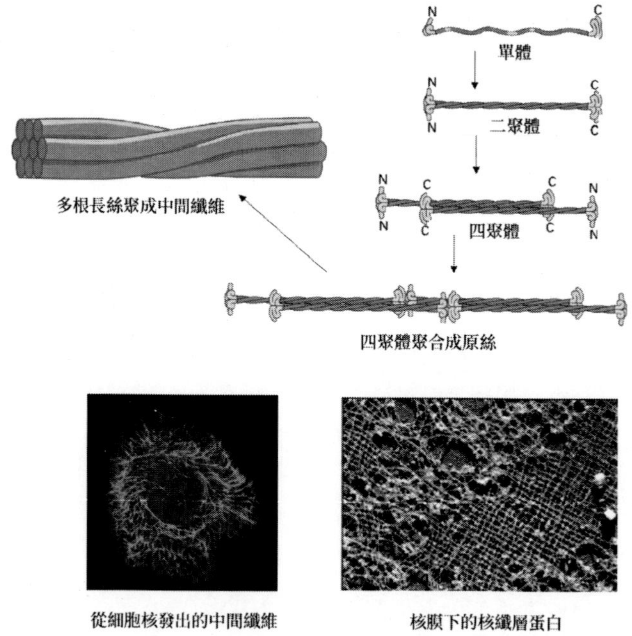

圖 3-10　中間纖維
其中的 N 代表胺基端，C 代表羧基端。

人皮膚的上皮細胞中含有大量的中間纖維，組成角蛋白。它們在上皮細胞死亡後仍然存在，形成我們皮膚表面的角質層，對皮膚發揮保護作用。我們的頭髮和指甲也主要是由角蛋白組成的。

微管蛋白、動力蛋白和驅動蛋白

原核生物 FtsZ 的後代是微管蛋白。和 FtsZ 一樣，微管蛋白在結合 GTP 以後，也會聚合成長鏈，不過微管蛋白的聚合方式和 FtsZ 相比已經有很大的不同（圖 3-11）。FtsZ 蛋白以單體聚合，而微管蛋白的分子分兩種：α- 微管蛋白和 β- 微管蛋白。一個 α- 微管蛋白先和一個 β- 微管蛋白結合成二聚體，再以 αβ- 二聚體為單位聚合成長鏈。聚合時二聚體都朝著一個方向，所以聚合成的鏈是有方向的。末端 α- 微管蛋白暴露的為負端，末端 β- 微管蛋白暴露的為正端。不僅如此，13 條這種鏈還平行相連，組成中空的管，所以叫做微管。與 FtsZ 纖維的另一個不同之處是，FtsZ 纖維的兩端都是開放的，而微管的負端總要連接在一個組織中心上，不能變化長度，所以微管只能透過 αβ- 二聚體在正端的加入或解聚而延長或者縮短。

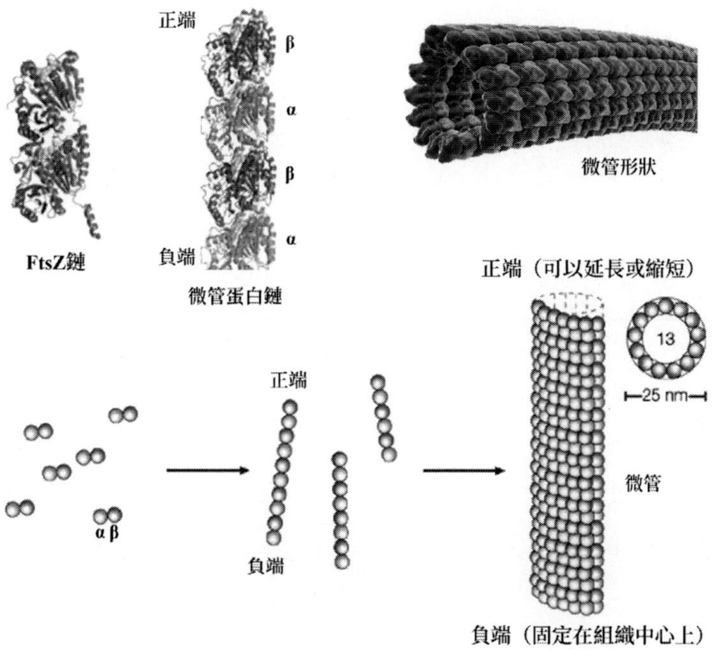

圖 3-11　微管的結構
左上為微管蛋白鏈與 FtsZ 蛋白鏈結構比較圖。

微管外徑約 25 奈米，內徑 12 ～ 13 奈米，比 7 奈米的微絲粗得多，機械強度也大得多，可以用來做更加費力的工作，而且有兩種蛋白質可以在微管上行走，運動方向彼此相反，因此可以在微管上進行「雙向運輸」。向微管負端方向行走的是動力蛋白，向微管的正端方向行走的是驅動蛋白。這個雙向運輸系統在真核細胞中的「貨物運輸」中發揮重要作用，而且在鞭毛擺動、細胞分裂上也扮演不可缺少的角色 (圖 3-12)。

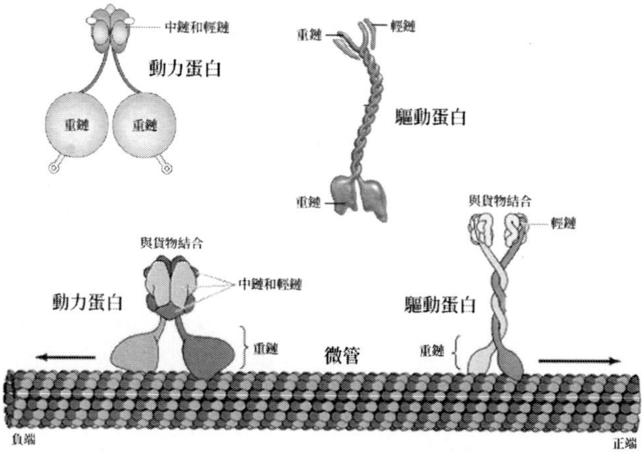

圖 3-12　動力蛋白和驅動蛋白

真核細胞比原核細胞大得多，用於游動的鞭毛也粗得多，直徑大約有 300 奈米，結構也和原核細胞的鞭毛不同 (圖 3-13)。原核細胞的鞭毛由鞭毛蛋白組成，外面沒有包膜，而真核細胞的鞭毛外面有膜包裹，裡面還有微管支撐。9 組微管排成一圈，每組含有兩根彼此融合的微管，在鞭毛的中心還有兩根微管，形成 9 ＋ 2 的結構。這些微管以負端與位於細胞膜下的一個叫做基體的組織中心的結構相連，因此微管的正端朝向鞭毛末端的方向。

在鞭毛內，微管組之間有動力蛋白連接。動力蛋白用來走路的腳結合在一組微管上，而頭結合在相鄰的微管組上，動力蛋白要行走時，由於頭部被固定不能移動，於是腳在微管上產生推力，使相鄰的微管組之間彼此滑動，鞭毛就彎曲了。鞭毛兩邊的動力蛋白交替作用，鞭毛就來回擺動，產生推力，如精子前進就是靠後面的一根鞭毛驅動的。

微管運輸系統的另一個重要作用，是參與真核細胞的分裂。

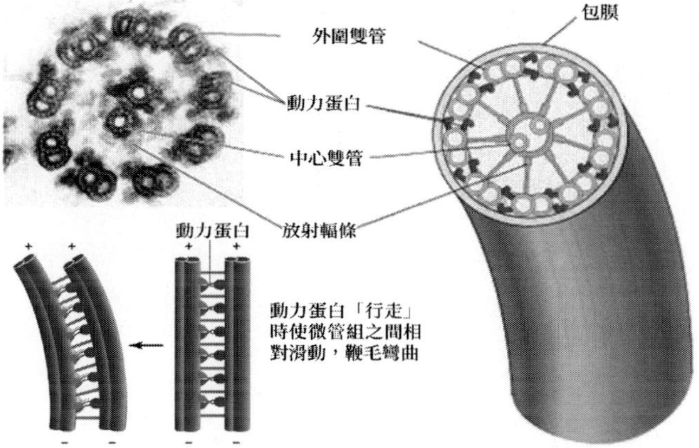

圖 3-13　鞭毛的結構和擺動原理
左上為鞭毛橫切面照片，顯示 9 ＋ 2 的結構。

第六節　真核細胞的分裂——有絲分裂

比起 1 微米大的原核細胞，幾十微米大的真核細胞就像巨人。碩大的細胞自然可以擁有更加複雜的構造和更多的功能，卻也帶來了難題，首先就是細胞分裂時，複製後的多條染色體如何被分配到兩個子細胞中去。在這裡，原核細胞的 ParABS 系統已經無能為力，真核細胞解決這個問題的方法是利用大量微管，再加上眾多的動力蛋白和驅動蛋白分子，用多管齊下的方式來完成染色體分離的任務 (圖 3-14)。

真核細胞分裂時，微管從位於細胞核兩端的兩個組織中心發出。由於微管是以負端連接到中心粒上的，發出的微管都正端朝外，即背離中心粒的方向。每個中心粒發出的微管都分為兩大類，朝向細胞極 (即細胞的兩端) 的和朝向對方中心粒的。朝向細胞極的微管叫星狀微管，因為它們的走向像星星發出的光芒。朝向對方中心粒的微管叫紡錘體微管，因為兩個中心粒向對方發出的微管組成一個紡錘的形狀。

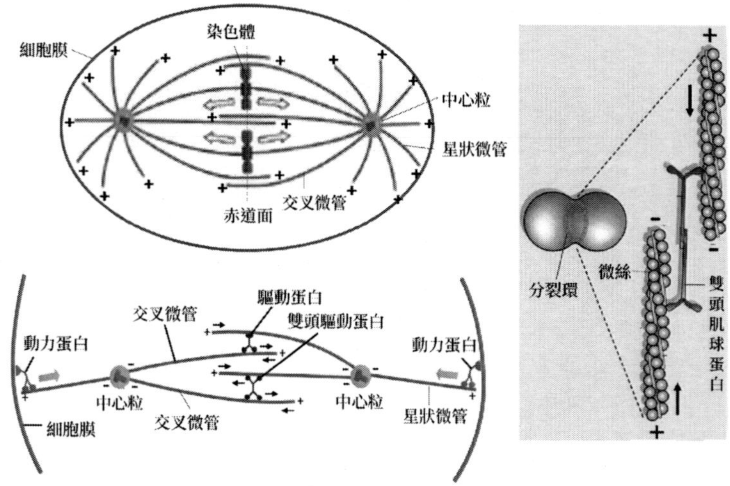

圖 3-14　有絲分裂

細胞兩極的細胞膜上都結合有動力蛋白分子，它們在微管行走的腳會結合在星狀微管上。這些動力蛋白向微管的負端即中心粒方向行走時，會把星狀微管向細胞膜的方向拉，這樣每個中心粒就被多根星狀微管緊緊地拉在細胞的一極上 (圖 3-14 左下)。

向對方中心粒發出的微管又分為兩類：一類和染色體上的著絲點相連，從兩個中心粒發出的微管在和複製後仍然連在一起的一對染色體 (叫姊妹染色體) 分別相連後，微管收緊，將姊妹染色體拉至紡錘體的中間位置。這個位置類似地球赤道的位置，所以叫做赤道面，所有染色體複製後形成的姊妹染色體都先和微管相連，排列在赤道面上，然後微管透過正端解聚而縮短，將姊妹染色體分別拉向彼此相對的兩個中心粒 (圖 3-14 左上)。

另一類紡錘體微管不和染色體相連，而是穿過赤道面，和對方也穿過赤道面的微管彼此交叉，叫做交叉微管，它的作用是把兩個中心粒推開。驅動蛋白的頭部結合在一個中心粒發出的交叉微管上，用於行走的腳部則結合在從另一個中心粒發出的交叉微管上，驅動蛋白向交叉微管的正端行走，就會產生推力，把兩個中心粒推開。驅動蛋白也可以腳對腳結合，形成雙頭驅動蛋白。這兩個頭分別結合在從不同的中心粒發出的微管上，向這些微管的正端方向行走，也會產生將兩個中心粒推開的力 (圖 3-14 左下)。

由於動用了微管這種絲，真核細胞的分裂也叫做有絲分裂。其實原核細胞的分裂也用了 ParA 蛋白絲來把複製後的 DNA 拉到兩個子細胞中去，所以也是有絲分裂，只不過用的絲不同。由於 ParA 絲太細，在早期對原核細胞分裂的研究中沒有被發現，所以有絲分裂這個名稱就專指真核細胞的分裂。

在染色體被分到細胞的兩端後，微絲在細胞中部形成分裂環，環中的微絲兩種方向都有，即正端和負端方向相反的微絲平行排列 (圖 3-14 右)。兩個肌球蛋白分子尾對尾結合，形成有兩個頭的二聚體。這兩個頭分別結合在方向相反的微絲上，向微絲的正端行走。由於兩個肌球蛋白分子彼此拖住，自己不可能行走，在相反方向的微絲上施加的力就使微絲相對移動，使分裂環收縮，將細胞一分為二。

有絲分裂同時使用微管系統和微絲系統，透過縮 (與姊妹染色體相連的微管)、拉 (星狀微管)、推 (交叉微管)、勒 (分裂環中的微絲) 等多種方式共同來完成，是真核細胞的偉大發明，解決了真核生物繁殖後代的問題。不僅如此，將有絲分裂的過程加以修改，真核細胞還可以進行減數分裂，即將遺傳物質的份數減半的細胞分裂，使真核生物可以進行有性生殖 (參見第八章第三節和圖 8-3)。

第七節
真核細胞消化食物的「胃」——溶酶體

由微絲和肌球蛋白組成的系統使真核細胞獲得了吞食能力，意義極為重大，使一些真核生物能夠透過吃來生存。原核生物沒有這套系統，因此沒有吞食功能，在幾十億年的時期內，都沒有細菌吃細菌的情形發生。即使是利用現成有機物生活的異養細菌，也只是分泌消化酶到細胞外，將食物消化，再吸收消化後的產物。

用體外消化獲得營養的方式有效，但是也有缺點，就是消化後的產品是公共資源，其他生物也可以利用，而且容易被水流稀釋帶走。如果先把食物吞進細胞，再加以消化，就可以獲得食物中的全部資源，是更有效的利用食物的方式。

當然在細胞內消化食物也有問題，消化外來蛋白質和核酸的酶也可以消化細胞自己的蛋白質和核酸。真核細胞採取的辦法，是讓這些食物繼續留在囊泡中，再向囊泡內分泌消化酶。由於囊泡的膜來自細胞膜，囊泡的內部相當於細胞的外部，向囊泡內分泌消化酶就相當於向細胞外分泌消化酶，並不需要新的機制。食物被消化後，胺基酸和葡萄糖從囊泡內轉移到細胞質的過程也和細胞吸收細胞外的分子相同，因此從細胞外消化吸收到細胞內消化吸收是一個比較容易的轉變，只不過是把細胞外含有食物的那一部分空間轉移到細胞內而已。

不過細胞內消化也有危險：萬一囊泡破裂，消化酶被釋放到細胞內，就會水解自己的蛋白質和核酸。為了避免這種情況，細胞向囊泡內注入氫離子，使囊泡的內部變酸，消化酶也變得只有在酸性環境中才有消化活性，這樣即使囊泡破裂，釋放出來的消化酶也因為環境中酸鹼度的改變而失去活性，不會危害細胞自己了。細菌本來就有向細胞外送出氫離子的能力（參見第二章第七節和圖 2-15），向囊泡中打入氫離子，就相當於向細胞外送出氫離子，也不需要新的機制。

這個內部變酸、含有消化酶的囊泡就變成了細胞的另一種細胞器，叫做溶酶體（參見圖 3-9）。它和人向胃內分泌胃酸，在胃中消化食物的工作方式非常相似，因此溶酶體就相當於是細胞的「胃」。有了吞食功能和在細胞內消化食物的「胃」，真核細胞就可以高效地利用現成的有機物。

除了消化吞進的食物，溶酶體還可以消化細胞內受損的，或者用不著的蛋白質和細胞器，重新利用其中的成分，這個過程叫做細胞的自噬作用（參見第十一章第三節和圖 11-9）。

有了細胞核這個「訊息指揮中心」，粒線體這個「動力工廠」，溶酶體這個「胃」，細胞中的生理活動分在不同的「工廠」中進行，效率就可以大大提高了。不過「工廠」的出現又帶來新的問題：不同的「工廠」需要不同的蛋白質，如何保證新合成的蛋白質都去它們該去的「工廠」，而不會「走錯門」？真核細胞解決這個問題的辦法，是發展出專門的「蛋白加工工廠」，還讓加工完畢的蛋白質帶上自己的「路牌」，以走向正確的目的地。

第八節　蛋白質的「加工工廠」和「路牌」

細胞合成的蛋白質分為兩大類：一類是供細胞內部使用的，另一類是供細胞外部使用的。供細胞內部使用的蛋白質包括細胞質中的蛋白質、細胞核中的蛋白質，以及粒線體中的蛋白質，它們都和細胞外的環境無關。供細胞外部使用的蛋白質包括分泌到細胞外的蛋白質、細胞表面的蛋白質，以及溶酶體中的蛋白質。溶酶體雖然在細胞內，但是溶酶體的內部就相當於是細胞外部，溶酶體的內表面也相當於細胞的外表面，因此細胞也把與溶酶體有關的蛋白質都按照供細胞外部使用的蛋白處理。這兩大類蛋白質性質不同，合成地點不同，到達目的地的方式也不同。

內部使用蛋白質的合成和它們的「路牌」

供細胞內部使用的蛋白質都處於細胞內部相對恆定的環境中，比較容易處於穩定狀態，在合成後對它們的再加工也比較少，不需要專門的「再加工工廠」，所以它們都是在細胞質中合成的。要解決的問題主要是讓它們進入正確的目的地，或者留在細胞質中，或者進入細胞核，或者進入粒線體。

留在細胞質中的蛋白質

細胞質是進行新陳代謝的主要場所，蛋白質合成、葡萄糖代謝的糖酵解反應，以及脂肪酸、核糖、葡萄糖等的合成，都是在細胞質中進行的，催化這些反應的酶也都位於細胞質中。細胞質中有核糖體，可以合成這些蛋白質。這些蛋白質在被合成後，就地發揮作用，因此不需要「路牌」。

進入細胞核的蛋白質

細胞核內沒有核糖體，也不能合成蛋白質，否則含有內含子的mRNA就會被轉譯，生產出錯誤的蛋白質。因此，細胞核裡面所有的蛋白質，包括與 DNA 結合的組蛋白和各種轉錄因子，都只能在細胞質中合成，再進入細胞核。

細胞核的核膜上有核孔，可以供分子進出。核孔由多種蛋白質圍成，內徑幾奈米，既是細胞核的「大門」，同時也是「保全」，只有持有「路牌」的蛋白質才可以進入。這個「路牌」，就是蛋白質分子起始端的一串胺基酸。

核糖體合成蛋白質分子時，第一個胺基酸上的羧基與第二個胺基酸上的胺基相連，第二個胺基酸上的羧基又與第三個胺基酸上的胺基相連，直到蛋白質分子合成完成。這樣，在蛋白質分子的起始端就有一個沒有使用的胺基，叫做胺基端；蛋白質分子的終端又有一個沒有使用的羧基，叫做羧基端 (參見圖 2-3)。蛋白質進入細胞內各個位置的「路牌」，都位於胺基端。而位於胺基端的由 7 個胺基酸組成的訊號段，裡面多數胺基酸帶正電 (如賴胺酸和精胺酸)，就是蛋白質分子進入細胞核的「路牌」。

不過，核孔並不認識這個「路牌」，還必須要有「護送員」。「護送員」也是蛋白質分子，分別為護送蛋白甲和護送蛋白乙 (圖 3-15)。護送蛋白甲能夠認識蛋白的路牌，與之結合，再結合護送蛋白乙。核孔是認識護送蛋白的，會讓與護送蛋白結合的蛋白質分子進入細胞核。到了細胞核內部，一種結合了 GTP 的蛋白質 (RanGTP) 結合在護送蛋白上，使它們脫離被護送的蛋白，被護送的蛋白質分子就留在細胞核內了。與 RanGTP 結合的護送蛋白在另一個蛋白質的幫助下從細胞核出來，返回細胞質，在那裡 GTP 被水解，釋放出護送蛋白，又可以護送下一個蛋白質分子進入細胞核。

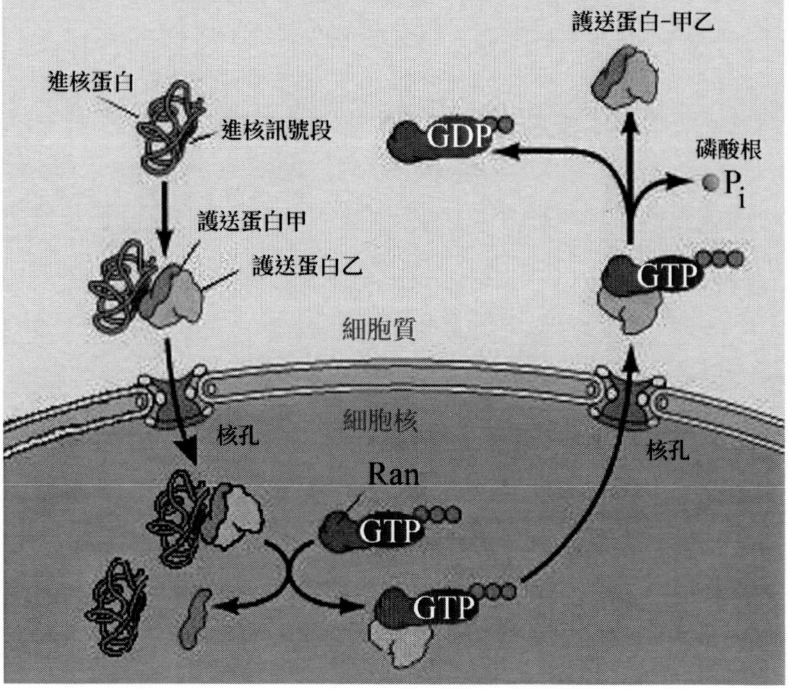

圖 3-15　蛋白質分子進入細胞核的過程

進入粒線體的蛋白質

粒線體雖然有自己的 DNA 和合成蛋白質的核糖體，也自己合成一些蛋白質，但是大部分為粒線體蛋白質編碼的基因都已經轉移到細胞核中，所以這些蛋白質也必須先在細胞質中合成，再進入粒線體。

要進入粒線體的蛋白質也有自己的「路牌」，這就是在胺基端上另外加上 15 ～ 50 個胺基酸單位的訊號段，其中帶正電荷的胺基酸和憎水胺基酸交替出現。

與細胞核的核膜上有核孔不同，粒線體的兩層膜上並沒有孔，否則跨膜氫離子濃度梯度就無法建立和維持，也不能合成 ATP 了（參見第二章第七節)，但是這兩層膜上都有專門供蛋白進入的通道，在不洩漏氫離子的情況下讓蛋白質進入 (圖 3-16)。粒線體的外膜和內膜本來是彼此分開的，但是在蛋白質進入的地方，內膜和外膜接觸，它們上面的通道也彼此相連，這樣蛋白質分子就可以一次通過兩層膜上的通道，進入粒線體的內部。

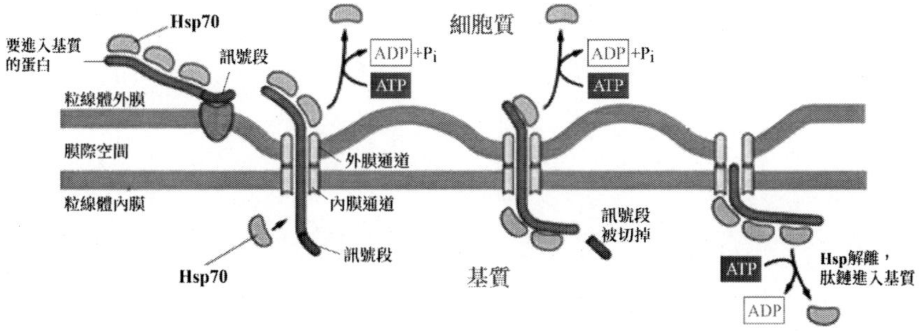

圖 3-16　蛋白質分子進入粒線體的過程

這些通道都非常狹窄，只能讓蛋白質分子在伸展開的狀態下像一條繩子一樣通過，而不像蛋白質通過核孔時能夠以捲曲成三維結構的狀態通過。在通道辨識蛋白質分子的「路牌」後，伴侶蛋白 HSP70 (關於伴侶蛋白參見第十一章第三節) 與蛋白質分子相互作用，把它的三維結構解開，讓它以伸展狀態通過通道。進入粒線體的蛋白質仍然處於伸展狀態，為了防止它變性，又有伴侶蛋白與之結合，透過 ATP 水解提供的能量，讓蛋白質分子與伴侶蛋白脫離，捲曲成為三維結構，發揮其生理功能。

供外部使用之蛋白的合成和轉運：內質網和高基氏體

細胞表面的蛋白質和分泌到細胞外面的蛋白質都要與細胞外的環境接觸，而細胞外的環境遠不如細胞內的環境對蛋白質有利。細胞內的環境保持了生命初期的環境條件，即還原性和富含鉀離子，存在於這種環境中的蛋白質分子也感到比較舒服，容易處於穩定狀態。而細胞外的環境則是氧化性的，鈉離子的濃度也遠高於鉀離子的濃度，還會遇見細胞內沒有的各種外界分子，對蛋白質的穩定性和功能都不利。為了應付這種情況，真核生物對供外部使用的蛋白質進行了修改。

一種修改是利用細胞外氧化程度比較高的條件，使蛋白質分子中一些半胱胺酸側鏈的巰基（－ SH，巰是化學家造的字，由氫字的一部分和硫字的一部分組成）脫去氫原子而彼此相連，形成二硫鍵（－ S － S －）。這是唯一的一種在蛋白質分子內部將鏈的不同區段彼此連在一起的共價鍵，相當於一根長繩子在繞成立體形狀後，還在一處或幾處用橫線拴在一起，有利於維持蛋白質分子的空間結構。與此相反，留在細胞內的蛋白質由於處於還原環境中，基本上不形成二硫鍵。既然二硫鍵的形成需要比較高的氧化狀態，要讓供外部使用的蛋白質在遇到外部環境之前就在分子內形成二硫鍵，就需要在細胞內建立一個氧化程度比較高的場所，那就必然是用膜圍起來的，與細胞質隔絕的環境，這就是內質網（見下文）。

另一種修改就是在蛋白質分子上加上糖基，即由多個單糖分子彼此相連組成的功能基團（圖 3-17）。這些單糖分子多是含 6 個碳原子的糖如葡萄糖、甘露糖、半乳糖，也可以是它們的衍生物如乙醯葡萄糖胺、乙醯半乳糖胺。單糖的相連可以是線性的，也可以是分支的，而且分支上還可以再分支，形成像灌木叢那樣的結構。糖基連在蛋白質分子上也有兩種方式：連在絲胺酸和纈胺酸側鏈羥基中氧原子上的叫氧連糖基，連在天門冬醯胺側鏈胺基中氮原子上的叫氮連糖基。

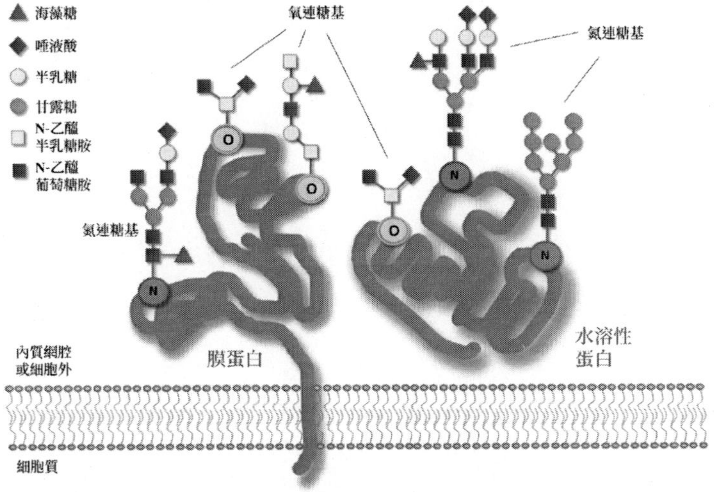

圖 3-17　蛋白質分子上的糖基

糖基是高度親水的，可以提高蛋白質分子的水溶性和穩定性，更適合在外部環境中存在。細胞表面蛋白質分子上的糖基對細胞有保護作用，有些還參與細胞的辨識和訊息接收，所以無論是分泌到細胞外的蛋白質，還是在細胞表面的蛋白質，多是帶有糖基的，和細胞內的蛋白質基本上不帶糖基的狀況不同。

原核生物就已經能夠使自己的供外部使用之蛋白糖基化。古菌和細菌的細胞膜上都有使分泌蛋白和細胞表面蛋白糖基化的酶。與蛋白質分子中胺基酸的序列可以被 DNA 編碼不同，糖基的結構是無法編碼的，只能透過各種糖基化酶依次把單糖分子加上去，這就需要對這些酶的空間位置有一個安排。這個任務對比較簡單的原核生物來講還可以在細胞膜上解決，但是在真核細胞中，糖基結構日趨複雜，再在細胞膜上安排糖基化酶就困難了，需要另外的方法。

為了解決在供外部使用的蛋白質分子中形成二硫鍵和加上糖基的問題，真核細胞發展出了兩個細胞內的膜系統，它們包裹出與細胞質分隔的空間，成為供外部使用之蛋白質的「生產和加工工廠」，這就是內質網和高基氏體。

內質網

內質網是由多層扁平囊平行排列組成的膜系統，扁平囊之間有膜相連，所以整個內質網的腔是相通的，而和細胞質彼此隔絕（圖 3-18）。內質網膜由細胞膜內折融合形成，類似溶酶體的形成，因此內質網膜的內表面就相當於是細胞膜的外表面，內質網腔就相當於是細胞外空間，只是內質網的功能不是消化而是加工蛋白質，相當於把原來細胞膜使蛋白質糖基化的功能轉移到細胞內部。內質網腔內的氧化程度也比較高，進入內質網腔的蛋白質可以在這裡形成分子內的二硫鍵。

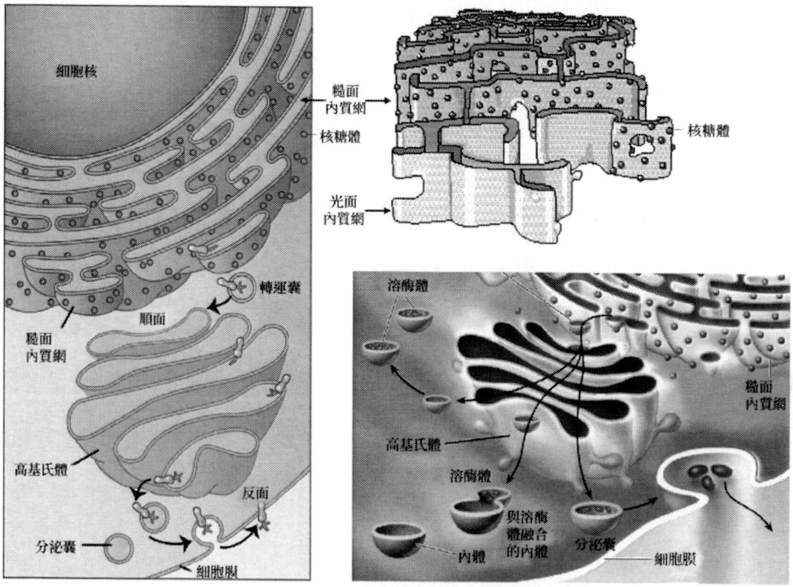

圖 3-18　內質網和高基氏體
沒有結合核糖體的內質網膜表面光滑，

叫「光面內質網」，結合有核糖體的內質網膜表面粗糙，叫「糙面內質網」。

分泌到細胞外的蛋白質和細胞表面的蛋白質都要先進入內質網，或者插在內質網的膜上。為此這些蛋白質在胺基端也有一個訊號段，是一串憎水的胺基酸，前面再有一個或者幾個帶正電荷的胺基酸。這些蛋白質的合成和內部使用的蛋白質一樣，也是從位於細胞質中的核糖體上開始的，但是隨後的過程就不同了（圖 3-19）。由於蛋白質分子的合成是從胺基端開始的，這個訊號段從核糖體上一伸出，就會被細胞質中的訊號辨識顆粒認識，並且結合在這個訊號段上。結合了訊號段的訊號辨識顆粒又會被內質網膜上的受體所認識，這樣正在合成這個蛋白質的核糖體就附著在內質網膜上，繼續合成蛋白質。在這種情況下，合成的蛋白質就不會被釋放到細胞質中，而是穿過內質網膜，進入內質網腔，或者留在內質網膜上，位於內質網膜上的糖基化酶就可以對這些蛋白質進行糖基化反應了。

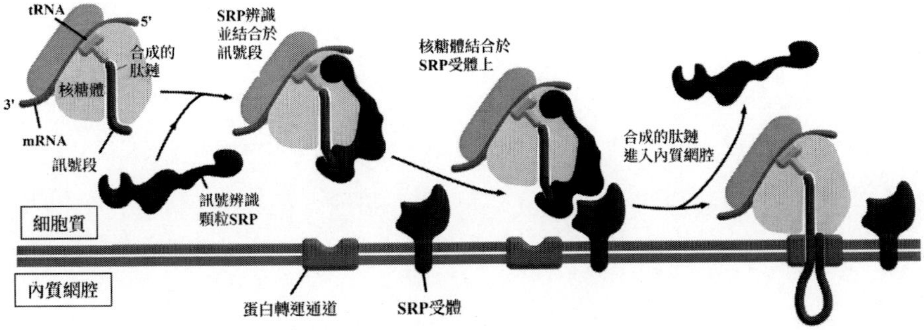

圖 3-19　蛋白質分子進入內質網的過程

訊號辨識顆粒在原核生物的細胞中就存在，所以供外部使用的蛋白質進入內質網的機制和原核生物分泌蛋白質或者形成細胞膜上的蛋白質的機制相同，是從原核生物繼承下來的，只是真核生物把這套系統搬到了細胞內。

供外部使用的蛋白質在內質網中進行加工，包括二硫鍵形成和初步糖基化後，就被送到高基氏體內，進行精加工，然後才被分送到不同的目的地，包括溶酶體、細胞外或者進入細胞膜。

高基氏體

高基氏體也是細胞內的膜系統，位於內質網和細胞膜之間（圖3-18）。高基氏體由數個平行排列的、圓盤狀的小囊組成，但是與內質網的腔彼此相通不同，這些圓盤囊的腔都是封閉的，彼此不通，與內質網腔也不通。蛋白質從內質網進入高基氏體，從高基氏體的一個圓盤囊進入下一個圓盤囊，都要透過膜包裹的小囊運輸。

之所以高基氏體要這樣安排，是因為糖基的結構無法被編碼，只能透過糖基化酶的依次作用形成不同結構的糖基。把高基氏體分成數個彼此不相通的圓盤囊，就是為了把不同的糖基化酶放在不同的圓盤囊中，這樣蛋白質依次通過不同的圓盤囊時，就可以被不同的糖基化酶順序加工，類似於在汽車裝配廠中，每個工廠順序安裝上不同的汽車零件。

經過高基氏體的精加工之後，蛋白質就可以被分配到不同的目的地。為了讓這些蛋白質分子走向不同的目的地，這些蛋白質分子也被加上了「路牌」。

供外部使用之蛋白質的「路牌」

在糖基中甘露糖的第 6 位加上磷酸根，形成 6- 磷酸甘露糖，就是蛋白質進入溶酶體的「路牌」。它被末端圓盤囊膜上的受體所認識，與受體結合，這一部分膜就形成小囊，包裹這些蛋白質，被運送到溶酶體，在那裡小囊的膜與溶酶體的膜融合，這些蛋白質就進入溶酶體了。

要進入細胞膜的蛋白質除了有進入內質網的「路牌」外，還在路牌後面有一段由憎水胺基酸組成的訊號段，這就是蛋白質進入細胞膜的「路牌」。這個訊號段會使蛋白質一直插在膜上，在末端圓盤囊上形成小囊，被運輸到細胞膜附近。小囊的膜與細胞膜融合，小囊膜上的蛋白質就變成細胞膜上的蛋白質了（圖 3-18 左）。

如果到了末端圓盤囊時，蛋白質上既沒有去溶酶體的路牌，又沒有去細胞膜的路牌，這些蛋白質也被打包，由小囊運輸到細胞膜附近，小囊膜與細胞膜融合，裡面的蛋白質就被釋放到細胞外面去，成為分泌出去的蛋白質（圖 3-18 右下）。

由於內質網和高基氏體之間、高基氏體不同的圓盤囊之間都不相通，蛋白質要依次通過這些膜結構，都必須透過從這些膜結構長出的小囊來運輸。在這裡發揮作用的蛋白質的工作方式和前面談到的網格蛋白相似，也是在結合膜後形成籠狀結構，將膜拉入，最後形成小囊，但是在這裡發揮作用的不是網格蛋白，而是包被蛋白。和網格蛋白是三叉形的不同，包被蛋白是十字形的，它們之間彼此相連，也能夠形成籠狀結構，類似於用四邊形的皮片組成的足球的縫。

有了細胞核、粒線體、溶酶體、內質網、高基氏體這些細胞器，有了對膜「動手術」的蛋白質，有了細胞內的「軌道運輸系統」，真核細胞各種生理功能的效率大大提升，也為真核生物的進一步發展準備了條件。特別重要的是，真核細胞還發展出了原核生物所不具備的吞食能力，而正是這個能力導致了動物和植物的誕生，不利用這個能力的真核生物則發展成為真菌。

第九節　動物、植物、真菌的起源

吞食功能使真核細胞獲得有機物的方式從體外消化變為體內消化，因而可以占有吞進來的食物的全部資源，是利用現成有機物更有效的方式。一些真核生物也就往吞食方向發展，成為完全依靠吞食為生的真核生物，身體也大型化了，這就是動物。

動物能夠高效地獲取和利用有機物，但這只能加快現成有機物的消耗，而不能增加有機物的生成。在能夠進行光合作用的真核生物出現之前，動物所消耗的有機物都直接或間接來自能夠進行光合作用的原核生物，如藍細菌。如果沒有一種方式來大大增加地球上有機物的生產，動物的發展也會受到限制。

在大約 15 億年前，改變這種狀況的事件發生了，一個真核細胞吞進了一個藍細菌，出於某種原因，這個被吞進的藍細菌並沒有像往常那樣被當作食物消化掉，而是在真核細胞內存活下來，繼續進行光合作用，變成真核細胞的另一個細胞器，叫做葉綠體。葉綠體使這些真核生物變為有機物的生產者。最初具有葉綠體的真核生物是生活在水裡的，叫做藻類，藻類登陸，就變成植物。藻類和植物的出現極大地增加了地球上有機物的生產能力，也為其他異養生物的發展包括動物的發展，提供了強大的物質基礎。

植物和動物都會死亡，留下大量有機物，也替依靠體外消化獲得營養的真核生物提供了極大的生存空間。有些真核生物也就延續原核生物體外消化的方式，既不進行光合作用，也不利用吞食功能，就依靠體外現成的有機物為生，而且也可以向大型化方向發展，這樣的真核生物就是真菌。酵母、黴菌和蘑菇都是真菌。

之所以動物和真菌都能夠以其他生物身上的有機物為食，是因為地球上所有的生物都來自同一個祖先，建造身體的基本零件如胺基酸、核苷酸、脂肪酸、葡萄糖都彼此相同，是通用零件，因此每種生物原則上都可以用別的生物身體中的「零件」來建造自己的身體，只要實際上辦得到就行。例如，動物可以吃植物（草食動物如牛、羊、馬）；動物也可以吃動物（肉食動物如獅、虎、狼）；動物還可以吃細菌（如線蟲）。真菌可以吃死亡的生物（如蘑菇），也可以吃活的生物身上的有機物（如引起人類腳氣和癬的真菌和引起玉米黑穗病的真菌）。有些植物可以吃植物（如菟絲子），有些植物甚至還可以吃動物（如捕蠅草）。細菌也可以吃人身上的有機物（如引起肺結核、化膿和敗血病的細菌）。這些現象我們都已經習以為常，不覺得奇怪，其實根本原因還是地球上的所有生物都有共同的祖先，使用同樣的「零件」來建造身體。外星人建造身體的「零件」很可能與地球上的生物不同，他們就不能以地球上的生物為食。

植物、動物和真菌組成了真核生物的三大門類。其中植物和動物的差別非常明顯，但是真菌與植物和動物的關係卻比較模糊。由於真菌像植物那樣不運動，也從頂端生長，有類似根的結構，細胞具有細胞壁，細胞內有液泡，還像植物那樣用孢子繁殖，真菌曾經被認為與植物的關係比較近。但是近年來的研究卻顯示，真菌其實和動物的關係更近，依據的是 DNA 中一些罕見的改變，這些改變就是生物演化的分子化石，可以用來追溯生物的演化路線。

例如，在原核生物中，有三個與鹼基為嘧啶的核苷酸合成有關的酶，它們分別由自己的基因編碼。但是在動物和真菌中，這三個基因卻彼此融合，使生成的蛋白質同時具有三種酶的活性。而在藻類和植物中，這樣的融合並未發生，這三個酶依然有各自的基因編碼。由於三個基因合併為一個需要兩次基因融合的步驟，是一個機率非常低的事件，這三個基因融合的狀況說明，當初吞進藍細菌、將其變為葉綠體的真核生物並沒有發生這三個基因的融合，而發生了這種基因融合的真核生物後來演變出了動物和真菌。

這個結論也得到另一個基因融合事件的證明。在藻類和植物中，與胸腺嘧啶合成有關的兩個酶融合成為一個酶，說明為它們編碼的基因合併在一起，但是在動物和真菌中，這樣的情形並未發生，這也說明動物和真菌有共同的祖先。

因此，在植物、動物和真菌產生前，真核生物就已經分化為有上述三個基因融合的生物和有上述兩個基因融合的生物。前者之中的一些繼續發展吞食功能，逐漸演化為動物，沒有使用吞食功能的就發展為真菌。後者之中的一些吞入了藍細菌，讓它在自己體內進行光合作用，逐漸發展成為植物。

動物、植物和真菌這三大門類的真核生物生活方式不同，身體結構也按照各自生活方式的需求發展：動物的身體圍繞捕食發展，植物的身體圍繞光合作用發展，而真菌的身體圍繞從身體表面吸收營養的需求發展，而且都向多細胞、大型化的方向發展，逐漸成為身體結構和功能都差異極大的三大類生物。

第四章

動物、植物、真菌身體的演化歷程

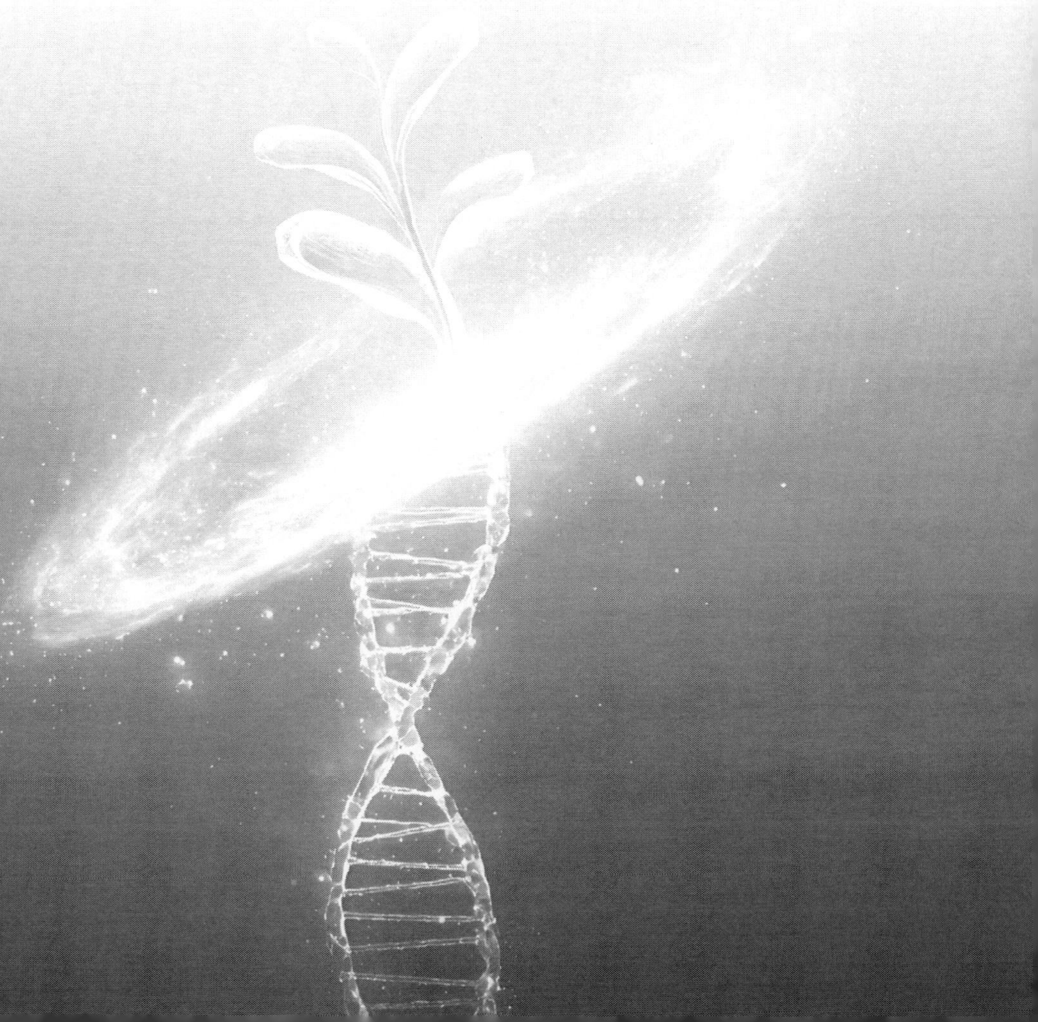

最初的動物、植物和真菌都是單細胞的，如動物中的變形蟲和草履蟲，藻類中的衣藻，真菌中的酵母菌，但它們的身體已經比原核細胞大得多，構造更複雜，擁有更多的基因，它們不僅能夠以單細胞的形式生活，還可以向大型化的方向發展。這樣，動物就可以捕獲更大的食物，也更不容易被其他動物吃掉；植物可以有更大的表面積來吸收太陽光，更有效地進行光合作用；真菌也可以有更大的表面積，更有效地消化和吸收體外的營養。

身體大型化可以採取兩種方式，一種方式是細胞自己變大，但是整個生物體仍然由一個細胞組成。變形蟲和草履蟲就是單細胞動物中的巨無霸，身體有 200 ～ 300 微米大，遠超過一般真核細胞的幾十微米。即使如此，它們也只能吃微米級的食物。而且由於分子在水中擴散速度的限制和幾何因素，細胞也不能變得太大 (參見第二章第十一節)。

另一種方式是細胞不變大，而是多個細胞聚在一起，成為多細胞生物。透過這種方式，生物的身體也可以變大，但是細胞仍然是微米級的，而且細胞之間還可以進行分工，使生物的功能更多，生命力更強大。成為多細胞生物又有兩種方式，一種是由不同生物的細胞聚集在一起，這些細胞擁有各自的 DNA；另一種是組成生物體的所有細胞都屬於同一種生物，擁有同樣的 DNA。這兩種方式都被真核生物採用。

第一節　地衣是由不同種生物的細胞聚集成的多細胞生物

地衣和苔蘚都是矮小的、附著在石頭或樹皮上生長的生物，都有小的葉片，都進行光合作用，它們好像是同類，其實是不同的生物：苔蘚身體裡面所有的細胞都有同樣的 DNA（參見本章第九節）；而地衣身體裡面的細胞有不同的 DNA，是不同生物的細胞聚集成的多細胞生物（圖 4-1）。

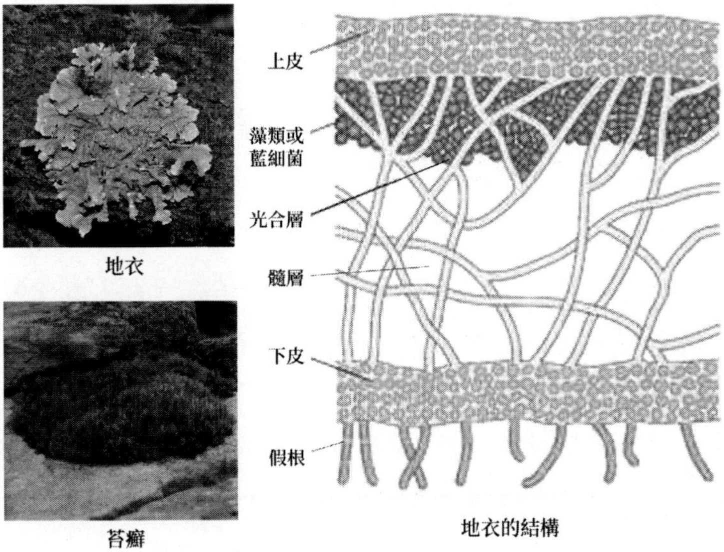

圖 4-1　地衣的構造
左為地衣和苔蘚的比較。

地衣的葉片分 4 層。最上面的上皮和最下面的下皮由真菌細胞組成。上皮和下皮之間也有真菌的菌絲交織，但是在靠近下皮的地方菌絲比較少，有空間供空氣流通，叫做髓層。在靠近上皮的地方，菌絲之間有許多能夠進行光合作用的細胞，叫做光合層。

這些能夠進行光合作用的細胞可以是綠藻（真核生物，參見本章第七節），也可以是藍細菌（原核生物），或者二者兼有。真菌組成的葉片為光合生物提供比較穩定的環境，也幫助吸收水分和無機鹽，而光合生物則以合成的有機物回饋給真菌，因此它們之間是一種共生關係，即彼此有利，共同生活。

由於不同的細胞擔任不同的角色而且功能互補，地衣具有頑強的生命力，從濱海到高山，從極地凍原到乾熱的沙漠，都可以找到它們的蹤影。據估測，地球表面6%的面積為地衣所覆蓋。

但是地衣畢竟是由不同生物的細胞聚集而成的，細胞之間只有簡單的共生關係，這些生物也都擁有自己的獨立性，可以離開對方單獨生活，因此難以有高度的協調統一，形成更高等的結構。所以地衣儘管生命力頑強，也只能以簡單小型的形式存在，難以有進一步的發展。

更好的方式，是由同一個細胞繁殖出許多細胞，這些細胞不像單細胞生物那樣在繁殖之後彼此分開，而是繼續待在一起，形成多細胞生物，而且在多細胞生物的發育過程中，細胞之間還可以變得彼此不同，形成多種類型的細胞，擔負不同的任務。由於所有的細胞都來自同一個細胞，含有相同的DNA和基因，還可以進行統一的控制，形成遠比地衣複雜的生物體。出於這個原因，絕大多數的多細胞生物包括動物、植物和真菌，都用這種方式來形成自己的身體。

第二節　多細胞動物的祖先是領鞭毛蟲

領鞭毛蟲是單細胞動物，牠有一根長在後方的、長長的鞭毛，透過其擺動推著細胞前進（圖4-2）。在鞭毛的根部周圍還有一圈短毛，這些短毛組成的結構像衣服上的高領，所以叫做領鞭毛蟲，這一圈毛也叫做領毛。領毛也是由膜包裹的結構，但是裡面發揮支撐作用的是由肌纖蛋白組成的微絲，與由微管支撐的鞭毛不同，叫做絨毛。領鞭毛蟲以細菌為食，鞭毛的擺動帶動水流，將細菌集中到領毛處，領毛之間有細絲相連，組成網狀的過濾器，將細菌攔下，再加以吞食。

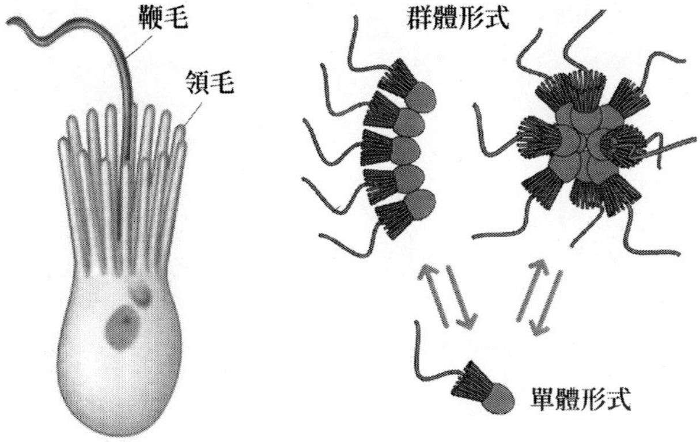

圖 4-2　領鞭毛蟲及其單體和群體的生活形式

在單細胞吞食這一點上，領鞭毛蟲與變形蟲和草履蟲並無區別，但是領鞭毛蟲發展出來的一些基因，卻使牠成為多細胞動物的祖先。

例如，要形成多細胞動物，就需要細胞之間的黏連。在多細胞動物中，這種黏連主要是透過鈣黏蛋白來實現的（參見第五章第六節和圖 5-8）。而鈣黏蛋白的基因在領鞭毛蟲中就已經發展出來，而且已經有由多個領鞭毛蟲組成的群體，以一個單位生活，這就是向多細胞動物發展的開端。

多細胞動物的身體表面是由一層皮膚包裹的，其中的上皮細胞透過整聯蛋白（integrin）與細胞基部的基質相連（參見第五章圖 5-9）。而在領鞭毛蟲中，這個蛋白質的基因已經出現。

有些轉錄因子如 p53、Myc、Sox/TCF 等，過去被認為是多細胞動物所特有的，可是在領鞭毛蟲中，這些基因也已經存在。更令人驚異的是，過去被認為是多細胞動物特有的訊號傳遞鏈上的分子如蛋白質酪胺酸激酶（參見第六章第三節和圖 6-6），在領鞭毛蟲中也被發現。

這些事實說明，領鞭毛蟲已經具有多細胞動物所需要的一些基因，這些基因在其他單細胞動物中並沒有發現，而只存在於領鞭毛蟲中，這是領鞭毛蟲作為多細胞動物祖先最強而有力的證據。海綿就是由領鞭毛蟲組成的多細胞動物，而絲盤蟲是含有類似領鞭毛蟲細胞的、最簡單的能夠移動身體的多細胞動物。

第三節
最簡單的多細胞動物——海綿和絲盤蟲

由領鞭毛蟲最先形成的多細胞動物就是海綿 (圖 4-3)。海綿生活在海底，身體中空，外形像煙囪或者花瓶，身體上有孔，供水進入，同時把食物顆粒帶入。海綿身體的內面有一層細胞，每個細胞伸出一根鞭毛和一圈領毛，非常類似領鞭毛蟲，叫做領細胞。鞭毛協同擺動，將水從小孔吸入，從頂部的開口排出。水中的食物顆粒被領毛阻擋，被領細胞吞入消化，類似於領鞭毛蟲的捕食過程。因此海綿像領鞭毛蟲一樣，體內消化和細胞內消化同時進行。

除了身體內面的領細胞，海綿身體外面還有一層細胞，這些細胞不再具有鞭毛和領毛，形狀扁平，叫做扁平細胞，形成海綿的外皮。兩層細胞之間由膠質層連接，膠質層內還有一些變形蟲樣的遊走細胞。因此海綿作為最簡單的多細胞動物，已經含有不同的細胞類型，有了細胞分工。

最早的海綿化石被發現在中國貴州省甕安縣陡山沱組的地層中，大約在 5.8 億年前形成，說明多細胞動物至少已經有近 6 億年的歷史。

由於海綿不運動，雖然能夠透過鞭毛擺動帶動水流來獲得食物，但是基本上是屬於守株待兔型。要主動尋找食物，就要像絕大多數動物一樣，自己移動位置。絲盤蟲就是能夠自己移動位置的、最簡單的多細胞動物。

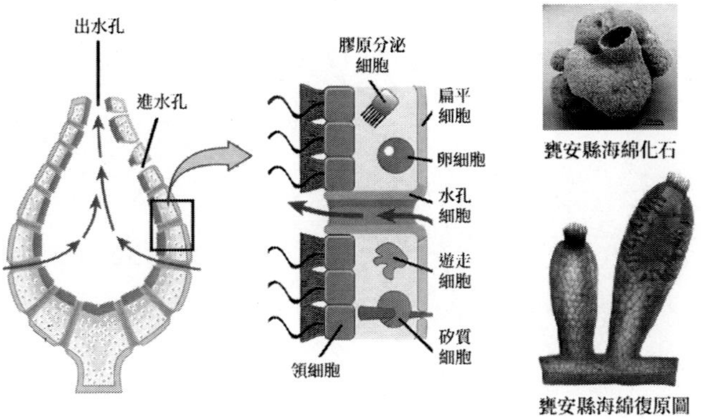

圖 4-3　海綿結構及其化石

絲盤蟲身體扁平，由上下兩層細胞組成，邊緣不固定，直徑約 1 公釐 (圖 4-4 右上)。絲盤蟲透過細胞上鞭毛的擺動在水底緩慢移動，在下層細胞遇到食物顆粒時，絲盤蟲會形成凹進的小腔，將食物顆粒包圍，組成小腔的細胞分泌消化酶，將食物消化，再吸收消化後的營養物，因此這個小腔就是絲盤蟲臨時的胃。由於這個小腔還未將食物完全包裹，食物顆粒仍然部分與外部接觸，所以只是半體內消化，但已經是體內消化的開端。同樣重要的是，消化已經開始在細胞外進行，與領鞭毛蟲和海綿的細胞內消化不同。

與海綿類似，絲盤蟲也已經有幾種形態和功能都不同的細胞，其中下層細胞含有 1 根鞭毛和數根領毛，類似海綿的領細胞，但是鞭毛的作用只在身體的運動，不再發揮收集食物顆粒的作用，領毛也不形成阻攔食物顆粒的高領狀結構 (圖 4-4 左)。

人類 82%的內含子 (基因中將為蛋白質編碼的序列分隔為多段的非編碼序列，見第三章第二節) 在基因中的位置可以在絲盤蟲的 DNA 中找到，絲盤蟲基因在染色體中排列的順序也和人類相似，說明絲盤蟲很可能是領鞭毛蟲之後、人類最早的多細胞動物祖先，也開始了以整個動物的身分，而不再是以單個細胞的身分吃東西的過程。

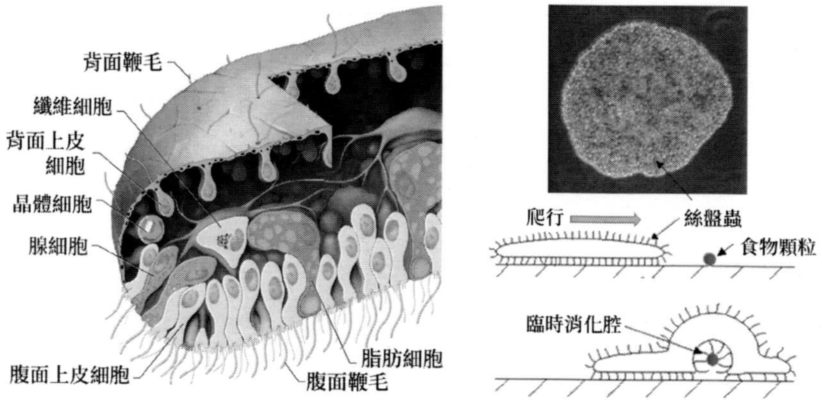

圖 4-4　絲盤蟲的結構和進食方式

第四節　在體內消化食物的中心對稱動物——水螅、水母、海葵和珊瑚蟲

如果絲盤蟲凹進的小腔變得更深，就會形成一個由兩層細胞圍成的管狀物，這樣的結構就很容易發展為水螅 (圖 4-5)。水螅的身體就是由兩層細胞圍成的管狀物，下端附著在水中的物體上，上端開放，成為口。口的周圍有幾根觸手，也是兩層細胞組成的管狀物，只是細一些 (參見圖 4-7)。觸手可以捕獲食物並將其送進口內。食物進入身體裡面的空腔後，內層細胞分泌消化液，將吞進的食物消化，再吸收消化產物。

這個過程類似於絲盤蟲的下層細胞分泌消化液，在細胞外消化食物的情形，但是已經完全在體內，從此開始了動物典型的體內消化加細胞外消化過程。我們人類消化食物，也是在體內 (胃中) 和細胞外 (胃腔內)。不過水螅沒有單獨的肛門，食物殘渣由口排出，因此口同時也是肛門。

水螅身體的對稱軸在管子中央，因此是中心對稱的動物。像水螅那樣，也是中心對稱的動物還有水母、海葵和珊瑚蟲（形成珊瑚的動物）等(圖 4-5)。它們的身體也主要由兩層細胞組成，消化道也只有一個開口。將口當作肛門是一種比較尷尬的狀況，它使動物只能在把食物殘渣排出後才能再次進食，以免將食物和糞便混在一起，這對水螅來說就需要幾小時。

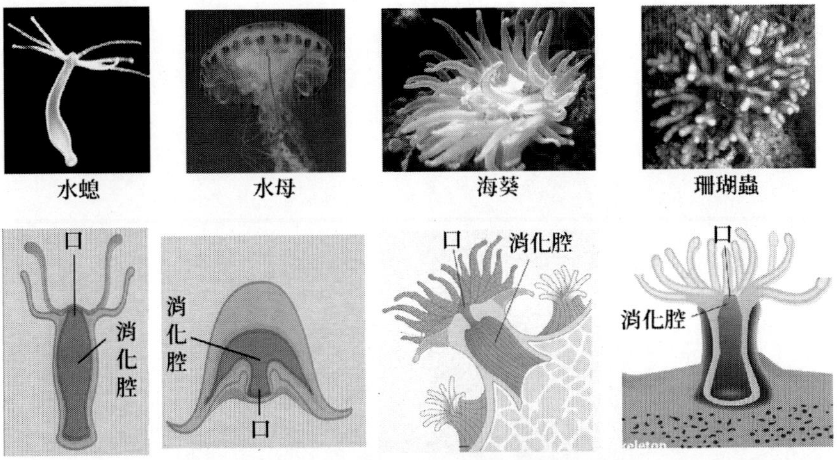

圖 4-5　水螅、水母、海葵、珊瑚蟲的身體構造
牠們的消化腔都只有一個出口。

中心對稱的身體也不太適合游動。水螅、海葵和珊瑚蟲都附著在水中的物體上，基本上不移動。水母雖然可以游動，但是身體的形狀也不適合快速靈活地運動。要更易於運動，就需要改變中心對稱的體型，這就是兩側對稱動物。

第五節　兩側對稱動物

兩側對稱動物是透過動物身體的對稱軸發生改變而形成的。一些海葵除了有中心對稱軸，還發展出了與中心對稱軸相垂直的水平對稱軸，使其口咽部的結構不再是中心對稱。這個水平對稱軸進一步發展，導致了兩側對稱動物的出現 (圖 4-6)。

兩側對稱動物有前端和後端、背面和腹面、左方和右方，更適於運動和進食。例如，前端發展為頭，用於進食；感知食物的器官如眼睛和嗅覺結構也位於頭上；後端發展成尾，幫助運動，也是肛門比較理想的地方；側面發展出來的結構如肢，則可以用於運動。由於兩側對稱的這些優點，以後發展出來的動物幾乎完全是兩側對稱的。

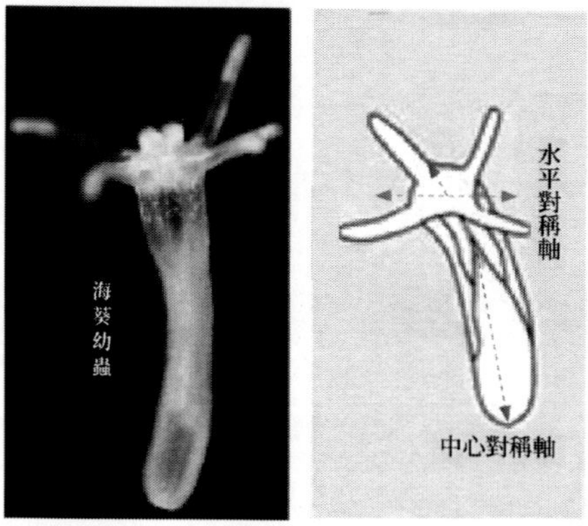

圖 4-6　海葵幼蟲的第二根對稱軸
除了原先的中心對稱軸，一些海葵幼蟲還發展出了水平方向的對稱軸。

兩側對稱動物除了身體構造與中心對稱的動物不同外，還有一個重大的發展，就是在胚胎期發育出了第三層細胞。中心對稱動物原來的外上皮細胞變為外胚層，內上皮細胞變為內胚層，這種新出現的第三層細胞位於外胚層和內胚層之間，叫做中胚層 (圖 4-7 右)。

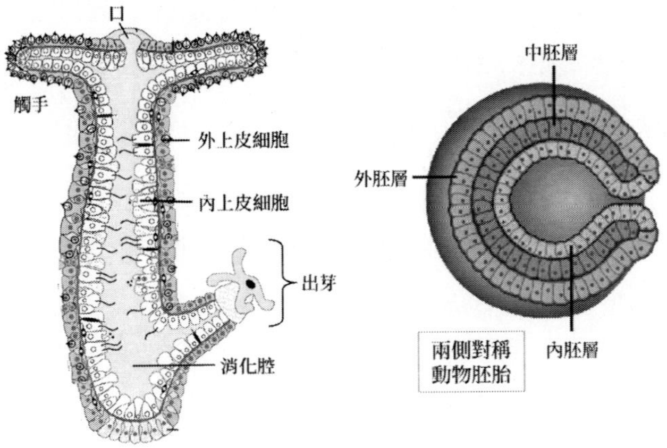

圖 4-7　兩側對稱動物胚胎發育中的三個胚層
左為中心對稱動物水螅，身體由兩層細胞組成。

在動物的身體只有兩層細胞時，這兩層細胞都是與外部環境接觸的。外上皮細胞直接與外界接觸，內上皮細胞雖然在體內，卻仍然透過管道與外界相通，位於動物的內表面上，所以都被稱為上皮細胞。在兩側對稱動物中，外胚層衍生出來的細胞仍然承擔與外界直接接觸的任務，例如，皮膚同時也衍生出了神經系統、牙和眼睛。內胚層衍生出來的細胞仍然擔負內表面的任務，形成消化道，以及由消化道衍生出來的與消化有關的器官，如肝臟和胰臟。內胚層還演化出呼吸道、膀胱和尿道，它們都仍然透過管道與外界相通。

中胚層的出現，使生物能夠真正有不與外界接觸的身體內部的器官，包括肌肉、骨骼、心臟、血管、淋巴管、脾臟等。這些器官位於外上皮細胞和內上皮細胞之間形成的空腔，即體腔內。

在身體構造兩側對稱、三胚層的共同的基礎上，兩側對稱動物又發展出了多種身體形式，其中最主要的有軟體動物、節肢動物和脊椎動物，牠們合起來占動物種類的約 95%，再加上環節動物和線蟲動物，涵蓋了 98%以上的已知動物物種。

軟體動物身體柔軟而不分節，常常有硬質的外殼保護自己，如蝸牛、蛞蝓（無殼蝸牛）、田螺、蚌、章魚、烏賊等，總數超過10萬種，占動物物種的大約8%，是第二大門類。其中章魚和烏賊都曾經擁有外殼，後來外殼消失。

節肢動物是身體和腿都分節的動物，有100多萬種，占動物物種的約80%，是地球上最大的動物門類。蜘蛛（8條腿）、蝦、蟹（10條腿）、蜈蚣（多條腿）都是節肢動物。昆蟲（6條腿）又占節肢動物的大多數，蜻蜓、蝴蝶、蛾子、蜜蜂、螳螂、蝗蟲、蒼蠅、蚊子、蚜蟲等都是昆蟲。

脊椎動物是身體中有脊柱的動物。所有體型比較大的動物，包括魚類、由魚類演化出來的兩棲類（如蛙類、蟾蜍和蠑螈）、從兩棲類演化出來的爬行類（如龜、蜥蜴、鱷魚）、從爬行動物演化出來的鳥類（如麻雀、烏鴉、雞）和哺乳類（如牛、馬、狗、獅子、大象、犀牛以及人類），都是脊椎動物。脊椎動物共有約7萬種，占動物物種的大約6%，是第三大門類。

除了這三大類兩側對稱動物，還有軟體動物的近親——環節動物，牠和軟體動物都屬於冠輪動物，在幼蟲階段身體上都有兩圈纖毛，即冠輪。牠們的身體雖然分節，但是與節肢動物關係較遠。環節動物約有1.3萬種，蚯蚓、螞蟥、沙蠶都是環節動物。

節肢動物的近親是線蟲動物，牠們都是蛻皮動物，即身體在生長的過程中必須經歷蛻皮的過程。有紀錄的線蟲動物大約有2.8萬種，在土壤中生活的線蟲以及寄生在動物體內的蛔蟲、條蟲、鉤蟲都是線蟲動物。

動物身體大了，又產生了各種新的需求，相應的器官系統也應運而生。

第六節　動物身體中各個系統的演化

動物身體中的各個系統是逐漸發展出來的，整體目的都是滿足動物吃這一生活方式的需求。

動物的消化系統

海綿消化食物是在細胞內的溶酶體中進行的，類似於單細胞動物的消化過程。絲盤蟲能夠形成包圍食物顆粒的臨時胃，開始了體內消化的過程，並且變細胞內消化為細胞外消化，但是還沒有專門的消化系統。

水螅、水母等中心對稱動物已經有口和消化腔，已經能夠進行完全的體內消化加細胞外消化。但是它們還沒有肛門，口也是肛門。只有在食物殘渣排出後，才能再次進食 (圖 4-5)。

絕大多數兩側對稱動物都發展出了肛門，這樣食物就可以向一個方向移動，動物也可以連續進食了 (圖 4-8)。從口到肛門，就形成消化道，由口、咽、胃、腸、肛門等部分組成。許多兩側對稱動物還發展出了消化腺，分泌消化液進入消化道。為了更有效地進食，兩側對稱動物在口部還發展出了幫助進食的結構，這些結構在各類兩側對稱動物中彼此不同。

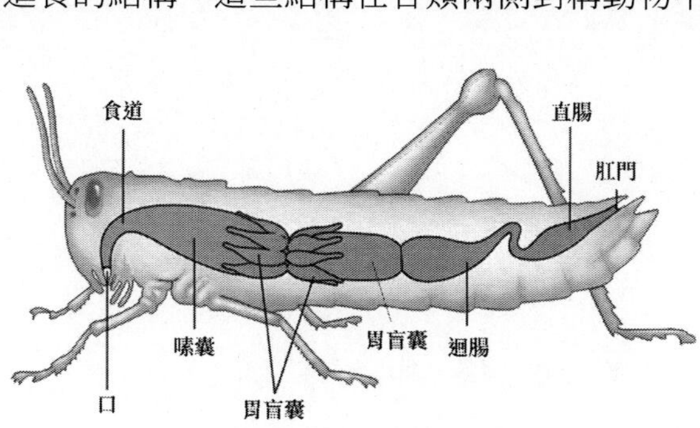

圖 4-8　昆蟲的消化道

比較簡單的兩側對稱動物沒有任何特別的進食結構，而是依靠口、咽部肌肉的蠕動將食物吸進口中，如以細菌為食的線蟲，連同土壤一起吞下、再吸收裡面的有機物的蚯蚓。這種方式難以吞食位置固定（如附著在岩石上的藻類）或者比較大塊的食物。如果能夠對食物進行機械加工如刮、咬、切，將食物從附著處刮下來，或者將其變成小的碎片，進食能力就可以大大提高了。

軟體動物幫助進食的結構叫做齒舌，也就是帶齒的舌頭（圖 4-9）。例如，蝸牛的齒舌可以從口中伸出，將附著在固體表面的食物（如真菌和地衣）刮下來，也能夠將樹葉刮切成小片，以便吞食。章魚和烏賊的身體比蝸牛大得多，但仍然用齒舌幫助進食，不過為了彌補齒舌功能的不足，牠們還發展出了一對尖銳的喙，類似鷹的喙，可以咬住、穿刺和撕扯食物。

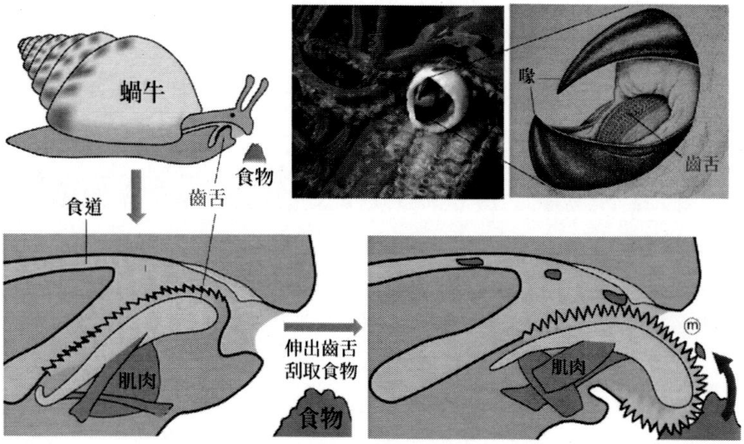

圖 4-9　軟體動物進食用的齒舌
左上和下為蝸牛的齒舌，右上為烏賊的齒舌和喙。

節肢動物幫助進食的結構叫做口器（圖 4-10），口器一般含有上唇、下唇、大顎和小顎。大顎和小顎都能夠橫向（左右方向）開閉，其中大顎最強壯，常帶鋸齒和尖刺，用於戳刺、切割、撕扯和咀嚼食物，所以即使是尺寸很大的食物也很容易被分解為小塊而被吞下；小顎則發揮協同大顎的作用，有的還有味覺。蝗蟲可以在短時間內吃掉整塊田裡的莊稼；螳螂能夠迅速吃掉捕獲的動物；螞蟻能夠咬碎比自己大得多的生物，就是其中突出的例子。有些節肢動物的口器還變化為能夠穿刺和吸取其他生物汁液的器官，如蚊子吸血和蚜蟲吸植物的汁液的口器。

原始的脊椎動物如七鰓鰻，口是圓筒形的，內面排列著許多牙齒，用於咬在別的動物身上，吸取動物的血液和體液。隨著魚類的演化，最前端兩對支撐和開閉鰓的鰓弓位置發生了變化，分別變為魚的上頜和下顎（圖 4-11）。上頜和下顎能夠開閉，可以用來咬住食物。上頜和下顎還可以長出牙齒，便於魚類咬牢和撕扯食物。與節肢動物的口器橫向開合不同，魚類的頜是縱向（上下方向）開合的。由魚類演化出來的兩棲類動物、後來的爬行動物和哺乳動物都繼承了魚類上下開合的頜，包括我們人類。鳥類從已經滅絕的爬行動物恐龍演化而來，也有類似結構的頜，只不過上下顎變成了喙，原來的牙齒消失掉而已。

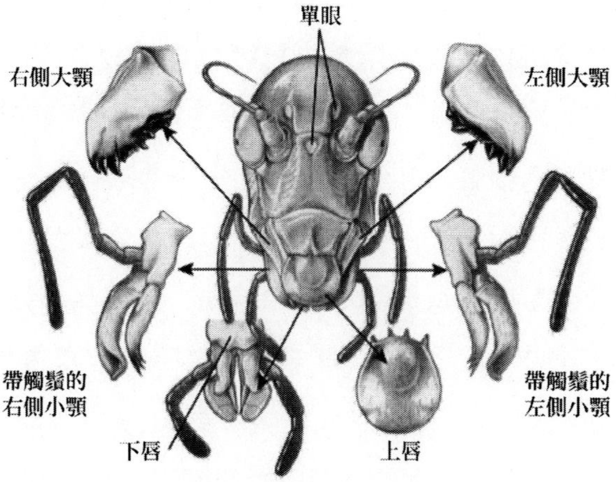

圖 4-10　蝗蟲的口器

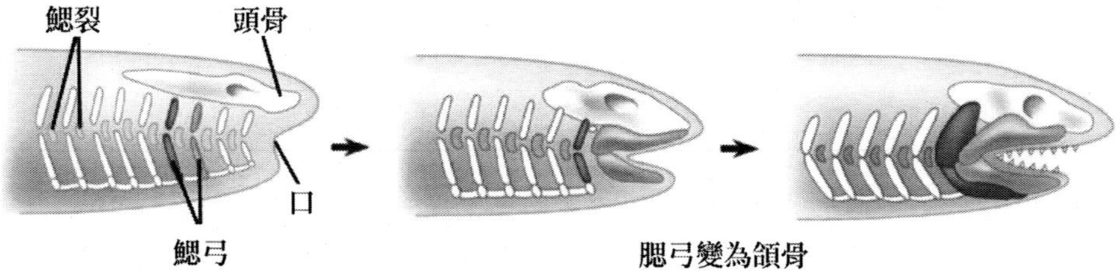

圖 4-11　腮弓變為頜骨的過程

動物的肌肉骨骼系統

動物依靠進食生存，而食物不會只在一處，要獲得在不同位置上的食物，動物就得移動自己的身體，這就需要有產生機械力的結構。發現食物後，無論是口、咽部的蠕動、軟體動物齒舌的刮動、節肢動物口器的開閉，還是脊椎動物頜的張合，都需要機械力的驅動。

單細胞的真核生物如領鞭毛蟲移動時，靠的是由微管和動力蛋白組成的鞭毛的擺動（參見第三章圖 3-13），絲盤蟲也依靠腹面細胞上鞭毛的擺動來移動身體。但是當動物的身體變得更大，鞭毛的力量就顯得太弱小了，動物也就改用由微絲和肌球蛋白組成的動力系統。這些系統在真核細胞的分裂及細胞內的物質運輸上已經發揮重要作用（參見第三章第五節和第六節，以及圖 3-14 右），在多細胞動物中就演變成為肌肉。

絲盤蟲在遇到食物顆粒時，身體內凹，形成半包圍食物的臨時腔，靠的是微絲和肌球蛋白系統。微絲靠近細胞朝外一端的表面，肌球蛋白在微絲上的走動使方向相反的微絲相對移動，類似真核細胞分裂時分裂環的收縮，就可以使細胞的外端面積縮小，絲盤蟲身體內凹。

這套系統如果聚在一起，形成一束，就可以形成能夠收縮的肌纖維。水螅的外上皮細胞中有縱向（即與對稱軸平行的方向）的肌纖維，它們收縮時會使水螅的身體變短變粗。內上皮細胞中有橫向的肌纖維形成環形的肌纖維帶，它們收縮時水螅的身體變細變長（圖 4-12）。類似的兩種肌纖維也存在於觸手中，使觸手可以將食物送入口中。這套肌纖維系統還能使水螅用翻筋斗的方式移動，因此從水螅開始，動物的運動就完全依靠微絲和肌動蛋白系統了。

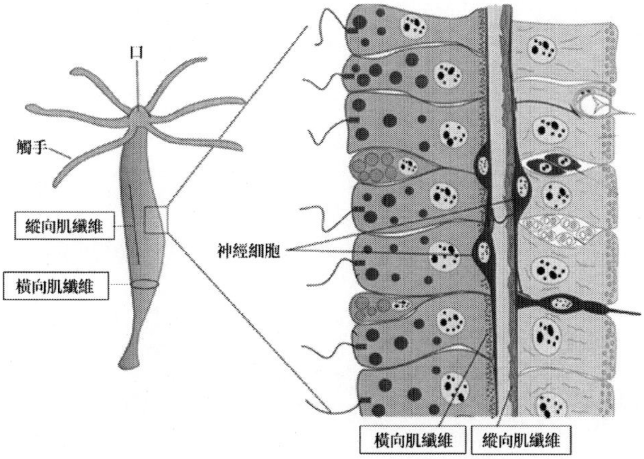

圖 4-12　水螅上皮細胞中的肌纖維

到了兩側對稱動物，身體更大，而且生出了許多需要動作的身體部分，例如，進食用的齒舌、口器和頜，以及使身體移動位置的肢，內部還有需要運動的器官如胃、腸道、心臟等。在這些情況下，僅靠上皮細胞中的肌纖維就不夠了，而需要身體層面上的動力系統。為了滿足這種需求，肌纖維在一些細胞中大量集聚，成為細胞的主要部分，這些細胞也就變成專事收縮的肌肉細胞。肌肉細胞聚在一起，形成肌肉組織，肌肉組織再根據位置和功能需要形成多條肌肉，專門負責各種收縮任務。

例如，在與骨骼相連的肌肉細胞中，許多根微絲透過正端與小圓盤相連，負端游離，在圓盤兩側各形成一個像電動牙刷的牙刷頭那樣的結構（圖 4-13）。這樣的「雙面牙刷頭」串聯成絲，從相鄰圓盤發出的微絲以負端彼此相對，中間有一段距離。肌球蛋白也以相反方向結合到一起，就像許多根高爾夫球桿尾對尾地綁在一起，形成雙頭狼牙棒形狀的結構。這個雙頭狼牙棒插在兩組彼此相對，因而方向相反的微絲之間。在頭部要向微絲正端行走時，由於兩個方向的肌球蛋白彼此拖住，不能真正行走，而是拉動微絲彼此靠近，同時拉動小圓盤彼此靠近，肌肉就收縮了。

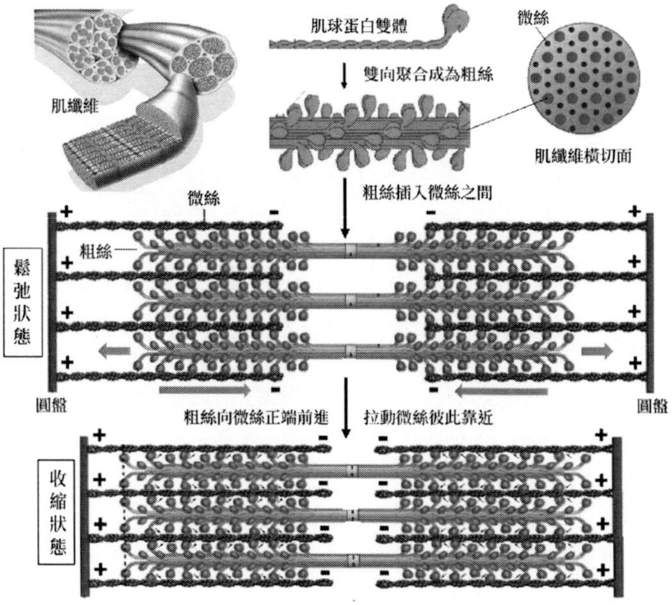

圖 4-13　肌纖維的構造和收縮原理

在這樣形成的肌肉中，微絲和圓盤是整齊排列的，在顯微鏡下呈現明顯的節段，因此這樣的肌肉叫做橫紋肌。橫紋肌的收縮速度比較快，主要用於需要快速的運動，如心臟跳動、軟體動物齒舌的運動、節肢動物口器和身體的運動，以及脊椎動物頜的開合和肢體運動等。

如果微絲和類似圓盤的結構不整齊排列，在顯微鏡下也看不出節段，就形成平滑肌。平滑肌的收縮速度比較慢，主要負責相對緩慢的運動，如胃、腸、膀胱、輸尿管、血管、子宮等的收縮蠕動。

除了產生拉力的肌肉，大一點的動物還需要身體的保護和支撐，以及讓肌肉附著以傳遞機械力的結構，這就是骨骼。軟體動物、節肢動物和脊椎動物這三大類動物的骨骼不同，肌肉和骨骼的關係也不同。

軟體動物身體柔軟，常有外殼保護，如蝸牛、螺和貝類的殼，這些殼主要由碳酸鈣組成，也可以看成是軟體動物的外骨骼。它只發揮保護作用，與行走無關，但是與動物身體一部分的運動有關。例如，蝸牛伸出的頭在遇到危險時會縮進殼內，這是透過與殼相連的肌肉收縮而實現的。

節肢動物的身體由幾丁質組成的外骨骼包裹。幾丁質的結構類似由葡萄糖聚合成的纖維素，只是在每個葡萄糖單位上加了一個乙醯胺基，所以幾丁質是乙醯胺基葡萄糖的聚合物。幾丁質有相當的硬度，節肢動物的口器、軟體動物齒舌上的齒、烏賊和章魚用來咬食物的喙，也都由幾丁質構成。

節肢動物的肌肉是附著在外骨骼上的，與軟體動物完全是剛性的碳酸鈣外殼不同，幾丁質既有一定的硬度，又有一些柔韌性，在肢體節段的交接處可以彎曲，形成關節。在節肢動物的每一關節處，都有一對橫紋肌與關節兩邊的節段相連，它們收縮時分別使腿伸開和彎曲，或者使翅膀上下撲動（圖 4-14）。

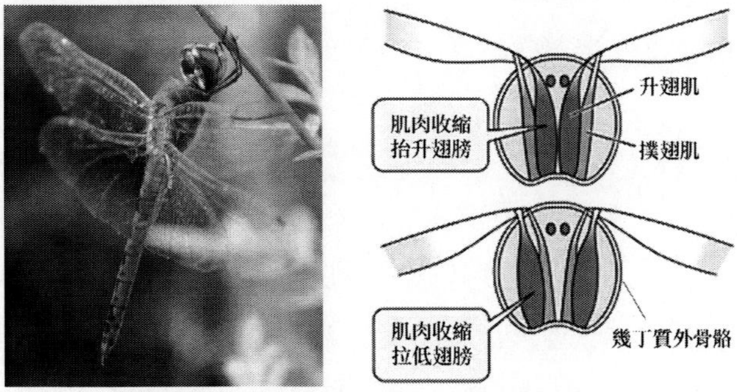

圖 4-14　使蜻蜓翅膀上下撲動的肌肉

外骨骼的一個缺點是不能隨著動物的生長而變大，所以節肢動物必須蛻皮才能繼續生長。而且由於外骨骼從外面包住身體，相對面積就比較大。當節肢動物身體變大時，表面積是按身長的平方增加，猶如穿了一身鎧甲，會變得越來越沉重，因此只有在水中生活的節肢動物（如龍蝦）能夠長得比較大，而在陸地上生活的節肢動物，由於地球重力的因素，一般都比較小。如果把骨骼長在身體內部，相對質量就可以大大減輕，而且還不用蛻皮，這就是脊椎動物。

脊椎動物很可能是從一種非常原始的脊索動物 —— 海鞘演化而來的（圖 4-15）。成體海鞘不運動，附著在海底，用過濾水中食物的方法進食。海鞘的幼蟲卻是能夠游動的，到新的地方附著，再長出海鞘來。海鞘幼蟲的身體像一個蝌蚪，而且尾巴內還出現了一根有一定機械強度的脊索，成為尾部肌肉的附著處，使幼蟲能夠透過擺動尾巴而前進。

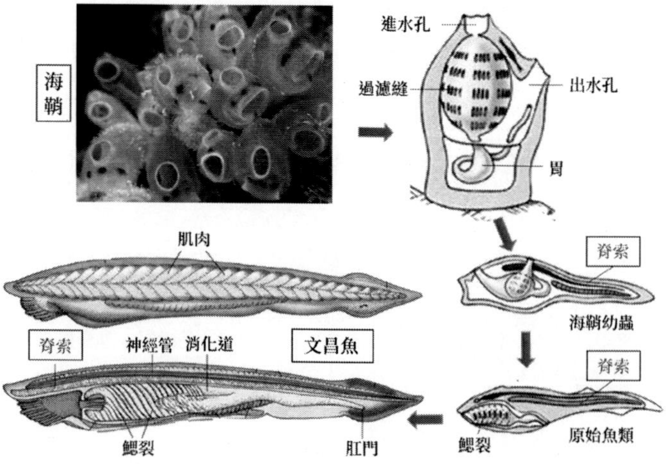

圖 4-15　脊椎動物的誕生

如果這樣的動物一直保持脊索，就會發展成為魚類。最早具有脊索、類似魚的生物叫做皮卡蟲，約 4 公分長，已經在 5.3 億年前滅絕。

大小與結構類似於皮卡蟲，現在仍然生存的脊索動物就是文昌魚。文昌魚的脊索是一根連續的桿狀物，可以彎曲，但不能縮短，這樣文昌魚在游動時身體就不會由於肌肉的收縮而變短（圖 4-15 左下）。

到了前面說過的無頜魚類七鰓鰻，身體變大了，脊索仍然是連續的。到了鯊魚，脊索開始分段，使其在機械強度增大的同時也能靈活地彎曲，脊索就變成脊柱，脊柱中的區段就是脊椎骨，有脊柱的動物也就叫做脊椎動物。鯊魚的脊柱主要由軟骨組成，其成分主要為膠原蛋白，這些魚也被稱為軟骨魚類。軟骨鈣化變硬，就成為硬骨，具有硬骨的魚也變為硬骨魚類，鯉魚和鯽魚就是硬骨魚。

與軟體動物的外殼使用碳酸鈣不同，脊椎動物的骨頭使用磷酸鈣。動物劇烈運動時，會產生大量乳酸，使體內環境變得更酸，而磷酸鈣在偏酸的環境中比碳酸鈣穩定。

脊柱中脊椎骨數量的增多，還使頭部和胸部的距離增大，在它們之間形成頸部，也就是脖子。頸部的出現使動物能夠轉動頭部，在不轉動整個身體的情況下就可以看到各個方向的情形，對動物的覓食更加有利。從一些兩棲動物如蠑螈開始，動物就具有頸部，後來的爬行類、鳥類和哺乳類動物都有頸部。

魚類除了透過擺動身體游泳，還發展出輔助游動的鰭。其中前後兩對鰭後來就變為四足動物的四肢，鰭裡面用於支撐的鰭條也變為四肢裡面的骨頭。肌肉通常成對附著在骨頭上，它們的分別收縮使骨頭向相反的方向運動。

脊椎動物所有這些骨骼都位於體內，是內骨骼。脊椎動物用於肢體運動的肌肉都是橫紋肌，這些肌肉多附著在骨骼上，所以又叫骨骼肌。而內臟的蠕動則使用平滑肌，這些肌肉不附著在骨骼上。橫紋肌可以由動物主動控制，叫做隨意肌，例如，舉手抬腳、彎腰擺頭、咀嚼和吞嚥食物，都可以由動物主動控制。而胃和腸道的蠕動則不受主觀意願控制，叫不隨意肌。

肌肉骨骼系統加上消化系統，已經使動物具備捕食和消化的工具。但是要運動，要捕食，還須發現食物，再根據捕食的需求對肌肉的收縮有精確的控制，使身體能夠接近和獲取食物，獲取食物以後，還要進食，這就需要控制口部肌肉的收縮。也就是說，身體裡面的肌肉不能都在收縮，而只能是在需要的時候才讓與任務有關的肌肉收縮，這就需要控制肌肉收縮的神經系統了。

動物的神經系統

神經系統就是動物收集和處理訊息，然後發出指令的系統，包括控制肌肉收縮。為了收集訊息，動物有各種感受器感知獵物的存在，如獵物的位置和運動情形（視覺）、發出的氣味（嗅覺）、發出的聲音（聽覺）等。這些感受器將訊息傳遞給神經系統，神經系統對這些訊息進行分析，決定需要採取的行動。因此根據功能，神經系統中的神經細胞可以被分為三大類：收集訊息的、分析訊息的以及根據訊息分析的結果發出指令的。關於訊息的收集，在第十二章中還有詳細的介紹。

海綿並不主動發現食物，更不追逐食物，而是用領細胞的鞭毛擺動帶動水流，將食物帶到領細胞附近，再由領毛攔截，加以吞食，所以海綿不需要神經系統，也沒有發展出神經系統。

絲盤蟲能向有食物的方向爬行，因此腹面細胞上的鞭毛必須協同擺動。不過絲盤蟲的身體構造過於簡單，還沒有發展出神經系統，而是用細胞分泌的多肽（由少數胺基酸線性相連組成的分子）來傳遞訊息，協調它們的行動。多肽分子在更複雜的動物體內也被用來傳遞訊息，包括人類（參見第六章第三節和第四節）。

水螅捕食的過程更加複雜，需要感知獵物存在，需要觸手捲曲，將食物送入張開的口中，食物消化後，殘渣還必須排出，由此水螅也發展出了神經系統。在外上皮細胞和中膠層之間、內上皮細胞和中膠層之間都有神經細胞（參見圖 4-12）。有些神經細胞的一部分還伸出身體表面，與周圍環境接觸，是感知訊息的神經細胞（參見第五章圖 5-2 左上）。處理訊息的神經細胞連接成為網狀，同時與上皮細胞接觸，傳遞動作指令，中膠層內部和外部的神經網路分別控制外上皮細胞和內上皮細胞中的肌纖維收縮（圖 4-16）。

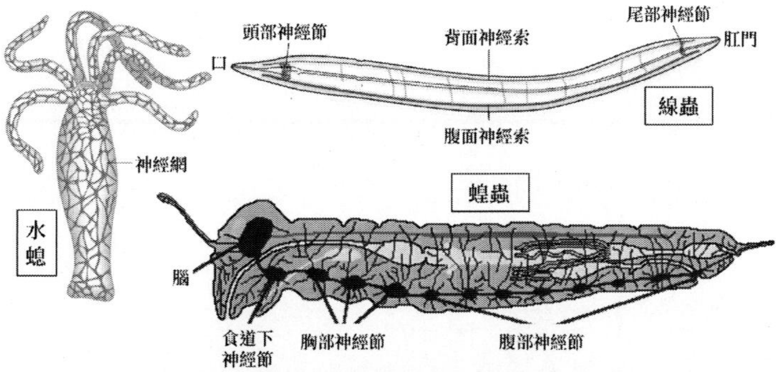

圖 4-16　水螅、線蟲和蝗蟲的神經系統
這些神經系統從網狀發展到神經節再到腦的出現。
水螅有內外兩層神經網，參見圖 4-12。

在觸手上的神經細胞感知食物存在時，會使內上皮細胞和外上皮細胞中的肌纖維協調收縮，使觸手彎曲，將食物送入口內。在食物被消化吸收後，內神經網收到訊息，讓內上皮細胞收縮，消化腔被壓縮，將食物殘渣擠出體外。在水螅感知危險時，外神經網路讓外上皮細胞收縮，使水螅身體變短，縮為球狀，以避免傷害。因此從水螅開始，動物的動作就已經是由神經系統根據收到的訊息控制的。

到了兩側對稱動物，身體更加複雜，要處理的訊息更多，處理訊息的神經細胞數量也增加。捕食細菌的線蟲身體由 959 個細胞組成，其中多達 302 個為神經細胞，說明神經細胞在控制線蟲身體活動中的重要性。在這 302 個神經細胞中，83 個為感覺神經細胞，111 個處理訊息，另外 108 個傳遞神經系統的指令到肌肉細胞。處理訊息的神經細胞在頭部和尾部分別聚集為神經節，中間由神經細胞組成的神經索連接（圖 4-16 右上）。

神經節中神經細胞高度密集，更有利於彼此連接和處理訊息。隨著訊息處理任務的進一步增加，神經節增大合併，變成腦，如軟體動物中的章魚就有腦，昆蟲和脊椎動物也有腦（圖 4-16 右下）。

訊息處理完成後，所做出的決定由傳達任務的神經細胞傳遞到肌肉細胞，開始肌肉的收縮。這是透過肌肉細胞的細胞質中鈣離子濃度的增加而實現的。關於神經細胞的工作原理，參見第六章第四節和圖 6-10。

有由神經系統控制的骨骼肌肉系統來捕食和進食，有完善的消化系統將食物消化，新的問題又產生了。隨著動物身體變大，消化道與各種器官的距離也不斷加大，再靠分子擴散來輸送消化產物已經不夠了，而需要專門輸送營養的系統，這就是動物的循環系統。

動物的循環系統

體型小的簡單動物是不需要循環系統的。海綿和水螅的身體只由兩層細胞組成，內皮細胞透過消化獲得的營養很容易透過擴散到達其他細胞。水母的身體較大，消化腔也隨之變大，而且形狀與鐘形帽類似，因此所有的細胞都離消化腔很近，也可以透過擴散來獲得營養（圖 4-5）。

到了兩側對稱動物，中胚層出現，動物有了內部器官，身體的許多部分也就遠離消化道，難以獲得營養。既然分子在水中的擴散速度很慢，解決這個問題的一個辦法就是攪拌，透過液體本身的流動和混合將物質從濃度高的地方移動到濃度低的地方去。放一勺糖到一杯水中，上層的水在很長的時間後仍然不怎麼甜，就是因為糖分子在水中擴散的速度很慢，但是如果我們攪動水，上層的水很快就甜了。

兩側對稱動物已經有體腔，裡面可以裝液體，這些動物又已經有肌肉細胞，只要在體腔內某個地方有肌肉進行節律性的收縮，就可以產生攪拌液體的作用。

這個方法在節肢動物和許多軟體動物中就被使用了。這些動物的體腔內充滿液體，將各個器官包括腸道，都浸泡在液體中。體腔內還有能節律性收縮的管道，而且管道的兩端是開啟的，液體可以進入管道內。管道收縮時，液體從管道擠出，管道舒張時，液體又進入管道。透過這種方式，液體就持續被攪拌，將腸道吸收的營養輸送到全身去。

管道中的液體既可以看成是血液，也可以看成是細胞之間的液體，相當於脊椎動物中的組織液和淋巴液，因此這樣的液體叫做血淋巴，收縮性管道也發揮心臟的作用。如果管道內出現瓣膜，管道收縮時，液體就只能向一個方向流動，攪拌的效果會更好，這樣發展下去，就會形成真正的心臟。在這個系統中，由於管道是開放的，這樣的循環系統也被稱為開放式循環系統（圖 4-17）。例如在蝗蟲的開放式循環系統中，收縮管透過開口的小管將血淋巴送出，血淋巴再透過管上的小孔流回管內。在蝸牛的開放式循環系統中，血淋巴從收縮管的一端流出，從另一端流回。

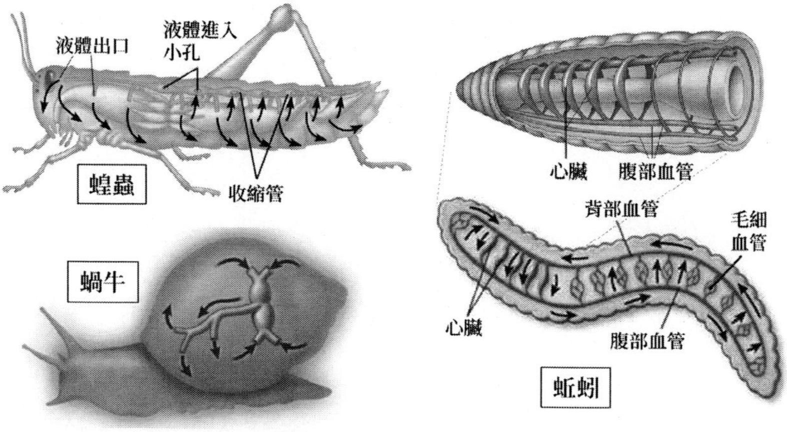

圖 4-17　蝗蟲和蝸牛的開放式循環系統和蚯蚓的封閉式循環系統

在開放式循環系統中，收縮性管道還可以延長和分支，到達各個器官和組織，液體的流向就有更好的控制。如果分支在到達器官和組織後又逐漸匯聚成大的管道，將液體送回心臟，這樣液體就不再進入體腔，而是完全在管道內運行，形成封閉式循環系統（圖 4-17 右），其中收縮性管道演變為心臟，管道分支演變為血管，液體也就被稱為血液。輸出心臟送出的血液的血管叫做動脈，將血液送回心臟的血管叫做靜脈。例如，在蚯蚓的封閉式循環系統中，體側有一排平行的心臟。心臟收縮時，血液被打入腹側的血管內，透過微血管回到背側的血管內，再流回心臟。血管最細的分支叫微血管，在這裡血管與細胞之間有很大的接觸面，可以有效地進行物質交換。同時，血液中的一些液體也滲出血管，直接進入細胞之間，更好地進行物質交換。這些液體再透過管道回到心臟，叫做淋巴液。

在封閉式循環系統中，血管網包圍消化道，獲得消化道吸收的營養，再透過血管輸送到全身，這就比開放式系統透過攪拌血淋巴輸送營養的方式有效，更加適合體型大的動物。環節動物中的蚯蚓，軟體動物中的烏賊和章魚，以及所有的脊椎動物，都使用封閉式循環系統。

循環系統的出現使動物在身體變大的同時，身體的各個部分仍然能夠獲得消化系統吸收的營養。同時，循環系統還可以發揮輸送氧氣到全身、同時排出二氧化碳的作用，導致呼吸系統的出現。

動物的呼吸系統

將消化得到的營養輸送到各個器官的細胞中後，動物還有一個任務，就是充分利用這些營養物質，包括用營養物質（如胺基酸和脂肪酸）來建造自己的身體，以及將其中一些營養物質（如葡萄糖和脂肪酸）氧化來提供能量。後一個過程需要有充分的氧供給，人類停止呼吸幾分鐘就有生命危險，就可以證明這一點。

可是氧氣和食物分子一樣，在水中的擴散速度也是很慢的。氧氣要進入身體各個部分的細胞，也會面臨和腸道吸收的營養物質到達全身細胞同樣的問題。對於簡單的動物如海綿、水螅和水母，身體的兩層細胞都直接與水接觸，水中的氧可以透過擴散進入這些細胞。到了兩側對稱動物，身體變大，身體內部的細胞與外部環境的距離也變遠。除了距離增大，軟體動物的外殼、節肢動物的外骨骼、魚類和蜥蜴身體表面的鱗片、鳥類的羽毛、哺乳動物身體外面帶角質層的皮膚，都會影響氧氣的進入。為了保證身體各處的細胞都能獲得氧氣，發展出呼吸系統，即將氧氣輸送到全身的系統，是非常必要的。

除了氧氣供應外，食物分子的氧化還會產生二氧化碳，需要不斷地被排出體外，否則二氧化碳就會在體內累積，造成致命的後果。

既然循環系統能將腸道吸收的營養物質送到全身，也就能夠將溶解在血淋巴或者血液中的氧輸送到全身，同時收集全身產生的二氧化碳，將其排出體外，需要的只是與外界（水或者空氣）相接觸的表面積，在這些地方，血管密集，外界的氧氣透過擴散進入血淋巴或者血液，血淋巴或血液中的二氧化碳也透過擴散排出體外，這個過程就叫做呼吸。

在水中生活的動物可以利用與水接觸的表面進行呼吸，如貝類動物的外套膜、蝌蚪的皮膚等。不過這樣的表面積比較小，需要有更大表面積的結構，這就是鰓。鰓高度分支，形成片狀或羽狀的結構，極大地增加了與水的接觸面，而且鰓中還密布血管，使水中的氧可以迅速進入血淋巴或者血液，再被輸送到全身，這些液體收集的二氧化碳也可以透過鰓被排出。軟體動物中的蚌類、海螺、烏賊和章魚，節肢動物中的蝦和蟹、脊椎動物中的魚，都用鰓呼吸。

在陸上生活的動物使用肺來呼吸（圖 4-18）。肺透過氣管與外界空氣相通，而且肺像鰓一樣，也用分支、分片或形成凹坑的辦法來增大表面積。蜘蛛和蠍子的肺分片像書的書頁，叫做書肺（圖 4-18 左上），蝸牛使用氣囊，氣囊內有許多凹坑以增大表面積。兩棲動物青蛙在蝌蚪階段用鰓呼吸，長成青蛙後改用肺呼吸，肺裡面也有凹坑和分隔（圖 4-18 上中）。到了爬行動物如蜥蜴，肺內的凹坑更深，分隔更多（圖 4-18 右上）。到哺乳動物，凹坑就變為細小的叫做肺泡的空氣囊，進一步增加氣體交換的面積（圖 4-18 右下）。人皮膚的面積不到 2 平方公尺，而肺泡的總面積高達 75 平方公尺，是皮膚面積的 40 倍。

有了龐大的表面積來交換氣體，動物還面臨一個問題，就是血淋巴或者血液攜帶氧氣的能力。血淋巴和血液主要是由水組成的，而氧在水中的溶解度比較低，如在室溫攝氏 25 度，1 公升水只能溶解 6 毫升氧氣。如果血液中有能結合氧氣的物質，輸送氧氣的能力就可以大大提高了。

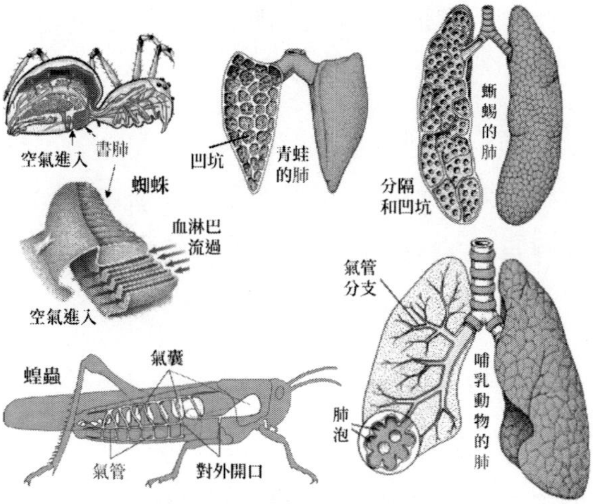

圖 4-18　動物的呼吸器官

血淋巴和血液中有許多蛋白質，但是蛋白質結合氧的能力也不強，然而與蛋白質結合的金屬離子結合氧的能力卻要高得多。動物主要使用兩種金屬離子，一種是結合在蛋白質上的兩個銅離子，另一種是與血紅素結合的鐵離子。

結合有兩個銅離子的蛋白質叫做血藍蛋白 (hemocyanin)，它在不結合氧時無色，結合氧後變為藍色。軟體動物如蝸牛、烏賊、章魚，節肢動物中的蝦、蟹、蜘蛛、蠍子，都使用血藍蛋白。血藍蛋白不存在於血細胞中，而是直接溶解在血淋巴或者血液中。結合有血紅素的蛋白質叫做血紅素。環節動物中的蚯蚓、所有的脊椎動物都使用血紅素。血紅素並不直接溶解在血液中，而是存在於血細胞 (紅血球) 內。

血藍蛋白和血紅素都能夠有效地結合和攜帶氧氣。例如，每公升人的動脈血可以結合約 200 毫升氧，其中 98.5% 的氧都是結合在血紅素上的。有了這些結合氧的蛋白質，循環系統輸送氧的能力就大大提高了。

二氧化碳在水中的溶解度比氧高得多，血液本身就能夠有效地收集和攜帶二氧化碳，並且透過鰓或者肺排出，因此不需要有專門的蛋白質來結合和攜帶它。

有趣的是節肢動物中的昆蟲。昆蟲既沒有鰓，也沒有肺，而是使用氣管系統進行氣體交換 (圖 4-18 左下)。氣管系統在外骨骼上開口，在體內不斷分支，到達身體的每一部分，便於身體裡面的細胞與空氣進行氣體交換。循環系統與呼吸無關，也不含血藍蛋白或者血紅素。

動物的排泄系統

動物不僅要吃食物，還需要把食物中不能消化利用的，甚至有害的物質排泄出去。食物被代謝後，會產生廢物，也需要排出。食物中不能被消化吸收的物質可以透過肛門排出體外；食物中的糖類和脂肪僅由碳、氫、氧三種元素組成，代謝的最終產物只是水和二氧化碳，其中的二氧化碳可以透過呼吸系統排出體外。

然而食物中含氮的化合物如胺基酸、核酸裡面的嘌呤和嘧啶，代謝產物中含有氮，處理起來就比較麻煩。在水生動物中，含氮的廢物以氨的形式排到水中：小的動物如水螅透過直接擴散，大的動物如魚類透過鰓。但是對於在陸上生活的動物，釋放氨到水中這條路走不通，含氮的廢物就變成尿素和尿酸。尿素和尿酸進入血液，無法透過肛門或者呼吸系統排出，必須有另外的途徑。

食物中的有害物質如植物性食物中的生物鹼，在被肝臟解毒以後進入血液，也不能透過肛門或者呼吸系統排出。

食物中含有的無機鹽如鈉離子、鉀離子、氯離子、硫酸根離子等，也會被動物吸收而進入血液。而動物體內這些離子必須保持一定的濃度和比例，多餘的就必須被排出。

由於所有這些廢物都在血液中，陸生動物也就發展出了專門清除血液中廢物的排泄結構，這就是腎管。幾乎所有的兩側對稱動物，包括軟體動物、節肢動物、環節動物、線蟲動物、脊椎動物，都用這個結構來排出血淋巴或血液中的廢物，因此都屬於腎管動物。它們的工作機制差不多，都是用管子收集血淋巴或血液中的廢物，回收能再利用的物質如葡萄糖、胺基酸和一些離子，最後以尿的形式排出體外。

腎管有多種形式（圖 4-19）。在進行開放式循環的低等動物中，腎管用帶纖毛的漏斗狀開口和體腔裡面的相通，纖毛擺動，推動血淋巴，連同裡面的廢物一起進入腎管。在腎管中，還可以利用的物質被重新吸收，鈉離子、鉀離子、氯離子和水則根據需要重新吸收或不吸收，尿素、尿酸和其他不能被再利用的物質則不會被再吸收，這樣腎管裡面的液體就逐漸變成尿，透過腎孔排出體外（圖 4-19 左）。

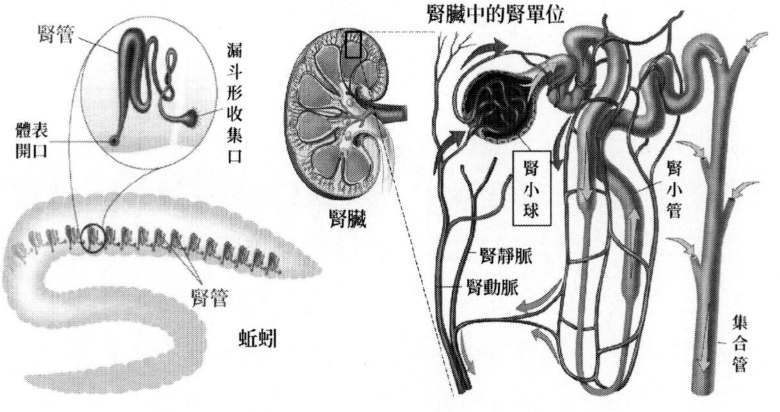

圖 4-19　動物的排泄系統

在循環系統變為封閉式的之後，血液不能再直接進入腎管，於是腎管改為與血管密切接觸以獲取廢物。微血管聚成小球，腎管分支形成腎小管，其終端形成凹陷狀的結構，包住血管小球，這樣形成的結構叫腎小體，大量腎小體聚在一起，就形成腎臟 (圖 4-19 右)。

在腎小體中，流過小球的血液除了血細胞和大分子蛋白質外，都被過濾到腎小管內。腎小管彙集為腎管，同時進行選擇性再吸收，形成尿，尿再透過尿道排出體外。有些動物還形成膀胱，暫時儲存尿。鳥類要飛行，體重越輕越好，因此鳥類沒有膀胱，尿道開口於泄殖腔，和糞便一起排出。

有了以上這些系統，動物的進食、消化、吸收，營養轉運、廢物排泄都有了解決之道，動物也就成為有效的捕食者，即吃的達人。但是要大規模地吃，首先要有東西可吃。能製造食物的真核生物的出現，才導致了動物的大繁榮，這就是進行光合作用的藻類和植物。

第七節
最先進行光合作用的真核生物 —— 藻類

真核生物自己並沒有發展出進行光合作用的機制和結構，所以在其形成後的幾億年間，一直是異養生物。由於真核細胞具有吞食能力，在一次偶然事件中，被吞進的、能夠進行光合作用的藍細菌出於某種原因沒有被消化，而是存活下來，在真核細胞內繼續進行光合作用，從此開創了真核生物進行光合作用的新紀元。這個被吞進的藍細菌，就演變成為真核細胞的一個細胞器，叫做葉綠體 (參見第五章圖 5-14)。

藍細菌是在水中生活的，吞下藍細菌，讓它變為葉綠體的真核生物最初也是水生的，這樣形成的真核生物就叫做藻類。藻類上岸，在陸地上生活，就變成植物。

檢查所有藻類和植物中的葉綠體，發現它們都來自一個共同的祖先，所以都是當初被真核生物吞進、又被保留下來的那個藍細菌的後代。據此推斷，這樣的事件只發生過一次，叫做葉綠體的原初獲得事件。在加拿大北部薩莫塞特島上發現的多細胞的、類似紅藻的化石已經有 12 億年的歷史。在印度中部的溫德楊盆地，17 億年歷史的沉積岩中有許多管狀化石，這些管狀物直徑 10 ～ 35 微米，管內有橫格把管分隔成為長度一致的小區段，類似多細胞的藻類（如水綿，在小溪中隨水流擺動的綠色細絲），所以它們很可能是藻類的化石。這些化石中的藻類已經是多細胞的，說明更原始的、單細胞的藻類形成的時間應該更早。

由直接吞下藍細菌的真核生物發展出來的藻類叫原生藻。同樣是由於真核細胞的吞食能力，原生藻連同它裡面的葉綠體，又可以被其他真核生物吞下，裡面的葉綠體存活下來，繼續進行光合作用，產生次生藻。

原生藻

原生藻是最初吞下藍細菌的真核生物的直系後代，因此是藻類中的「嫡系部隊」，其中的葉綠體是原裝貨，由兩層膜包裹，而且這兩層膜都來自藍細菌。吞進藍細菌時，包裹藍細菌的真核細胞的細胞膜消失，這也許是當初吞進藍細菌的囊泡沒有和溶酶體融合，藍細菌得以存活的原因。由於原生藻同時含有葉綠體和粒線體，因此是一個細胞套兩種細胞，即當初的古菌套進了 α- 變形菌，變為真核細胞（參見第三章第一節），然後又套進了藍細菌。原生藻主要包括灰藻、紅藻和綠藻。

灰藻

在灰藻中，藍細菌保留下來的成分最多，組成藍細菌細胞壁的肽聚糖仍然存在。在吸收光能的色素中，除了保留了藍細菌的葉綠素 a 外，灰藻還保留了藍細菌的輔助色素藻膽素。

灰藻保留肽聚糖和藻膽素的事實說明，被吞進來的藍細菌變化還不夠大，還沒有演變成為真正的葉綠體，只能被稱為藍小體（圖 4-20 左上）。

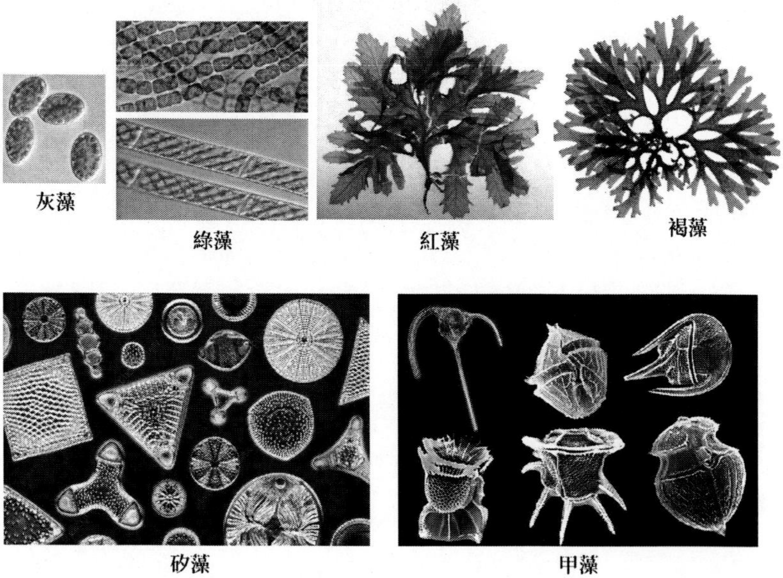

圖 4-20　藻類生物

紅藻

紅藻中的葉綠體不再含有肽聚糖，說明紅藻對藍細菌進行了比較多的改造。但是紅藻仍然保留了藻膽素，可以吸收較多波段的光，以適應

不同水深中的生活 (圖 4-20 上中)。

紅藻的生活範圍非常廣泛，有 7,000 多種，而且多數紅藻已經發展成為多細胞的生物。紅藻大部分生活在海洋中，呈絲狀、片狀和枝狀，形成所謂的海草，我們吃的紫菜就是一種紅藻。紅藻儲存的養分為紅藻澱粉，它和植物中的澱粉一樣，也是由葡萄糖分子聚合而成，但是葡萄糖分子之間的連接方式與澱粉不同。

綠藻

綠藻不再保留藻膽素，主要在淡水中生活，常常附著在水中的石頭和樹枝上。除了保留藍細菌的葉綠素 a 之外，綠藻還發展出了葉綠素 b，以便更好地吸收紅光。由於不再含有藻膽素，又增加了葉綠素 b，綠藻的顏色主要為綠色 (圖 4-20 上左)。

綠藻至少有 22,000 種，可以是單細胞的，如衣藻；也可以是多細胞球狀的，如團藻；可以是絲狀的，如水綿；也可以是分支的，如輪藻。

次生藻

次生藻是原生藻被其他真核生物吞下形成的，即真核生物吞進真核生物，附帶獲得被吞真核生物裡面的葉綠體，使這些真核生物間接獲得進行光合作用的能力。這些葉綠體不是從直接吞進的藍細菌變來的，而是跟著原生藻進來的，因此是二手貨，次生藻也就不是藻類的嫡系部隊，而且多種多樣，是雜牌軍。

次生藻的葉綠體常常被 4 層膜包裹，其中最內的兩層來自藍細菌，第三層是原生藻的細胞膜，而最外層來自吞食原生藻的真核細胞的膜。

在第三層膜和內面的兩層膜之間，有時還有原生藻的細胞核殘留，叫做共生核，說明原生藻的細胞形態還基本保留，也更容易抵抗消化過程，因此吞進原生藻形成次生藻的過程遠比原生藻的形成容易。次生藻主要有褐藻、矽藻和甲藻。

褐藻是主要的海生藻類之一，有 1,500 ～ 2,000 種，全部為多細胞生物，我們食用的海帶就是一種褐藻（圖 4-20 上右）。海帶可以長到 60 公尺長，形成巨大的海底森林，為許多其他生物提供生存環境。

矽藻擁有最多的種類，有 200 多個屬，10 萬多種，多為單細胞，也可以聚集成鏈狀或放射狀（圖 4-20 左下）。矽藻貢獻光合生物所產生的氧氣中的約 40%，其所含的有機物更占海洋中總有機物量的一半，是許多動物的食物。

甲藻的種類也相當多，有超過 2,000 種甲藻在海洋中生活，超過 200 種生活在淡水中。甲藻多數以單細胞的形態生活，有少數聚集為群體（圖 4-20 下右）。甲藻可以在海水中大量繁殖，成為許多動物的食物，死亡後的甲藻沉於海底，對石油的生成發揮重要作用。

藻類中的綠藻上岸，到陸上生活，就變成植物。

第八節　植物的祖先是綠藻中的雙星藻

植物是在陸上生活的、能夠進行光合作用的真核生物。廣泛一些的定義把植物的祖先 —— 綠藻也包括在內，所以植物就是含有原生葉綠體的真核生物。更廣泛的定義把次生藻（如紅藻）也包括進去，意思是含有葉綠體、能夠進行光合作用的真核生物。在本書中，我們採用最嚴格的定義，以與主要是在水中生活的藻類相區別。雖然植物和藻類都是真核生物，都進行光合作用，但由於生活環境不同，它們在生理活動和身體結構上又有極大差異。

比較植物和各種藻類的一些特性，可以知道植物是從綠藻登陸演化而來的。例如，植物和綠藻的細胞壁都由纖維素組成，而紅藻的細胞壁除了纖維素，還含有硫酸化藻膠，褐藻的細胞壁除了纖維素，還含藻膠。植物和綠藻都以澱粉作為儲存的食物，而紅藻儲存紅藻澱粉，褐藻儲存海藻多糖。雖然紅藻澱粉和海藻多糖也是葡萄糖的聚合物，但是其中葡萄糖連接的方式與澱粉不同。

綠藻主要分為兩綱，綠藻綱和輪藻綱。比較植物與這兩類綠藻中葉綠體的基因結構，發現植物與輪藻的共同性比較多，說明輪藻綱中的一些藻類是植物的祖先。

輪藻綱的綠藻又分 6 個目：對鞭毛藻目、綠疊球藻目、克里藻目、輪藻目、鞘毛藻目和雙星藻目。從形態上看，輪藻目的藻類結構較複雜，與植物相近，曾經被認為是植物的祖先，但是在 2014 年，多國科學家合作，比較了植物和這 6 個目綠藻中 842 個基因的序列，發現雙星藻目的基因與植物的基因最相似，因此雙星藻應該是植物的祖先（圖 4-21）。

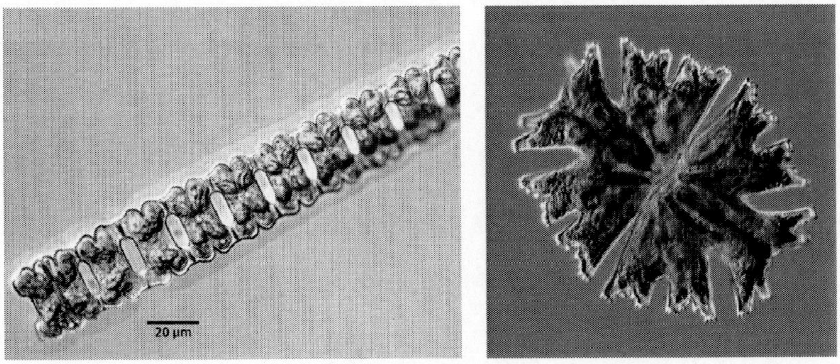

圖 4-21　雙星藻

第九節　植物的演化

植物是綠藻登陸以後形成的，而陸上的環境與水中有極大的不同。植物在地面以上雖然容易獲得陽光以進行光合作用，但是也很容易失水死亡；地面以下倒是有利於保水，但是又不容易獲得陽光，因此進行光合作用的單細胞真核生物很難在陸地上立足。如果變為多細胞的生物，一部分在地面以上以獲得陽光，另一部分在地面以下以獲取水分，在陸上生存的機會就提高了。因此在陸上生活的植物幾乎全是多細胞的。

植物在地上的部分要接受太陽光，最好的辦法是用盡可能少的材料形成盡可能大的受光面積，這就是薄而面積大的葉片。支撐葉片，將其保持在空中的結構就是莖。植物的地上部分由於表面積很大，在風中會受到很大的力，地下部分的一個作用就是將植物固定，不被風吹走，另一個作用是深入土層以吸收水分。滿足這些要求最好的形態就是反覆分支，最後形成細絲樣的結構，這就是根。在結構更複雜的植物中，莖還透過管道溝通葉片和根，把從地下吸收的水分輸送到葉，又把葉製造的營養輸送到不能進行光合作用的根。因此植物最基本的構造葉、莖、根，是圍繞光合作用這個核心任務而發展出來的，與圍繞吃任務的動物身體構造完全不同。

植物對陸地上環境的適應也是逐步實現的。最初的植物結構還不完善，只能生活在離水近、陰暗潮溼的地方，這就是苔蘚植物。輸送水分結構的出現使植物可以在離水遠一些的地方生活，但是繁殖過程還離不開水，這就是蕨類植物。繁殖過程擺脫了對水環境的依賴，種子取代孢子作為傳播方式後，植物就可以向更乾旱的地方發展，這就是種子植物。種子變為果實，利用動物來傳播種子，在陸地上生活的能力就更強，這就是被子植物。

苔蘚植物

苔蘚植物是最先在陸上進行光合作用的真核生物，可以分為苔類植物和蘚類植物 (圖 4-22)。苔類植物有匍匐在地上的、扁平的葉狀結構，可以有數公分大，下面有根狀結構。蘚類植物有細小的葉片長在莖上，下面也有根狀結構。這些根狀結構中沒有輸送水的管道，主要發揮固定的作用，叫做假根。

圖 4-22　苔蘚植物

苔蘚植物雖然已經登陸，但是還沒有完全適應陸上的環境。它們缺乏輸送水的管道，水分和無機鹽仍然要靠身體表面直接吸收。大部分細胞自己進行光合作用，製造養料，所以也沒有輸送有機物的管道，根狀結構透過擴散得到營養。由於這些原因，苔蘚植物都是很矮小的，一般不超過幾公分。

苔蘚植物用於繁殖的精子具有鞭毛，透過身體表面的水膜游到卵子處，所以苔蘚植物的繁殖還不能離開液態水的環境，也只能生活在陰暗潮溼的地方。

苔蘚植物出現在大約 4.7 億年前。在阿根廷發現的化石孢子和現代苔類植物的孢子在構造上很相似，而且孢子壁也含有陸上植物才有的孢子花粉素，說明這些孢子能夠耐受陸上乾燥的環境，而不是水生藻類的孢子。孢子的數量隨著離海岸的距離增大而減少，說明它們是由離海岸近的原始陸生植物產生的。

蕨類植物

蕨類植物在莖的中央有專門輸送水分的管道，由管胞組成（圖 4-23 左）。管胞是細胞死亡後留下的細胞壁圍成的空管，上下相連，以細孔相通，把水分和無機鹽從根部輸送到身體的各個部分去。除了輸送水分，由纖維素和木質素組成的管胞機械強度大，還有支撐作用，組成植物的木質部。有了管胞輸送水分和提供機械支持，蕨類植物就可以長得比苔蘚植物高得多。在泥炭紀時期，蕨類植物曾經高達 20 ～ 30 公尺甚至 40 公尺，形成蕨類植物的森林。

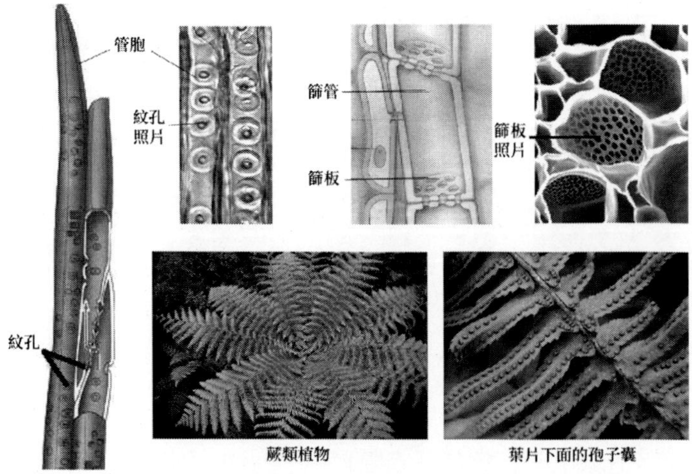

圖 4-23　蕨類植物

植物長高了，葉片製造的有機物還需要輸送到莖和根部去，這是透過包圍在管胞周圍的篩管來完成的（圖 4-23 上右）。篩管是管狀的活細胞，透過它們的兩端彼此相連，相連部分的細胞壁上有孔，方便有機物通過，使這部分細胞壁像篩子，所以這些細胞叫做篩管。篩管的細胞壁中沒有木質素，比較柔軟，由篩管組成的組織叫做韌皮部，與木質部一起合稱維管組織。具有維管組織的植物叫維管植物，以和沒有維管組織的苔蘚植物相區別，所以蕨類植物是最初的維管植物。維管組織也使植物擁有真葉和真根，即具有維管組織的葉和根。

蕨類植物的化石出現在 3.6 億年前的晚期泥盆紀地層中，在苔蘚植物出現在陸地上之後也許還不到 1 億年。

蕨類植物雖然有維管系統，也可以長得更高大，但是精子仍然必須靠身體表面的一層水膜才能游到卵子所在的地方，使蕨類植物在繁殖階段還離不開水環境。如果把精子改為花粉，透過空氣傳播到卵子處，就可以擺脫對水環境的依賴。

蕨類植物和苔蘚植物一樣，卵細胞受精後，分裂變成單細胞的孢子來傳播生命（圖 4-23 下右）。如果將孢子變為多細胞的、含有新植物胚胎的種子，在陸上的生存能力會更強。這兩個變化就要等待種子植物出現了。

種子植物

為了克服苔蘚植物和蕨類植物精子傳播對水膜的依賴，種子植物改用空氣來傳播精子。而要讓一個精子在空氣中存活，到達卵子後還能夠與卵子結合，難度非常高。種子植物採取的方法，是讓精子帶著幾個營養細胞，和精子一起打包，變成花粉，相當於精子還帶著幾個僕從和外衣，在空氣中存活的機率就增高了。到達卵子附近後，花粉還能長出花粉管，將精子護送到卵子處，整個過程就不再需要水環境了。

例如，松樹在進行繁殖時，先長出由多個鱗片組成的圓錐形結構，叫做松果（圖 4-24）。松果其實不是果，而是松樹的繁殖器官。松果分雌、雄兩種，雌松果較大，長在松樹較高的枝上，每個鱗片基部長有胚珠，裡面有卵子；雄松果較小，比較細長，長在松樹靠下的枝上，產生花粉。花粉從雄松果釋出，經空氣到達胚珠，使卵細胞受精。

圖 4-24　種子植物

種子植物的受精卵也分裂產生孢子，但是並不把孢子直接釋放出去，而是讓它們就在母株上萌發並且發育成為帶有新植株雛形的胚胎，附加一些營養，再打包放出，這就是種子，其生存能力和發育成新植株的能力都遠強於孢子。由於一開始種子是裸露的，這些早期的種子植物也叫做裸子植物。裸子植物出現在石炭紀晚期，大約 3.5 億年前，現在大約有 1,000 種。松樹、柏樹、蘇鐵都是裸子植物。

不過比起孢子，種子也有缺點，就是比孢子重得多，不容易被傳播到比較遠的地方。為了解決這個問題，有些植物替種子加上翅膀，使它們更容易被風颳到比較遠的地方，如松樹的種子就是帶翅膀的（圖 4-24 中左）。不過整體而言，裸子植物的種子都傳播不了多遠，因此它們大多就近繁殖，形成森林，如山區大片的松樹林（圖 4-24 左）。

更好的辦法，是讓能夠到處移動的動物來傳播種子，為此植物替種子發展出了包被。包被富於營養，不過這些營養不是為種子自己使用的，而是供動物吃的。動物吃了包被後，也順便將種子傳播到更遠的地方。這種加了包被供動物食用的種子就叫做果實。產生果實的植物也被稱為被子植物。

替種子加包被的過程是在植物的一種新的結構叫做花的內部完成的，多數花既產生花粉，也產生含有卵子的胚珠，還在胚珠外面加上包被，形成子房。卵子受精後，子房就發育成為果實。因此產生果實的植物除了叫被子植物外，還被稱為開花植物（圖 4-24 右）。

被子植物出現在大約 1.3 億年前。由於對陸地上的環境能高度適應，被子植物也就成為陸地上占主導地位的植物，有大約 1.3 萬屬，30 萬種。幾乎所有的農作物都是被子植物。

植物每年將大約 560 億噸碳合成為有機物。海洋中的藻類合成的有機物量與植物相近，含有約 490 億噸碳。這些有機物可以成為許多動物（如草食動物）的食物，而草食動物又是肉食動物的食物，為地球上動物的繁榮提供了物質基礎。

植物和動物又都會死亡，留下大量的有機物，替另一大類真核生物的生存提供了機會，這就是真菌。

第十節　真菌的演化

真菌既不進行光合作用，自己合成有機物，也不像動物那樣依靠吞食有機物來生活，而是消化體外現成的有機物，再加以吸收。這種獲得體外營養的方式和異養的原核生物並無本質區別，但是由於真菌是真核生物，身型比原核生物大得多，成為地球上最大的清道夫。真菌讓死亡的動物和植物迅速消失，為新的生命騰出空間。如果沒有真菌，地球表面恐怕早就被動物和植物的屍體堆滿了。

真菌不僅可以消化已經死亡的動物和植物，也可以侵害活的動物和植物。癬和腳氣就是真菌侵害人類的例子。在植物中，玉米的黑穗病、小麥鏽病、蕃薯軟腐病、月季的黑斑病等，都是由真菌感染造成的。

要消化體外的有機物再加以吸收，最好的辦法就是盡量擴大與有機物的接觸面。除了以單細胞的形式與食物接觸，如酵母菌，真菌還發展出了多細胞的菌絲。菌絲的直徑只有幾微米到十幾微米，也具有龐大的表面積和體積之比，可以有效地透過擴散吸收營養。菌絲透過頂端生長，可以迅速地包圍和穿入有機物，最大限度地獲取營養，因此大多數真菌都採用菌絲的結構。菌絲還可以分支，可以被隔膜分隔為多個細胞，也可以在一段菌絲中含有多個細胞核。

在一個地方的有機物被利用完之後，真菌還必須到新的地方獲得有機物。在距離比較大的情況下，透過菌絲生長就不夠了，必須有新的移動方式，這就是透過真菌的孢子。孢子是單細胞的，非常輕巧，可以隨風傳播到很遠的地方，遇到合適的有機物，孢子又可以萌發成為菌絲，開始新的獲取有機物的過程。放在屋子裡的水果時間長了會長黴，說明真菌的孢子無處不在。

為了最大限度地利用風力來傳播孢子，真菌總是盡可能地把生成孢子的結構伸到空中。例如，使麵包發霉的麵包黴屬於結合菌，菌絲可以在頂端長出孢子囊，像一個大頭針的頭部，裡面的細胞透過有絲分裂形成數千個孢子 (圖 4-25 右)。

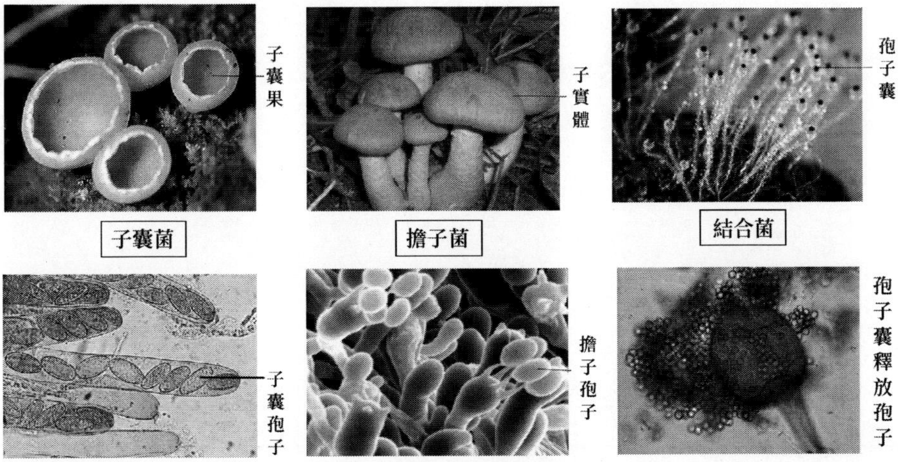

圖 4-25　真菌和它們形成的孢子

另一種方式是形成突出地面的多細胞結構，叫做子實體。子實體在地面以上比較高的地方形成孢子，更利於被風傳播。根據子實體的結構，真菌基本上可以分為子囊菌和擔子菌。

子囊菌的子實體叫子囊果，可以是球形、瓶形、杯形、盤形等，如紅白毛杯菌的子實體就是杯狀的 (圖 4-25 左)。這些結構裡面的菌絲在末端形成子囊，裡面的細胞分裂形成一串孢子，然後分離脫落。

擔子菌的子實體就是我們常見的蘑菇。在要形成孢子時，菌絲聚集，形成蘑菇。蘑菇的傘蓋下有許多片狀結構，在這些結構的表面菌絲長出棒狀凸起，叫做擔子。每個擔子裡面有一對細胞核，在那裡它們彼此融合，經過分裂，形成孢子 (圖 4-25 中)。

現在已知的真菌大約有 15 萬種，實際數量可能要大得多，其中絕大多數生活在陸地上。比較無爭議的真菌化石出現在泥盆紀的早期。在蘇格蘭的萊尼埃村附近有 4.1 億年歷史的碎石層中，有許多生物的化石，其中有真菌菌絲伸入植物組織的情形。

真菌在降解動植物屍體中的作用還可以從歷史事件中觀察到。大約 6,500 萬年前，一顆巨大的隕石撞擊到墨西哥的猶加敦半島，形成直徑 180 公里的隕石坑。撞擊導致地球表面狀況劇烈改變，使大量的動物和植物死亡，並且使恐龍全部消失。與此同時，真菌的數量卻大量上升，說明是動物和植物的大規模死亡為真菌的繁殖提供了條件。

動物、植物、真菌這三大類真核生物，生活方式不同，圍繞生活方式而發展出來的身體構造也不同，使每一種生活方式都可以有效地進行。現在的問題是，這些身體結構是如何形成的？這就是生物演化創造出來的奇蹟。

第五章

多細胞生物身體形成的原理

同一種生物的身體構造都高度相似。例如，同窩的螞蟻，看上去幾乎完全一樣，好像是工廠生產出來的產品；同窩的蜜蜂也彼此高度相似，但是又和螞蟻明顯不同；同一塊田裡的麥子模樣都差不多，但又和旁邊田裡的玉米很不一樣。這種情形很容易使人想到，生物的身體結構是不是也像工廠裡面的產品那樣，按照設計圖生產出來的？如果是這樣，那麼生物身體的設計圖又在哪裡呢？

從第二章第三節可以知道，DNA 是把生物的性狀包括身體結構傳遞給下一代的物質，所以 DNA 一定攜帶有每種生物身體構造的訊息。現在許多生物的全部 DNA 序列（叫做基因組）都已經被測定，按理說我們就可以在裡面發現各種生物身體結構的設計圖了，包括我們人類身體的設計圖。

但是當我們在 DNA 中去尋找我們身體的設計圖時，卻只發現為蛋白質編碼的序列，以及控制基因表達的序列，僅此而已。在人的 DNA 序列中，根本找不到建造兩隻手以及兩條腿的指令，也找不到規定人的每隻手有 5 根手指的訊息。是什麼 DNA 序列規定了舌頭和牙齒長在嘴裡、鼻子有兩個鼻孔、眉毛長在眼睛之上？是什麼 DNA 序列規定我們的心臟有兩個心房、兩個心室、血管分靜脈和動脈？是什麼 DNA 序列能夠決定人有多少根頭髮，長在什麼地方？實際上，所有這些有關身體結構的訊息，在 DNA 的序列中都是找不到的。

從生物結構的複雜程度來看，要直接把這些訊息全部「寫」進 DNA 序列也是不可能的。人只有兩萬多個基因，而人的頭髮就有約 12 萬根。就算一根頭髮位置的訊息只需要一個基因來記錄，那也是遠遠不夠的，更不要提我們的身體裡有 6×105 億個細胞，它們的結構和功能各異，位置不同，要靠區區兩萬多個基因來記錄所有這些訊息，可以說是毫無希望的。這些事實說明，生物身體的「設計圖」和工廠產品的設計圖，工作原理是不一樣的。

工廠生產某種產品時，是分別生產各種零件，再將它們組裝在一起，而幾乎所有多細胞生物的身體（地衣除外，參見第四章第一節），卻都是從受精卵這一個細胞變出來的。由此，我們可以把生物的身體形成歸納為兩個問題：第一，受精卵是如何變出生物體中不同類型的細胞的？第二，這些細胞被變出來之後，又是如何被組裝成為結構複雜的生物體的？ 科學研究的結果已經為這兩個問題提供了答案。

第一節　選擇性的基因表達使同樣的 DNA 產生不同類型的細胞

多細胞生物的身體由不同類型的細胞組成，例如，人體中就有皮膚細胞、肌肉細胞、肝細胞、神經細胞等；植物身體中也有表皮細胞、導管細胞、篩管細胞、葉片中進行光合作用的細胞、根上的根毛細胞等。在多數情況下，這些細胞都是從同一個受精卵分裂產生的，細胞裡面的 DNA 都一樣。這看上去有點奇怪：生物的性狀不是由 DNA 決定的嗎？牛和馬的身體構造不一樣，就是因為牠們的 DNA 不同，所以用牛的 DNA 複製出來的還是牛，不會是馬，身體裡面的細胞既然含有同樣的 DNA，怎麼會成為不同類型的細胞呢？

其實看一下單細胞生物的生活週期，就可以發現同一個細胞可以有不同的形態，儘管 DNA 的序列並沒有發生變化。例如，綠藻中的衣藻就有營養期和分裂期的區別（圖 5-1 左）：在營養期，衣藻新陳代謝旺盛，具有鞭毛，能夠游泳，但是細胞核完整，不能分裂；而分裂期的衣藻新陳代謝速率降低，細胞收縮變圓，鞭毛和細胞核消失，不能游泳，但是能夠分裂。

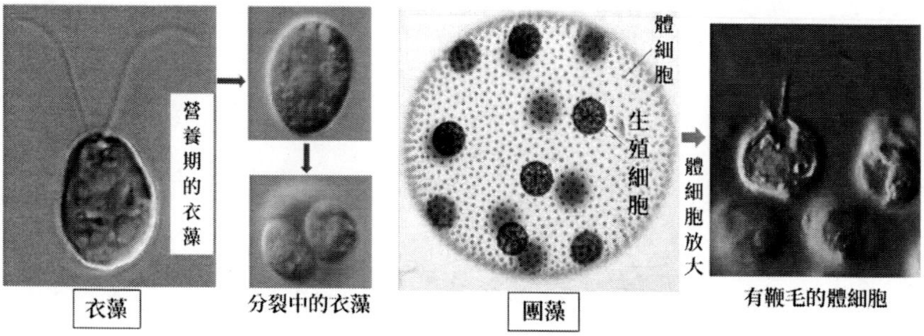

圖 5-1　細胞的不同時期和分工

造成這種現象的原因，是衣藻本來就同時擁有營養期和分裂期所需要的基因，只是在不同時期分別表達這些基因，這樣由同樣的 DNA 就可以產生出不同結構的細胞來了。這就像一個公司有生產各種產品的設計圖，只要選擇性地使用其中某些設計圖，就可以成立專門生產某些產品的分公司。

這個機制也被用來在多細胞生物中形成不同類型的細胞。受精卵除了維持自身的狀態外，不會表達與各種特定細胞功能有關的基因，例如，動物的受精卵就不會表達與肝細胞和肌肉細胞功能有關的基因，植物的受精卵也不會表達與開花有關的基因。受精卵分裂，發育成生物的身體時，向不同功能發展的細胞就開始表達與該功能有關的基因，形成不同類型的細胞。這個過程叫做細胞的分化。分化完成的細胞就是組成身體的細胞，叫做體細胞。受精卵還沒有分化成為身體中各種有特殊功能的細胞，所以是在未分化狀態。

一開始，多細胞生物的細胞類型還不多，例如，由類似衣藻的細胞組成的團藻就只有兩種細胞，外層的細胞有數百個，具有鞭毛，但是不能分裂；內部有數量較少的細胞，沒有鞭毛，但是可以分裂，生成新的團藻（圖 5-1 右）。這相當於把衣藻的營養期結構和分裂期結構固定到兩種細胞上，分別變成體細胞（組成身體的、分化完成的細胞）和生殖細胞（不參與生物平時的生理活動，只負責繁殖的細胞），這就是最早的細胞分化。

但是隨著身體裡面細胞種類的增多，直接從受精卵生成各種類型細胞就很困難了。例如，水螅就有外上皮細胞、內上皮細胞、分泌消化液的腺細胞、用於捕獲獵物的刺細胞、用於感覺和協調肌纖維收縮的神經細胞、進行有性生殖的精子和卵細胞（參見圖 5-2 左上）。一個受精卵，怎麼能夠同時產生這麼多種類型的細胞？這就要透過幹細胞的作用。

第二節
幹細胞在多細胞生物身體發育中的作用

水螅產生各種體細胞的方法，不是一步到位，直接從受精卵變為各種體細胞的，而是分步進行，每次細胞分裂只產生兩種不同類型的細胞，產生的細胞又透過分裂再產生不同類型的細胞，最後形成所有類型的細胞。例如，水螅的受精卵在分裂時，先產生能夠形成上皮細胞的細胞，以及能夠產生所有其他細胞的細胞。前者分裂，產生能夠分別形成外上皮細胞和內上皮細胞的細胞；後者分裂，形成能夠產生刺細胞的細胞，以及能夠產生神經細胞和腺細胞的細胞。能夠產生神經細胞和腺細胞的細胞再分裂，產生神經細胞和腺細胞（圖 5-2 左下）。

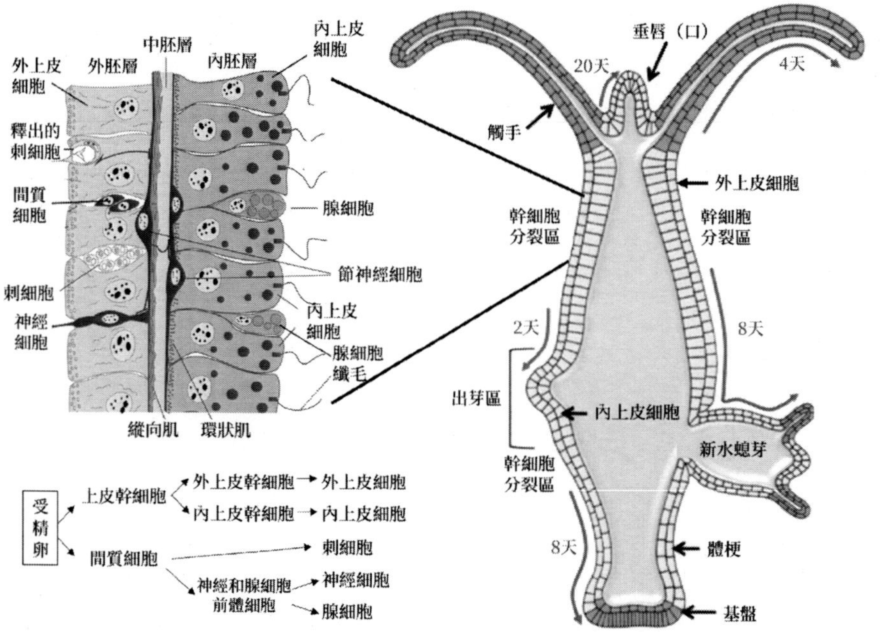

圖 5-2　水螅的細胞分化

這個過程就像大樹分枝，受精卵是主樹幹，主樹幹分出大枝，大枝再分為小枝，最後形成的各個小枝就相當於完全分化的、不同類型的體細胞。尚未完全分化、處於不同分化狀態的細胞相當於從總樹幹到分樹幹的各級分枝，因此被稱為幹細胞，是樹幹細胞的簡稱。除了上面談到的水螅的例子，所有的多細胞生物包括動物、植物和真菌，都用這個途徑來產生身體裡面各種類型的細胞。

例如，人的身體由 200 多種不同類型的細胞組成，顯然不能從受精卵直接生成，而是透過各級幹細胞（圖 5-3）。受精卵能夠發育成為我們身體裡面所有類型的細胞，相當於大樹的主幹，叫做全能幹細胞。全能幹細胞產生的次級幹細胞能夠產生多種體細胞，相當於大樹中還能夠再分枝的大枝，叫做多能幹細胞，如造血幹細胞就能夠生成血液中所有類型的血細胞，包括紅血球和各種白血球。到最後，幹細胞只能生成一種體細胞，相當於是大樹分枝的末端枝，叫做單能幹細胞，如肌肉幹細胞就只能生成肌肉細胞。

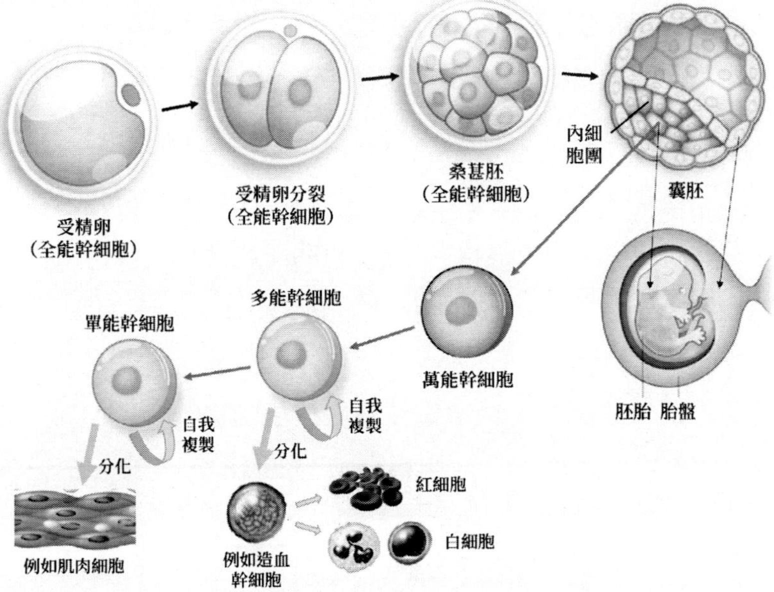

圖 5-3　人類的幹細胞

植物的情形也一樣。受精卵並不直接生成各種植物細胞，也是透過幹細胞這條途徑。受精卵分裂後，形成莖尖分生組織、根尖分生組織和側生分生組織，其中莖尖分生組織形成莖、葉、花裡面的各種細胞，根尖分生組織生成根裡面的各種細胞，而側生分生組織形成輸送水分的導管細胞和輸送養分的篩管細胞。

在生物的身體長成後，幹細胞的任務還沒有結束，還要繼續存在，以替補老化和死亡的體細胞。在多細胞生物中，體細胞的壽命常常比生物的整體壽命短得多，如水螅的體細胞只能活幾天到幾十天。人也是一樣，許多體細胞的壽命也很短。例如，我們皮膚的上皮細胞處在身體的最外面，隨時要受到外界因素的傷害（磨損、紫外線輻射、各種有害物質的侵襲等），所以這些上皮細胞只能活 27 ～ 28 天。血液中的免疫細胞要不斷地和外來的入侵者作戰，壽命也不長，像白血球一般只能活幾天到十幾天。工作條件最惡劣的是小腸絨毛細胞，它們負責從腸道中吸收營養，同時要承受腸蠕動帶來的摩擦，又浸泡在消化液中，還要面對幾百種腸道細菌和它們的代謝產物，所以它們的壽命極短，只能活兩、三天。

按照水桶理論，一個水桶如果是由長短不同的木條拼接成的，這個水桶能夠裝的水的量是由最短的那根木條的高度來決定的，所以如果沒有替補機制，人體的壽命也應該和壽命最短的細胞一樣，因為沒有這些細胞，即使其他細胞還活著，人也不能生存。

為了替補這些細胞，生物會在身體形成的過程中，保留一些幹細胞，在身體長成後繼續存在，不斷替補那些受損和死亡的細胞，叫做成體幹細胞。

例如，水螅身體的中部有形成外上皮細胞和內上皮細胞的幹細胞，它們能持續進行分裂，源源不斷地形成新的外上皮細胞和內上皮細胞（圖 5-2 右）。新形成的這些細胞會推著更早時形成的細胞向身體的兩端前進，向下到達基盤，替換那裡的細胞；向上到達口部和觸手的頂端，更老的細胞則從這些頂端脫落。透過這種方式，水螅的身體和觸手中的細胞就能夠不斷地被更新，水螅的整體壽命也可以達到 4 年以上。

人體也是一樣，在皮膚中、造血的骨髓中、小腸絨毛中，都有一些持續不斷分裂的細胞，它們分別生成新的上皮細胞、血細胞和小腸絨毛細胞，用以替換老的細胞。由於幹細胞的替補作用，人就可以擺脫一些體細胞對壽命的限制，活到百歲左右。

在動物身體中，成體幹細胞的替補作用主要是在細胞層面的。由於這些幹細胞已經不是受精卵那樣的全能幹細胞，它們一般只能替補所在組織的細胞，而不能替換其他組織的細胞，例如，替補小腸絨毛的幹細胞就不能替補肌肉細胞，類似於一個分枝上的幹細胞不能替補另一個分枝上的細胞。幹細胞技術就是要打破這種限制，在體外增加幹細胞的分化能力，如用造血幹細胞分化出神經細胞。

許多植物也保留有成體幹細胞，甚至是全能幹細胞，這樣植物在受到啃食傷害後，還可以長出新的枝葉來，甚至發育成為新的植株，極大地延長了許多植物的壽命。

從受精卵到幹細胞，分裂後形成的兩個細胞通常彼此不同，表達不同的基因，這樣才能使分裂形成的細胞逐漸分化成為各種體細胞，這種情況叫做細胞的不對稱分裂。成體幹細胞在替補體細胞時，也進行不對稱分裂，生成的兩個細胞中，只有一個繼續分裂，並且在分裂的同時進行分化，最後變為成熟的體細胞，另一個則仍然是幹細胞。透過這種方式，幹細胞就能保持自己的真身，而不至於被用完。

同一個細胞分裂形成的兩個細胞，怎麼能夠做到彼此不同呢？這就要依靠細胞的極化，即細胞兩端的組成情況不同。

第三節　細胞的極化導致不對稱分裂

要受精卵分裂時產生的兩個細胞彼此不同，就需要受精卵在分裂前構造就是不對稱的，即在不同的方向上，物質的分布情形不一樣，例如，某些蛋白質只位於細胞的一端，其他蛋白質又只位於細胞的另一端，這樣細胞在分裂時，兩個子細胞就會繼承不同的蛋白質，導致不同的命運。這種物質在細胞中分布不均勻的狀況叫做細胞的極化，類似於地球有北極和南極，大陸在北半球和南半球的分布情形是不一樣的。

但是細胞的極化似乎又是一個比較難以理解的現象。蛋白質在細胞中是可以向各個方向擴散的，細胞膜也是動態的，裡面的磷脂和蛋白質也處於連續不斷的流動和移位之中。這些隨機的過程似乎只能使細胞的結構均勻化，就像糖分子在一杯水中最後會平均分布到水的所有部分一樣，怎麼會出現分子在細胞的各個方向上分布不均的情況呢？但是這種想法只是把細胞單獨看待，沒有考慮細胞周圍的情況。實際上，有好幾種機制可以建立細胞結構的不對稱性。

卵細胞的環境就有可能是不對稱的（圖 5-4 下）。例如，果蠅的卵細胞形成後，在一側有一些營養細胞，它們生成的一些 mRNA 分子從一端進入卵細胞，與微管結合，不能再擴散到卵細胞的其他地方去。卵細胞受精後，這些 mRNA 分子被就地轉譯為蛋白質，也位於受精卵的一端，使受精卵保持不對稱狀態。

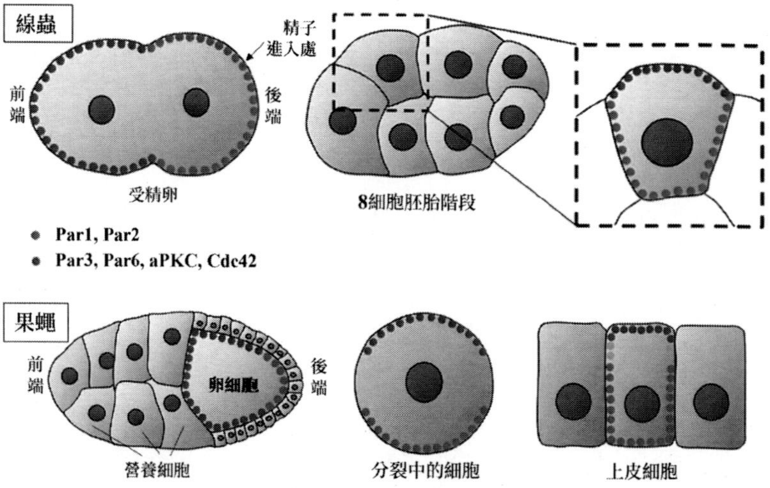

圖 5-4　卵細胞的極化

在受精過程中，由於精子只能從卵細胞的一個位置進入，這個進入點對於卵細胞來說也是不對稱的。例如，線蟲的卵細胞在受精時，精子帶進的中心粒使卵細胞的微管運輸系統的重新定向，導致蛋白質 Par3、Par6、aPKC 和 Cdc42 位於受精卵的頂端（與精子進入點相反的方向），而蛋白質 Par1 和 Par2 則位於受精卵的後端（精子進入的方向）（圖 5-4 上，參見圖 5-9）。

幹細胞通常位於身體的一些微環境中，接收周圍細胞發出的訊號以維持幹細胞的身分。幹細胞分裂後，一個子細胞留在原來的環境中，繼續接收周圍細胞的訊號，保留為幹細胞；而另一個子細胞由於離開了原來的環境，不再接收維持幹細胞身分的訊號，於是分化為其他類型的細胞。

蛋白質之間的協同作用也能使細胞產生和維持極性。如上面說的 Par3、Par6 和 aPKC 這三種蛋白質能夠聚在一起，形成蛋白複合物。每一種蛋白質都能透過這種方式從細胞質中招募其他兩種蛋白質來到細胞頂端，使蛋白複合物能夠穩定地在細胞頂端存在，這就是一種正回饋迴路。Cdc42 能夠與細胞膜連繫，同時結合 Par 複合物中的 Par6，這又是一種正回饋迴路，使受精卵的極性得以維持（參見圖 5-9）。

蛋白複合物之間的拮抗也能導致細胞的極化。例如，上面談到的 Par1 蛋白質是位於受精卵的後端的，如果它進入受精卵的頂端，那裡的 aPKC 就能使它磷酸化。磷酸化後的 Par1 會與細胞質中的 Par5 結合，而不能停留在頂端（參見圖 5-9）。

植物也利用精子進入卵細胞時帶入的成分來建立受精卵的極性，例如，在模型植物擬南芥的卵細胞受精時，精子帶入一種叫 SSP 蛋白的 mRNA。這個 mRNA 指導合成的 SSP 蛋白又透過一種叫做 YODA 的蛋白質影響受精卵的極性。這樣在受精卵分裂時，就會產生兩個不同的細胞，其中較小的頂細胞後來發育為植物的胚胎，而較大的基細胞則發育為胚柄。

除了細胞的不對稱分裂，細胞之間的相互作用也能影響細胞的發展方向。

第四節　細胞之間的相互作用影響細胞命運

一旦受精卵分裂形成多個細胞，這些細胞之間就可以相互作用，從對方獲得訊息，以決定自己的分化方向。這既可以透過細胞之間的直接接觸而實現，也可以透過細胞分泌的訊號分子長程影響周圍細胞的命運。

1914 年，科學家發現了一種果蠅的突變種，在其翅膀的邊沿上有缺口，突變的基因也就被稱為缺口基因，英文名稱為 *Notch*，其產物就是 Notch 蛋白，它就能使相鄰細胞的基因表達狀況變得彼此不同，成為不同類型的細胞 (圖 5-5)。

Notch 蛋白位於細胞膜上，其細胞外的部分能與另一個細胞上的蛋白質結合，接收那個蛋白質的訊息，那個蛋白質也就叫做 Notch 蛋白的配體蛋白。Notch 蛋白與配體蛋白結合後，細胞膜內的一個蛋白酶會把 Notch 蛋白的細胞內部分切下來。這個被切下來的蛋白片段隨後進入細胞核，在那裡影響一些基因的表達，使表達 Notch 蛋白的細胞和表達配體蛋白的細胞基因表達狀況不同，演變成為不同類型的細胞。

除了這種方式，細胞還能夠分泌訊號蛋白質，在細胞之間擴散比較長的距離，影響多個細胞的命運。這兩種訊息傳遞方式相互結合，就可以控制多種細胞類型的形成，一個很好的例子就是昆蟲眼睛的形成。

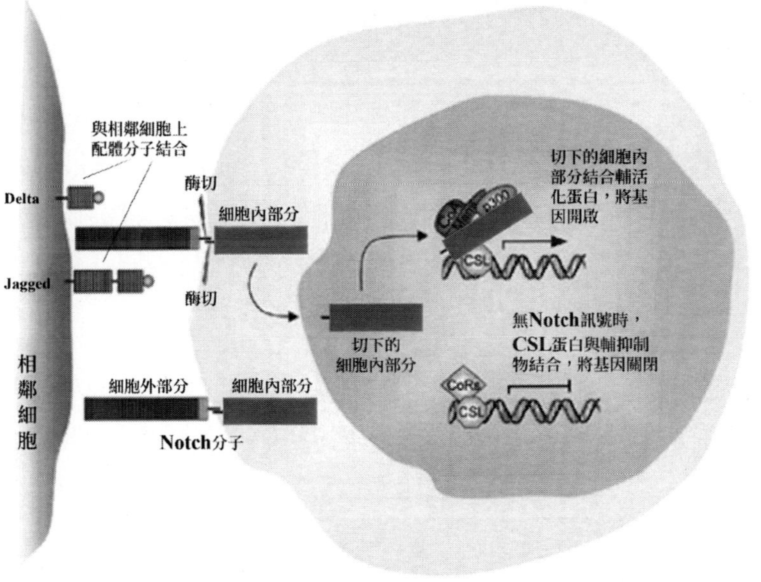

圖 5-5 Notch 蛋白使相鄰細胞變化為不同類型的細胞

昆蟲的眼睛是複眼，整個眼睛由許多小眼組成（參見第十二章第一節和圖 12-8）。每個小眼中有 8 個感光細胞，從 R1 到 R8，這些感光細胞的外面又被用於遮光的色素細胞所包裹。

R8 細胞首先形成，然後分泌一種叫 Spitz（簡稱 Spi）的訊號蛋白，誘導周圍的細胞也變成感光細胞。到所有 8 個感光細胞都形成後，外圍的感光細胞就表達 Notch 的配體蛋白 Delta（簡稱 Dl），Dl 會和相鄰細胞上的Notch分子結合，使它們不再能變為感光細胞，而是變成色素細胞。

感光細胞 R8 就控制了小眼所需的關鍵細胞的形成，相當於一個局部的指揮中心。而整個生物的形成過程，也是由高層到低層的多個指揮中心控制的。

第五節　動物身體形成過程中的指揮中心

昆蟲控制小眼形成的 R8 感光細胞只是一個小的指揮中心，而動物更大的結構也是由更大的指揮中心控制形成的。在受精卵分裂形成的細胞中，會產生一些發揮控制作用的細胞，它們發出指令，控制其他細胞的分化過程，讓它們變為各種結構所需要的細胞，再由這些細胞自動組裝成這些結構。

19 世紀初，德國生物學家漢斯·斯佩曼 (Hans Spemann) 做了一個有趣的實驗。他把蠑螈 (一種體型類似蜥蜴的兩棲動物) 囊胚期的胚胎分割成兩半，如果每一半都含有一個叫原口背唇的部分，每一半就都能發育成一個完整的胚胎，只是比完整囊胚長成的胚胎小一點 (圖 5-6)。如果其中一半不含原口背唇，這一半就不能發育成為正常的胚胎。如果把部分原口背唇轉移到腹面，則會形成兩個頭的胚胎。將鴨胚胎的原口背唇轉移到雞胚胎上，會形成另一個發育對稱軸。這些結果說明，原口背唇部分的細胞具有控制胚胎結構形成的能力。

1918 年，美國科學家羅斯·哈里森 (Ross Harrison) 做了另一個有趣的實驗。他把蠑螈胚胎要長前肢處的細胞團切下來，移植到另一個蠑螈胚胎的兩側，結果在移植細胞團的地方也長出了前肢，表示這些細胞團也能控制前肢的形成。這說明低一層的結構如前肢的形成，也是由指揮中心控制的。

隨後的研究顯示，指揮中心發出的指令，多數是一些蛋白質分子，它們被指揮中心的細胞分泌出來後，透過在細胞之間擴散，到達許多細胞，與這些細胞上的受體 (結合外界訊息分子的蛋白質分子) 結合，受體分子再把訊息傳遞到細胞核內，調控基因的表達，使這些細胞變成所需要的類型。這些蛋白質分子控制身體結構的形成，所以又被稱為成型素，像上一節中感光細胞 R8 分泌的 Spi 蛋白就是一種成型素。成型素的種類不多，但是透過它們之間的配合使用，卻可以控制動物身體中所有類型細胞的形成，並且由這些細胞組裝成為結構。這就像木匠的工具只有斧、錘、鋸、刨、鑿、鑽等幾種，但是透過它們的配合使用，卻可以造出無數種木結構來。

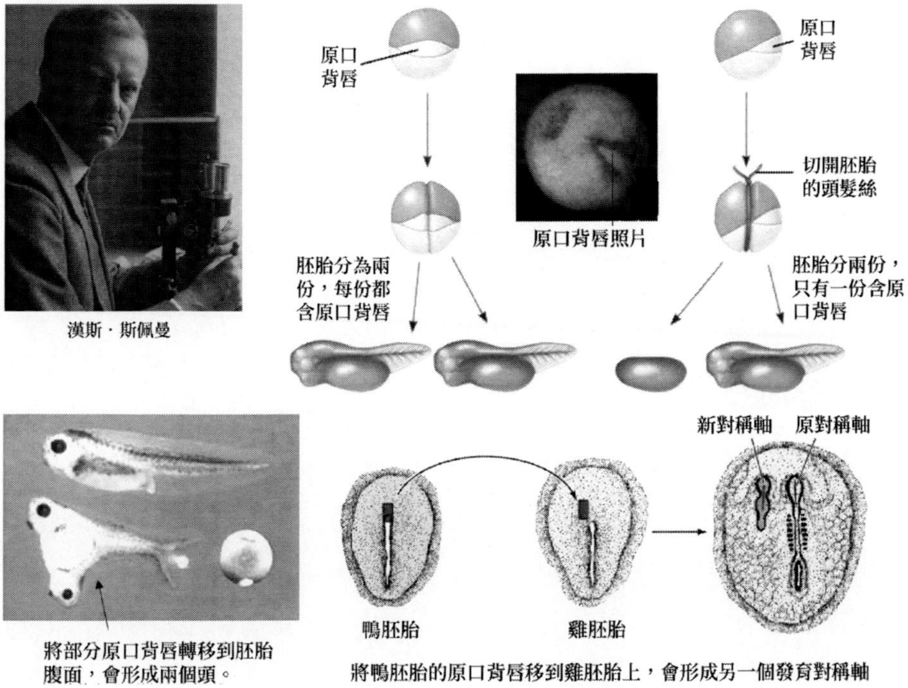

圖 5-6　漢斯．斯佩曼的蠑螈實驗

動物的成型素

動物使用的成型素主要有以下幾種，它們的名稱多是由發現它們的過程而來。

無翅蛋白 (Wnt)

這個蛋白的基因突變，會使發育出來的果蠅沒有翅膀，因此被稱為無翅蛋白 (wingless 與小鼠體內一個致癌基因 intl 為同一基因，兩個名稱合併為 Wnt)，從線蟲、果蠅、斑馬魚、青蛙、小鼠到人類都含有這個基因，在動物胚胎的發育和器官形成中發揮重要作用。Wnt 有多種，用數字表示，如 Wnt1、Wnt2、Wnt3 等。

刺蝟蛋白 (Hh)

這個蛋白的基因突變，會使果蠅的胚胎變得短圓並有密集的剛毛，樣子類似刺蝟，所以叫做刺蝟蛋白 (hedgehog protein，Hh)，在生物胚胎發育和組織器官形成上發揮重要的作用，其中的音刺蝟蛋白 (Shh) 被研究得最詳細。

成纖維細胞生長因子 (FGF)

這種蛋白質促進成纖維細胞的增殖，所以叫做成纖維細胞生長因子 (fibroblast grouth factor，FGF)。在胚胎發育過程中，它們誘導中胚層的發生、前後端結構的形成、肢體發育和神經系統的發育等。它還能夠誘導上皮細胞形成管狀結構，因此在血管生成上發揮重要作用。FGF 有多種，也用數字表示。

骨形態發生蛋白 (BMP)

這種蛋白質能夠誘導新骨的生成，因此叫做骨形態發生蛋白 (bone morphogenetic protein，BMP)，在身體各部分結構的形成中起不可缺少的作用。BMP 有多種，也用數字表示。

控制左右不對稱的蛋白 —— Lefty 和 Nodal

動物的身體的左右兩半不是完全對稱的，例如，人的心臟位於身體的左邊，肝臟位於右邊。肺臟雖然在胸腔的左右兩邊都有，但是肺的葉數不同（右邊三葉，左邊兩葉）。控制動物身體左右兩邊發育情況的分子也是成型素，分別叫做 Lefty 和 Nodal。如果 Lefty 的基因發生突變，動物內臟的左右位置就會發生混亂，而且發育不正常，特別是心臟和肺。

視黃酸（RA）

在成型素中，視黃酸（retinoic acid，RA）是一種非蛋白分子，從節索動物到脊椎動物，都需要它的誘導來形成身體中的組織和器官，如動物四肢的形成。用化學藥物阻斷動物合成視黃酸，就沒有四肢形成。相反，把蝌蚪的尾巴切斷，再浸泡在含有視黃酸的溶液中，在斷處就會長出許多隻腳來。

下面我們用小鼠前肢的形成過程為例，說明成型素是如何指導動物結構形成的。

小鼠四肢的形成

小鼠前肢的構造和人上肢的構造非常相似，都有三根方向軸（圖 5-7）。第一根方向軸是近端－遠端軸，它定義前肢各部分與軀幹之間的相對位置。離軀幹最近的為近端，是上臂的位置，離軀幹最遠的為遠端，是腳趾的位置，中間是前臂的位置。前肢的結構在這根軸上是不對稱的，例如，上臂只有一根骨頭，相當於人類的肱骨，中段（前臂）有兩根骨頭，相當於人類的尺骨和橈骨，掌段則有掌骨和 5 根趾頭的趾骨（圖

5-7 右下)。第二根方向軸是前－後軸 (圖 5-7 左上)。小鼠頭的方向為前，尾的方向為後。上肢結構在這條軸線上的結構也是不對稱的，例如，5 根腳趾 (相當於人的拇指、食指、中指、無名指、小指) 在前後軸方向上就不對稱，拇指就不是小指的鏡面結構 (假設以中指為對稱軸)。第三根方向軸是背－腹軸，相當於人的手心和手背，它們的皮膚結構是不一樣的，手心無毛，而手背有毛 (圖 5-7 左下)。要成功地發育成一隻完美的上肢，必須在這三個方向軸上都有指揮中心，用成型素分子告訴細胞它們在這三個方向上的位置，從而控制它們形成相應的結構，相當於定義一點在空間中的位置需要 *X*、*Y*、*Z* 三根彼此垂直的軸。

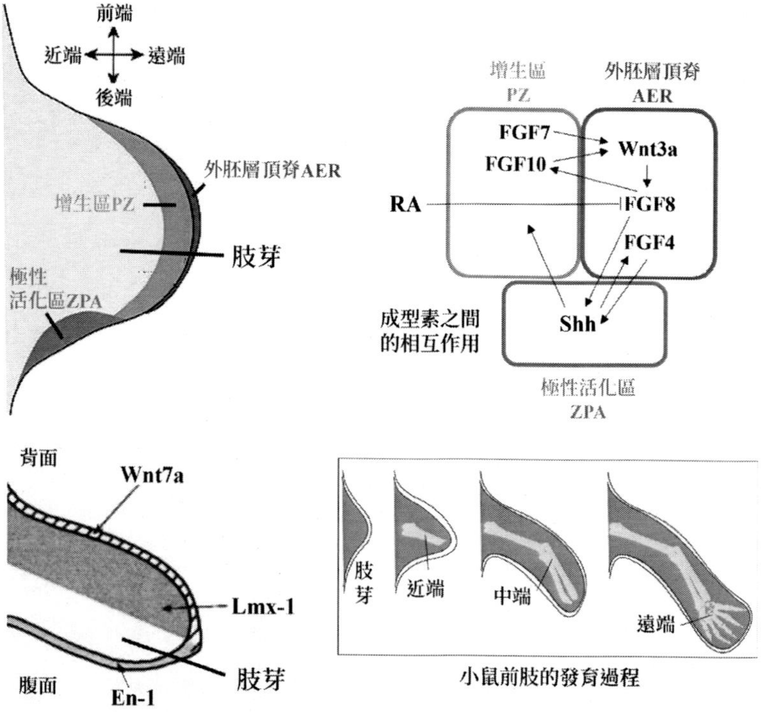

圖 5-7　小鼠前肢發育過程中的指揮中心和成型素

小鼠的前肢是從胚胎上的一個叫做肢芽的凸起結構開始的。控制近端－遠端軸的指揮中心在肢芽的頂端，叫做外胚層頂脊，它對前肢體的發育非常重要。除去外胚層頂脊，前肢的發育就停止，而且除去外胚層頂脊的時間越早，則前肢缺失的程度越大，例如，只形成近段，而其他兩部分（中段和掌段）缺失，說明外胚層頂脊發出的訊號對前肢三個區段的形成都是必要的。

外胚層頂脊中的細胞分泌 FGF8。FGF8 擴散回外胚層頂脊下面大約 200 微米範圍內的細胞之間，讓這些細胞快速增生，形成一個增生區。增生區的細胞都按近－遠端方向排列，使肢芽在近端－遠端方向上延長，同時在增生區內分泌 FGF10。FGF10 反過來活化外胚層頂脊中的 Wnt3a，Wnt3a 又誘導 FGF8 的分泌，形成一個正回饋循環（圖 5-7 上右）。

如果把早期增生區的細胞移植到發育較晚期的肢芽上，就會在已經形成的結構上重複形成同樣的結構，如在已經形成的橈骨和尺骨的遠端再形成另一套橈骨和尺骨。但是如果把較晚期的增生區細胞移植到較早的肢芽中，則會造成中間結構的缺失，如橈骨和尺骨缺失，趾頭直接連在肱骨上。這說明在肢體發育過程的不同階段中，增生區的細胞能形成不同的結構，而且一旦增生區的細胞確定了自己的前途，即使換一個地方，也會長出同樣的結構。

控制肢體前後軸方向發育的，是位於肢芽後端（相當於人的下端）部位的一團細胞，叫做極性活化區。它分泌 Shh 作為擴散性的訊號分子，在肢芽中形成從後到前、濃度不斷降低的濃度梯度，控制上肢沿前－後軸結構的形成。

將一部分極性活化區移植到肢芽的前端，就會使肢芽有兩個前－後軸方向的極性活化區。它們同時從前端和後端發出訊號，結果就會形成以近端－遠端軸為對稱軸的鏡面結構，例如，在掌段，從前端到後端，會在同一個掌段依次形成第 4、3、2、2、3、4 趾，原本離極性活化區最遠，因而接收到最低 Shh 濃度的第 1 趾消失，第 5 趾也消失。

控制掌段背－腹軸分化的蛋白質是 Wnt7a，它表達於背面外胚層的細胞中（圖 5-7 左下）。Wnt7a 從這些細胞分泌出來以後，擴散到背面的細胞之間，誘導這些細胞合成轉錄因子 Lmx1，讓肢芽發展出背面的結構。敲除 *Lmx1* 基因會使小鼠掌段的背面變成腹面，這樣掌段的兩面都會長出腹面的皮膚，相當於人的手兩面都是手心。另一個蛋白質 En-1 表達在肢芽腹面的外胚層細胞中，它能夠抑制 Wnt7a 的作用，使背面結構不能在腹面發展，使腹面結構得以形成。

當然這只是一個粗略的介紹，實際的情形要複雜得多，但是使用的原理是一樣的：指揮中心透過訊號分子影響周圍細胞的命運，這些訊號分子還彼此相互作用，將作用範圍控制在所需要的區域內，導致形成動物器官所需的所有細胞產生。

下一個問題是，在有了這些細胞後，結構又是如何形成的？這就和動物細胞之間的黏合和細胞的變形有關。

第六節　鈣黏蛋白使動物細胞黏附在一起

要讓動物的細胞形成各種結構，首先必須使這些細胞黏合在一起，鈣黏蛋白就有這樣的作用（圖 5-8）。之所以叫鈣黏蛋白是因為這種蛋白只有在鈣離子存在下才能產生黏附作用。

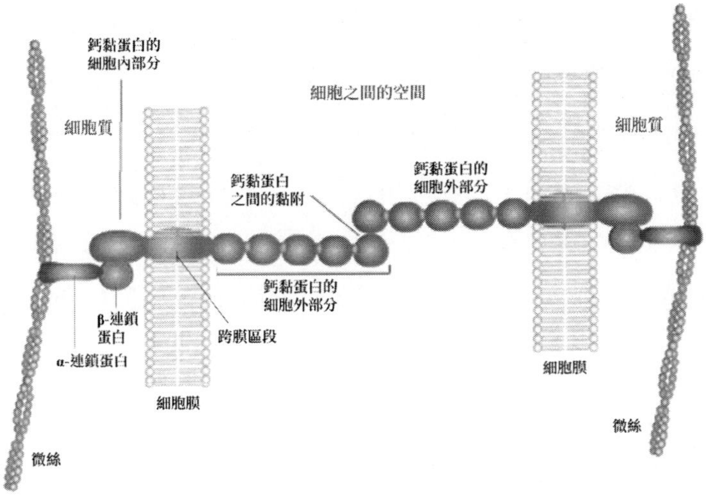

圖 5-8　鈣黏蛋白彼此結合，將細胞黏合在一起

鈣黏蛋白是一個膜蛋白，有一個跨膜區段，即穿過細胞膜的區段，同時還有細胞膜外的部分和細胞內的部分。鈣黏蛋白有一個特殊的性質，就是它在細胞外的部分可以與另一個細胞上鈣黏蛋白的細胞外部分結合，這樣表達鈣黏蛋白的細胞就可以透過這種蛋白彼此黏合在一起。鈣黏蛋白在細胞內的部分還透過兩種連鎖蛋白與細胞裡面的肌纖蛋白微絲相連，這樣就不僅把結合力施加於細胞膜上，而且還把力延伸到細胞內的骨架上，把細胞牢牢地拴在一起。

鈣黏蛋白的歷史非常久遠，在動物的祖先領鞭毛蟲中就已經出現了(參見第四章第二節)，領鞭毛蟲已經可以透過它聚成鏈狀或星狀 (參見圖 4-2)。這種鈣黏蛋白後來被多細胞生物繼承，如水螅和絲盤蟲就已經使用鈣黏蛋白將細胞黏附在一起。

經過長期的演化，動物已經有多種鈣黏蛋白，由原來的鈣黏蛋白基因複製和變化而成。不同類型的細胞表達不同的鈣黏蛋白，如上皮細胞表達 E- 鈣黏蛋白 (E 表示上皮)，神經細胞表達 N- 鈣黏蛋白 (N- 表示神經)，胎盤細胞表達 P- 鈣黏蛋白 (P 表示胎盤)，腎臟細胞表達 K- 鈣黏蛋白 (K 表示腎)，維管上皮細胞表達 VE- 鈣黏蛋白 (VE- 表示維管)，視網膜細胞表達 R- 鈣黏蛋白 (R 表示視網膜) 等等。

新發展出來的鈣黏蛋白也保持了原來的鈣黏蛋白的特性，即只有同種的鈣黏蛋白才能彼此結合。這樣，E- 鈣黏蛋白就只和 E- 鈣黏蛋白結合，而不和 N- 鈣黏蛋白結合。反過來，N- 鈣黏蛋白也只和 N- 鈣黏蛋白結合，而不和 E- 鈣黏蛋白結合。這樣，表達 E- 鈣黏蛋白的上皮細胞就不會和表達 N- 鈣黏蛋白的神經細胞結合。如果把表達不同鈣黏蛋白的細胞混合在一起，它們就會按照細胞表面鈣黏蛋白的類型自動分類，同種細胞彼此結合在一起。

隨著動物身體複雜性和細胞種類的增加，鈣黏蛋白的種類也不斷增多。例如，無脊椎動物總共有不到 20 種鈣黏蛋白，而脊椎動物的鈣黏蛋白總數超過 100 種，光是人類就有 80 多種鈣黏蛋白，成為人體各種組織中細胞自動分類聚集的基礎。

鈣黏蛋白雖然能夠使細胞分類聚集，但是這樣的聚集只能形成各種實心的細胞團，而不能形成片和管的結構。而在片和管中，細胞在各個方向上的連接情形是不同的，這個時候細胞的極性就派上用場了。

第七節　片狀結構和管、腔的形成

如果細胞只在側面表達鈣黏蛋白，而上面和下面 (分別稱為頂面和底面) 不表達，細胞就能夠連成片狀，而不再聚集成球狀，因為頂面和底面的細胞膜無法彼此黏合 (圖 5-9)。如果底面的細胞膜上再有和細胞外的物質 (叫做基質) 結合的分子，片狀結構中的細胞也都和透過底面和基質結合，這樣頂面就成為唯一能夠和外部空間接觸的細胞面。生物體的上皮就是這樣形成的，這種片狀結構裡面的細胞也被稱為上皮細胞。動物的皮膚、氣管和消化道的內壁等，都是由上皮細胞組成的。

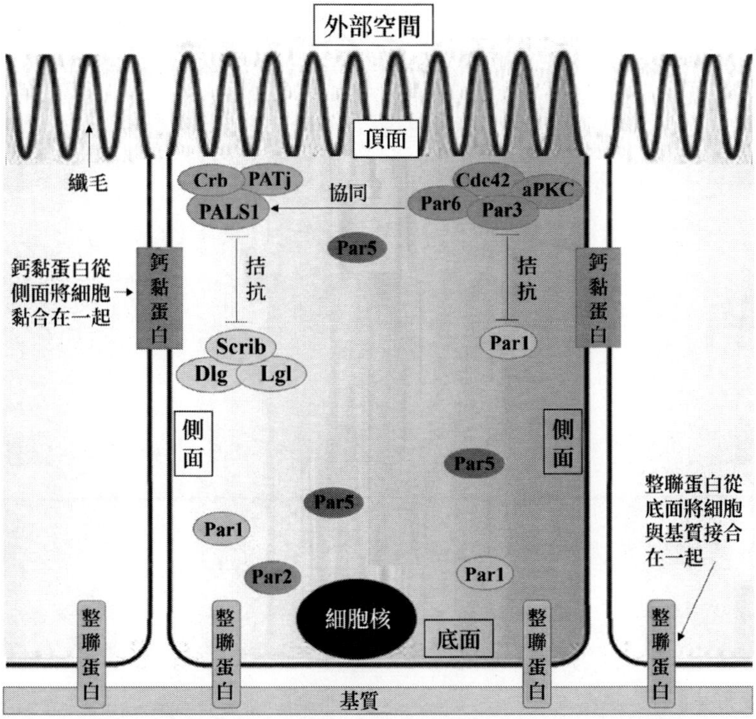

圖 5-9　上皮的形成
極化的蛋白複合物使細胞具有極性。鈣黏蛋白只在側面將細胞黏合，整聯蛋白在底面將細胞與基質結合，形成片狀的上皮。

在動物的上皮細胞中，前面談到過的 Cdc42 蛋白和 Par3/Par6/aPKC 蛋白複合物位於細胞的頂面，同時在頂面的還有 Crb-PALS1-PATj 蛋白複合物，這些蛋白複合物相互作用，形成更強的正回饋迴路。在細胞的側面有 Scrib-Dlg-Lgl 蛋白複合物，它和位於頂面的蛋白複合物有拮抗關係，能夠阻止對方出現在自己的範圍內，使上皮細胞的極性更加穩定，並且使鈣黏蛋白只在細胞的側面表達。

但是動物不只需要片狀結構，還需要管狀結構，而且管還要分支，如血管和氣管就是分支的管狀結構。這時只靠細胞的極化就已經不夠了，還需要細胞變形，而這又是真核細胞才擁有的微絲－肌球蛋白系統的作用（參見第三章第五節）。

使片狀結構變形的機制在絲盤蟲中就已經出現了。絲盤蟲下層細胞的頂端（與外界接觸的一端）有微絲和肌動蛋白。當遇到食物顆粒時，相反方向的微絲會由於肌動蛋白的作用而相對移動，帶著細胞頂端收縮，面積變小，這樣絲盤蟲片狀的身體就會凹進，形成包圍食物顆粒的腔（參見第四章第三節和圖 4-4）。如果這樣的過程繼續，腔變得更深，就可以形成管狀結構。

同樣的原理也可以使上皮凹進形成管狀結構。細胞的頂端透過微絲－肌動蛋白系統的作用而收縮時，細胞也會變尖，在上皮的一側產生拉力，使原來是平面的結構捲曲凹進。凹進足夠深時，就能形成管狀結構（圖 5-10 左）。

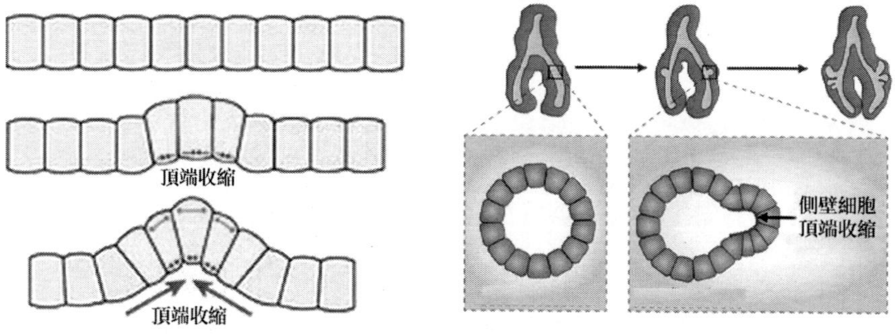

圖 5-10　上皮細胞頂端收縮形成管和分支

如果在管上的一些特定部位，上皮細胞的頂端再收縮，就可以在管上形成凸起，凸起加長，又形成管，這就是管的分支（圖 5-10 右），例如，氣管就這樣分為支氣管，支氣管再不斷分支，最後形成肺泡；血管也可以這樣分支，最後形成微血管。所以透過細胞的側面黏附和頂端收縮，就可以形成面、片、腔、管等結構。

並不是身體裡面所有的細胞都是上皮細胞。身體裡面還有另外一類細胞，它們沒有明顯的極性，彼此之間並不緊密結合，如血細胞、脂肪細胞、骨細胞、軟骨細胞、神經系統中的神經細胞和膠質細胞等。這些細胞來自一類沒有或很少極性、可以移動位置的細胞，叫做間質細胞。在動物胚胎的發育過程中，除了形成不移動的上皮細胞外，還常常需要能夠移動位置的細胞，到新的地方形成組織和器官，在動物胚胎發育中發揮重要作用。例如，神經脊細胞就是可以移動的細胞，它們由胚胎的神經外胚層產生，移動到身體各處，形成神經細胞、膠質細胞、頭面部的軟骨細胞和骨細胞以及平滑肌細胞等。

在胚胎發育過程中，間質細胞和上皮細胞之間還可以相互轉化，在器官的形成過程中也發揮重要作用。如組成腎臟的腎小球中的上皮細胞就是由生腎間質細胞轉化而來的。

第八節
細胞的計畫性死亡「雕刻」出動物結構

動物從受精卵發育成身體時，不僅要增加細胞的種類和數量，而且還要去除那些在發育過程中暫時需要、隨後又必須消失的細胞。這個過程是動物用程序主動控制的，叫做計畫性細胞死亡，和細胞受到急性損傷，被動死亡的情形不同，後者被稱為細胞壞死。

細胞壞死時，細胞膜破裂，細胞的內容物包括各種水解酶，都被釋放到周圍的環境中，對其他細胞造成傷害，同時引起炎症反應。我們的皮膚被割傷或刺傷時，就會有大量的細胞受到急性損傷而壞死，造成傷口處紅腫疼痛（圖 5-11 下）。與此相反，細胞計畫性死亡時，細胞膜並不破裂，DNA 斷裂，細胞核分裂成數塊，每一塊都有膜包裹，細胞皺縮，分裂為若干由膜包裹的小囊，這樣在細胞解體時，細胞的內容物就不會被釋放到周圍的環境中產生炎症反應。這些由膜包裹的小囊泡也很快被周圍的細胞吞食，消失於無形，所以對身體不會造成不利的影響（圖 5-11 上）。在我們的身體裡面，每天都有 500 億～ 700 億老化或受損的細胞，也就是大約身體千分之一的細胞，透過計畫性死亡而消失，我們也沒有任何感覺。

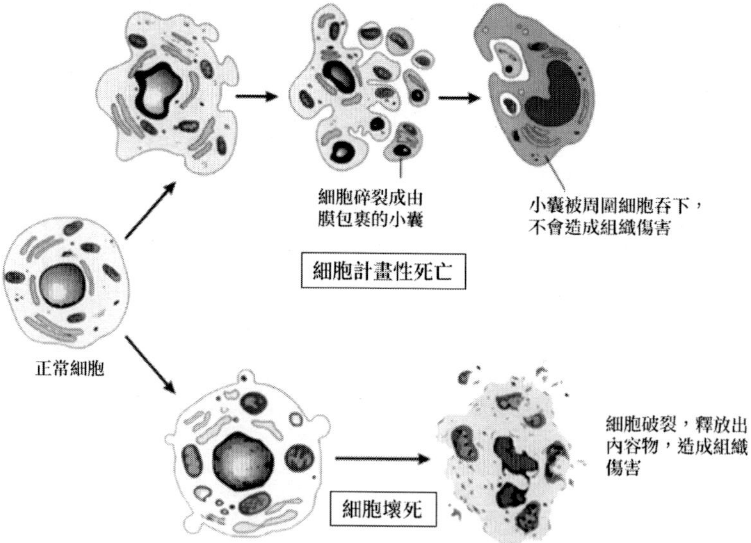

圖 5-11　細胞的計畫性死亡和細胞壞死

細胞的計畫性死亡在動物身體結構形成中也發揮必不可少的作用，猶如雕刻師的雕刻刀，可以剔除那些不再需要的細胞，形成所需要的結構。

例如，青蛙在發育過程中，要經過蝌蚪的階段，這個時候蝌蚪有用於游泳的尾巴。在蝌蚪變青蛙的過程中，四肢長出，尾巴卻需要消失，這些尾巴上的細胞就透過計畫性死亡而自我消失。許多昆蟲如蝴蝶和蒼蠅，在發育過程中都要經過幼體階段（如蝴蝶的毛毛蟲），這個時候昆蟲是沒有觸鬚和翅膀的。而從幼蟲變成蟲時，幼蟲身體裡面的大部分細胞都要消失，而從其中的小部分細胞中長出頭、胸、腹、觸鬚、翅膀以及六條腿。這些需要消失的細胞也是透過計畫性死亡而被去掉的。

人的手和腳在發育時，先是長出一個小圓瓣，手指和腳趾還沒有彼此分開。小圓瓣長大時，預定要發育成手指和腳趾部分之間的細胞逐漸消失，手指和腳趾才得以形成。身體中的一些空洞，如耳道和內耳，也是細胞死亡「雕刻」出來的。老鼠剛出生時，上下眼皮是連在一起的，是結合處的細胞計畫性死亡後，老鼠的眼睛才能睜開。

這些例子說明，細胞計畫性死亡是動物身體發育中的正常過程。細胞增殖和細胞計畫性死亡互相配合，才是形成動物身體結構的最佳途徑。

第九節　重力對動物身體結構的影響

影響動物身體結構的，除了生理功能，還有一個重要的因素，就是重力。在水中生活的動物由於有水的浮力，對支撐的要求不高，但是對於在陸上生活的動物，支撐就是絕對必要的，否則動物的身體就會塌到地上，成為一攤。由於重力和支撐都是上下方向的，所以地球上動物的身體可以是水平方向上的輻射對稱或者兩側對稱，但是絕不可能是上下對稱。

動物身體變小時，需要的支撐力會迅速減少，所以構造和身體大的動物是不一樣的，例如，蜘蛛和螞蟻用很細的腿就能夠支撐身體，而大象就需要有很粗的腿才行。這是由於一個簡單的幾何原理，即物體的尺寸變化時，長度呈線性變化，面積按平方變化，而體積按立方變化。同樣形狀的物體，長度減小到 1/10 時，面積會減小到 1/100，而體積會減小到 1/1000。同樣形狀的物體，小的就比大的要輕得多。假設人的身長為 160 公分，螞蟻的身長為 6.4 公釐，螞蟻的身長是人的 1/250。再假設螞蟻的身體結構和人一樣，其體重就只會是人體重的 1/15,625,000 (1/250 的三次方)。

動物用於運動的肌肉構造都基本相同，單位橫切面積的肌肉產生的拉力也基本相同。但是由於螞蟻的身體小得多，相對質量也輕得多，螞蟻就可以搬動比自己身體重 100 倍的物體，而人最多能夠舉起比自己重幾倍的物體。由於人四肢的相對粗度比螞蟻大得多，如果把人按比例縮小到螞蟻那麼大，人會變成比螞蟻力量更大的超級大力士，能夠輕易地舉起比自己身體重 1,000 倍的物體！反過來，如果把螞蟻放大到人這麼大，由於螞蟻頭和身體的比例比人大得多，頭就會重得抬不起來 (圖 5-12)。

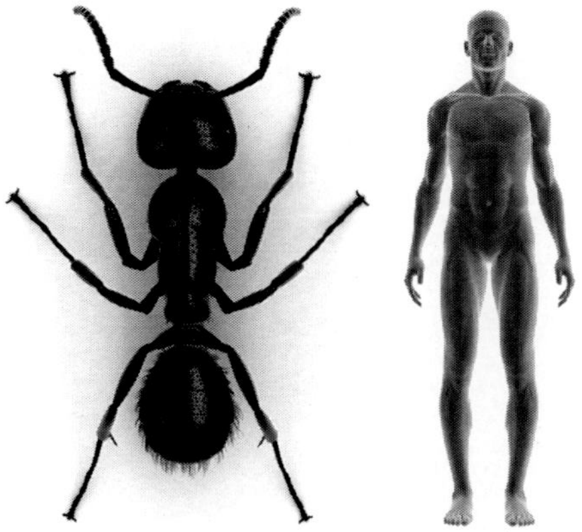

圖 5-12　螞蟻和人身體比例圖

在第二章第十一節中，我們談到細胞的大小是微米級的，也是出於同一個幾何原理。細胞越小，單位體積分到的表面積就越大，就更能夠滿足細胞與外界交換物質的需求。

其實不僅是對生物，這個幾何原理對許多事物都有深遠的影響。例如，灰塵是我們生活中的麻煩，不僅我們需要經常做清潔，擦去家具上的灰塵，PM2.5 還會深入肺部，影響我們身體的健康。這些灰塵顆粒能夠隨風飄揚，好像很輕，其實每粒灰塵都比同體積的空氣重得多。一個大氣壓下空氣的密度是 1.21 ～ 1.25 公斤／立方公尺，也就是 1.21 ～ 1.25 毫克／立方公分，而一般灰塵的密度都在 2 ～ 3 克／立方公分，從衣服上脫落下來的棉纖維也有 1.5 克／立方公分，都比同體積的空氣重 1,000 倍以上。之所以它們能夠飄浮在空中，就是因為它們的尺寸很小，表面積和體積的比例變得很大，所以空氣流過時產生的摩擦力就足以把它們帶到空中。

物體小到一定程度就可以在空氣裡飛起來，如果大到一定程度呢？那就會逐漸變成球形（圖 5-13），就像地球（平均半徑 6,364 公里）和月球（平均半徑 1,737 公里）都是球形。這個球不是誰做出來的，而是簡單幾何關係的後果，因為當物體大到一定程度時，體積（和質量成正比）和表面積的比例變得極大，單位表面積所受的重力也會變得非常大，而岩石的強度並不變化，所以任何過高的凸起都會自己坍塌下來，如地球上就只能有幾公里高的山，而不可能有幾十公里高的山。對於比較小的行星，幾十公里高的凸起就是可能的，如小行星愛神星（Eros），雖然重達 7×10^{12} 噸，形狀還是不規則的（13 公里 ×13 公里 ×33 公里）。而穀神星（Ceres）是太陽系內已知的最大的小行星，平均半徑 471 公里，重 9×10^{17} 噸，形狀就已經非常接近球形。

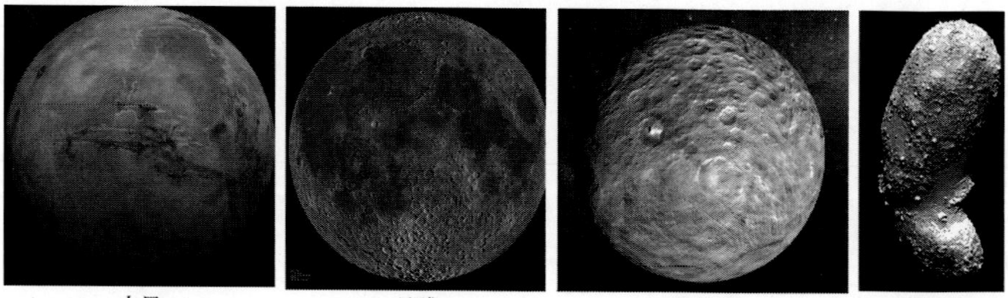

圖 5-13　不同尺寸的星球表面比較

為了比較星球表面的特點，這些星球被調節到相似的大小。
隨著星球半徑的減少，星球表面越來越粗糙，最後失去球形。

第十節　植物身體形成的原理

植物最重要的生命活動是進行光合作用，與動物以吞食為生有根本的不同，因此身體構造和形成過程也與動物有很大的差異。

植物與動物身體構造的一個重要區別是植物細胞有細胞壁而動物細胞沒有。最早的單細胞動物為了吞食，都放棄了會妨礙吞食過程的細胞壁，細胞膜裸露。多細胞動物也繼承了這一特點，細胞表面沒有細胞壁，因而細胞之間可以透過細胞膜的直接接觸來彼此黏連和傳輸訊號(參見本章第四節和第六節)。而植物由於不吞食，所以也像原核生物的細胞那樣保留有保護作用的細胞壁。由於這個原因，動物細胞用於黏附的鈣黏蛋白，在植物中就派不上用場，植物也沒有鈣黏蛋白。將植物細胞黏附在一起的是細胞壁之間的果膠(由修改過的半乳糖連成的聚合物)(圖 5-14)。植物也不具有需要細胞直接接觸才能發揮作用的訊號傳輸方式，如 Notch 訊號系統。

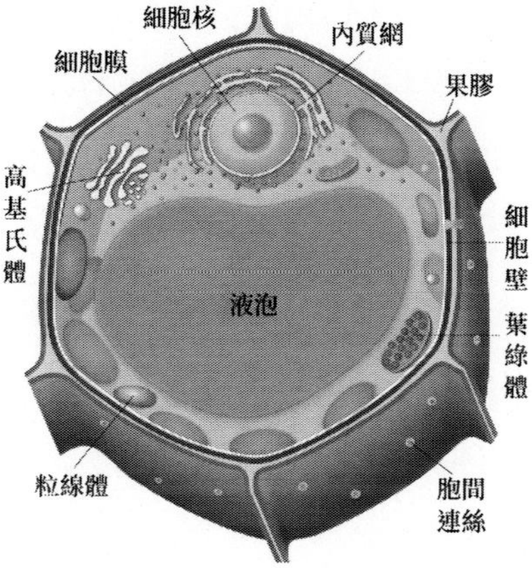

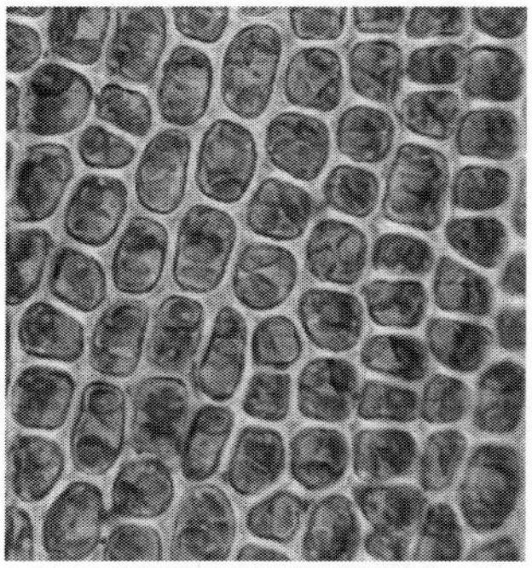
植物細胞的排列情況

圖 5-14　植物細胞的構造

植物的生活方式是進行光合作用，其細胞種類和依靠進食為生的動物的細胞種類也完全不同。雖然植物也透過成型素來控制細胞分化和結構形成，但是這些成型素的種類與動物成型素的也不一樣，例如，動物使用的成型素 Wnt、FGF、Hh、BMP 等，植物都不具有。動物所使用的，使細胞極化的蛋白如 Par 和 aKPC，植物也不具有。

植物最重要的成型素是生長素，化學名稱為吲哚乙酸。它在細胞之間的傳遞需要細胞膜上的轉運蛋白 PIN。PIN 在植物細胞上的分布不是均勻的，而是具有方向性，使生長素的轉移也有方向性。生長素對 PIN 的位置又有正回饋的作用，使 PIN 在細胞中的位置朝向生長素濃度高的方向，因此生長素－ PIN 系統可以發揮讓細胞極化的作用。這種正回饋作用能使生長素向某一點匯聚，形成生長素濃度的高峰，使這裡成為植物結構的生長點，如長出葉、葉脈、花、根等結構。

除了生長素外，植物的成型素還包括細胞激動素、赤黴素、蕓薹素、茉莉酸、脫落酸、乙烯（一種氣體）等。它們與生長素一起，共同控制植物的細胞分化和結構形成。

然而植物使細胞極化的蛋白質 ROP，卻和動物的 Cdc42 類似。它位於花粉管（花粉伸向卵細胞，輸送精子的管狀結構）的頂端，在花粉管的定向生長上發揮重要作用。真菌也使用 Cdc42 類型的蛋白質來控制菌絲的頂端生長（參見本章第十二節），所以 Cdc42 可能是真核細胞最先使用的、使細胞極化的蛋白質，現在仍然為動物、植物和真菌所使用。

植物細胞由細胞壁包裹，再透過果膠組成的細胞間層黏連，因此植物體內沒有遊走的細胞，也不透過微絲一肌球蛋白系統的作用形成片、管、腔等結構。植物結構的形成，主要是依靠細胞的定向分裂和擴張，對已有的細胞進行推擠而達到的。生長素－ PIN 系統能使細胞極化，進而影響細胞分裂時紡錘體的方向，使植物細胞的分裂具有方向性。例如，根尖細胞的縱向分裂就會使根向下伸長，側生分生組織細胞的軸向分裂會使莖和根加粗，葉片邊緣的細胞定向分裂使葉片生長為薄片結構等。

植物細胞和動物細胞的另一個重要區別是許多植物細胞中有一個大的液泡，在支撐植物和細胞擴張上發揮重要作用（圖 5-14 左）。液泡是由膜包裹的細胞器，體積可以占到細胞容積的 80%。液泡的內部為酸性，像動物的溶酶體一樣含有消化酶，但又是重要的儲存場所，裡面有糖類、胺基酸、無機鹽，以及新陳代謝的廢物。植物沒有動物那樣的排泄系統，因此新陳代謝產生的廢物只能由液泡暫時儲存，最後透過落葉與葉子一起丟掉。

液泡中由於儲存有高濃度的各種物質，這些物質又不能透過液泡膜滲透到液泡外面，就會產生所謂的滲透壓，可以使液泡的壓力高達 20 個標準大氣壓 [01]。而植物細胞的細胞壁又使細胞在這樣的壓力下不被脹破，而是處於緊繃狀態，是支撐植物、特別是草本植物的重要力量。植

[01]　1 個標準大氣壓＝ 101.325 千帕

物缺水後會蔫萎，說明液泡的滲透壓是支撐植物的重要力量。

生長素能使細胞壁鬆弛，使細胞能透過液泡的擴張而快速伸長。由於生長素會移動到莖背光的方向，這些地方細胞的膨脹會使莖變彎，使頂端朝向光線來的方向。生長素也會移動到水平方向的根朝上的一面，使這些地方的細胞擴張，根就會往下彎。液泡的收縮與擴張還會使一些細胞的形狀改變，如控制氣孔的開閉、葉片的轉動等。

下面我們用葉和花的形成為例，具體說明植物的身體是如何形成的。

第十一節　葉和花的形成

葉片是植物進行光合作用的主要場所，既要提供盡量大的表面積來接收光線，又要盡可能地少使用材料，最佳的方案就是形成薄而輕的葉片。這是由莖尖分生組織生成的細胞在生長素等成型素的控制下形成的。花是植物吸引傳粉動物的器官，由莖葉變形而成。

植物葉片的形成

形成葉片的細胞來自莖尖分生組織（shoot apical meristem，SAM）（圖 5-15）。SAM 位於莖尖的中心部位，含有植物的幹細胞。SAM 下面有一個組織中心，它分泌蛋白質 WUS，WUS 擴散到 SAM，維持幹細胞的身分。在 SAM 中，WUS 也促使 CLA 蛋白的表達，CLA 蛋白被分泌出來後，又反過來抑制組織中心分泌 WUS，形成一個負回饋迴路，控制 SAM 中幹細胞的數量。

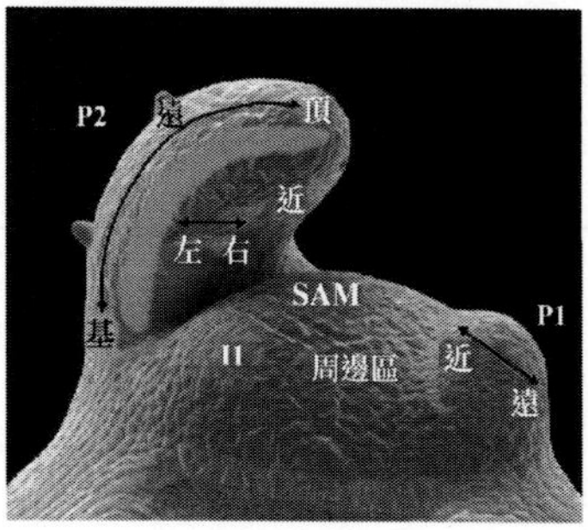

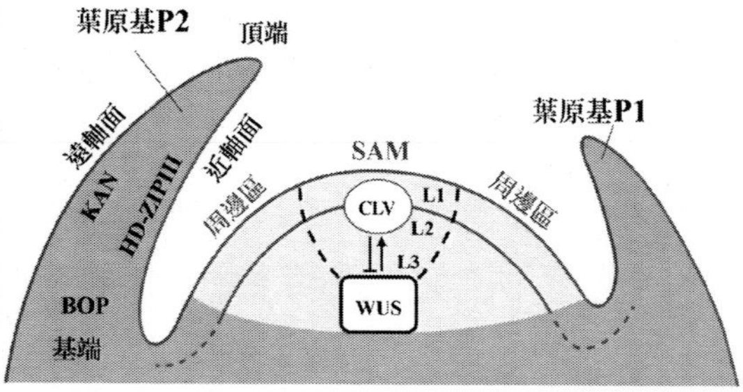

圖 5-15　葉原基的形成

SAM 的細胞分為三層，從上往下分別為 L1、L2、L3。L1 在最外面，細胞分裂總是沿著 L1 平面的方向，這樣分裂後形成的細胞就會永遠在最外面，形成植物的表皮，其中的一些以後變為葉片的表皮。L2 層細胞分裂也基本上是沿著平面方向的，它形成的一些細胞在以後變為葉片的葉肉細胞，即表皮之間進行光合作用的細胞。L3 層細胞分裂的方向比較多，變為葉和莖的內部組織如維管。

幹細胞分裂產生的細胞圍繞在 SAM 周圍，形成周邊區。在周邊區中，生長素轉運蛋白 PIN 透過定向轉運將生長素匯聚在一個小的區域內，形成生長素的濃度高峰。在這個高峰處，細胞轉化成為葉原基，葉片就從這個葉原基長出。用藥物抑制生長素的定向轉運，或者突變 PIN 蛋白的基因，就沒有葉原基形成，在這些情況下，在周邊區的某個位置外加生長素，在施加的位置又有葉原基形成，說明高濃度的生長素本身就可以在周邊區誘導出葉原基來。

由於葉原基是在生長素濃度最高的地方形成的，在它的周圍生長素的濃度就會比較低，防止新的葉原基在附近長出，高濃度生長素會在離第一個葉原基盡量遠的地方。這樣莖上長出的葉片就會分布到不同的方向（螺旋或者對生），避免葉片互相遮擋，以更好地接收太陽光。

葉原基形成後，來自 SAM 的訊號又使葉原基分出朝向 SAM 的近軸面和背向 SAM 的遠軸面，這就是葉片的近－遠軸。近軸面以後發育成葉片的上面（向光的一面），遠軸面以後發育成為葉片的下面（朝地的一面）。近軸面的基部還會形成新的 SAM，叫做葉腋分生組織，從這裡可以長出分枝，或者長出花枝。

近軸面和遠軸面細胞表達的基因是不一樣的。近軸面的細胞表達蛋白質是 HD-ZIPIII，而遠軸面的細胞表達蛋白質是 KAN。*HD-ZIPIII* 基因的突變會使近軸面變為遠軸面，而 *KAN* 基因的突變又會使遠軸面變為近軸面，葉腋分生組織的位置也會發生改變，說明這兩個基因確實是維持遠－近軸面區別的重要基因。

在葉原基生長的過程中，生長素會從葉原基的兩側向頂端匯聚，到達頂端後又從中間向內回流，在這個回流的路線上就會形成葉片的主葉脈（圖 5-16），葉片也就有了兩根新的方向軸：基端（靠近以後的葉柄）－頂端（葉尖）軸和主葉脈兩側的左－右側軸。基端和頂端部分表達的蛋白質也是不一樣的，BOP 蛋白質就只表達在基端。由於葉片一般是以主葉脈為對稱軸而左右對稱的，因此左右兩邊基因的表達狀況也相同。

這樣，葉片的形成和小鼠前肢的形成一樣，也有三根彼此垂直的方向軸，由不同的基因控制。葉片的近端－遠端軸就相當於小鼠前肢的背－腹軸，葉片的基端－頂端軸就相當於小鼠前肢的近端－遠端軸，葉片的左－右軸就相當於小鼠前肢的前－後軸，只不過小鼠在前後軸方向上的結構是不對稱的，而葉片在左右方向上結構是對稱的，相當於讓小鼠的五趾以中趾為對稱軸而對稱。

葉原基中來自 SAM L1 層的細胞仍然沿著表皮面的方向分裂，形成葉片的表皮，而來自 L2 層的細胞在表皮之間，成為葉肉細胞。在上表皮和下表皮的交會處，一些葉肉細胞表達和 WUS 蛋白類似的蛋白 WOX，維持葉片邊緣一些幹細胞的身分，形成葉緣分生組織。這些地方的幹細胞形成葉肉細胞時，分裂方向是與葉脈中軸（也就是基端－遠端軸）和近端－遠端軸都垂直的，上下表皮也沿著這個方向擴張，就會形成薄的葉片。這個過程也是受近端－遠端軸控制的，如果突變控制近端－遠端結構的基因，葉肉細胞就會向所有方向生長，形成手指頭那樣的結構，就不會有薄的葉片了。

生長素在葉的邊緣也不是平均分布的，而是會形成局部的高濃度，再從這些高濃度區域向葉片的中軸方向回流，與從葉尖回流形成主葉脈的生長素流匯合，形成主葉脈上的支葉脈（圖 5-16）。

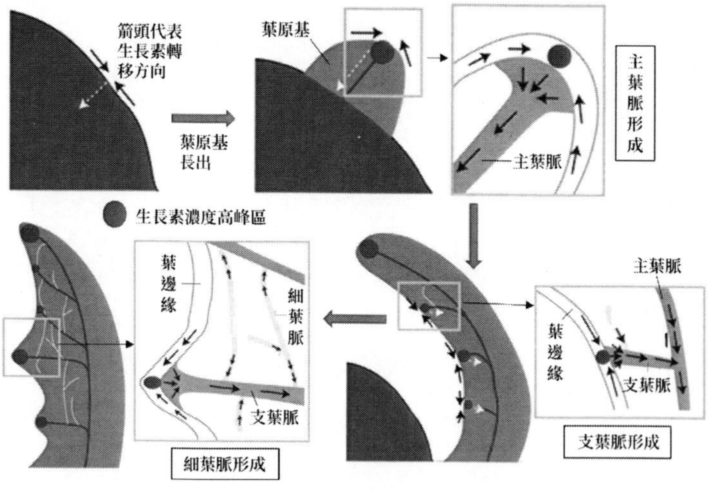

圖 5-16　葉脈的形成
生長素從匯聚點向葉片內回流的路徑決定了葉脈形成的位置。

由此可見，植物葉片的形成與小鼠前肢的形成使用了同樣的原理，即在不同的方向軸上使用不同的基因控制結構的形成，都透過細胞的不對稱分裂和定向分裂來形成所需要的結構，只是具體使用的基因不同。

花的形成

花是被子植物（開花並且結果實的植物，參見第四章第九節）發展出來的，吸引動物幫助傳粉的器官。裸子植物（不開花，結種子的植物）透過風來傳播花粉，而風向是植物無法控制的，相當多的花粉不能傳遞到胚珠上。花則用蜜腺來吸引動物，蜜腺分泌蔗糖、葡萄糖和果糖等物質，許多動物如蜜蜂、蝴蝶、甲蟲、蜂鳥，在吸取這些物質時，會附帶把花粉黏在身上，到下一朵花吸取時，就會把花粉傳到雌蕊上，相當於是定向傳遞，效率就比風傳播高多了。除了蜜腺，花還可以用花瓣的形狀、顏色和氣味告訴動物哪裡有花。我們看見的形狀美麗、顏色鮮豔、具有香味的花朵，當初並不是為人準備的，而是植物自身繁殖的需求。

花也不是被子植物憑空發明的，而是利用植物原有的枝葉改造而成的。將葉片之間莖的長度加以壓縮，就會使許多葉片密集地聚在一起，形成花的形狀，因此花其實是壓扁並被改造了的莖葉。新的基因（如 *AP1*、*AP3*、*PI*、*AG*）會使葉片變形，從外向內分別成為花萼（花最外面的萼片，形狀類似葉片）、花瓣、雄蕊（產生花粉的地方）和雌蕊（產生含卵細胞的胚珠的地方）4 組結構（圖 5-17 左）。敲除這些基因，花就變回葉片的模樣。人為地表達這些基因，又可以使葉片變為花的部分，例如，表達 *AP1-PI-AP3-SEP3* 基因就會使葉片變為花瓣，表達 *PI-AP3-AG-SEP3* 基因會使葉片變為雄蕊，表達 AG 和 *SEP3* 基因會使葉片變為雌蕊等。

分別突變這些基因，再觀察突變種花的變化，可以將它們分為 A、B、C 三類，其中 *AP1* 屬於 A 類，*AP3* 和 *PI* 屬於 B 類，而 *AG* 屬於 C 類。突變 A 類基因，會使花萼變為雌蕊、花瓣變為雄蕊；突變 B 類基因，會使花瓣變為花萼、雄蕊變為雌蕊；突變 C 類基因，會使雄蕊變為花瓣、雌蕊變為花萼。

反過來，在輔助因子 SEP3 存在下，單獨讓 A 類基因表達只形成花萼；單獨讓 C 類基因表達只形成雌蕊；同時表達 A 類和 C 類基因只形成花萼和雌蕊；單獨表達 B 類基因則只形成類似葉的結構，說明 B 類基因的作用是修改 A 類和 C 類型基因的作用。

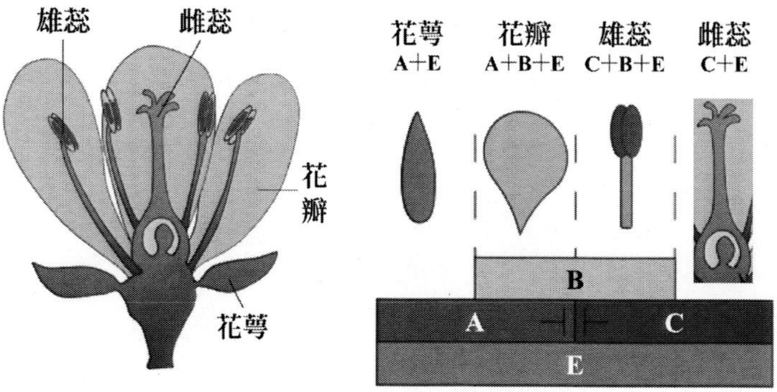

圖 5-17　花形成的基因控制

在這些結果的基礎上，科學家提出了控制開花的 ABC 基因模型。在輔助因子存在下，A 自身可以形成花萼，A 和 B 一起可以形成花瓣，C 和 B 一起可以形成雄蕊，而 C 自己可以形成雌蕊。因此，透過少數基因的作用，葉片就可以變為花裡面的 4 種結構 (圖 5-17 右)。

開花是由一個叫做成花素 (florigen，也稱 FT) 的蛋白質引起的 (參見第七章第六節)。在植物受到合適的光照時，或者有適宜的溫度時，葉片會產生成花素，透過篩管傳輸到 SAM，活化裡面的 *AP1*、*SOC1* 等基因，將 SAM 轉化成花序分生組織 (inflorescence meristem，IM)。與生長素在 SAM 的周邊區誘導出葉原基類似，生長素在 IM 周邊的集聚也形成花原基 (flower primordium，FM)，裡面表達 *AP1* 和 *LFY* 等基因。花原基也透過 *HD-ZIPIII* 基因和 *KAN* 基因來決定它的近軸面和遠軸面，說明花形成的基本過程和葉片形成的基本過程是一樣的，與花由葉片變化而來的理論相一致。

第十二節　真菌身體結構的形成

真菌的生活方式是利用體外現成的有機物，最適合這種生活方式的身體構造就是盡可能地擴大與有機物接觸的面積。細長的菌絲不僅繼承了單細胞真菌龐大的表面積和體積比，還能透過菌絲的不斷生長，盡量覆蓋有機物的表面，甚至穿入有機物的內部，因此菌絲是多細胞真菌採取的身體形式。

菌絲透過頂端生長（圖 5-18）。Cdc42 是真菌使用的、形成細胞極性的主要蛋白質，不過真菌並不使用動物細胞中與 Cdc42 相互作用的 Par 蛋白和 aKPC，而是使用一個叫 Bem1 的蛋白質；Bem1 蛋白質又和影響 Cdc42 活性的蛋白質 Cdc24 相連繫，這樣就組成一個正回饋迴路，使 Cdc42 位於菌絲的頂端。Cdc42 影響由微絲－肌球蛋白組成的運輸系統和由微管－驅動蛋白組成的運輸系統的方向性，使頂端生長所需要的材料（包括 Cdc42 蛋白自己），透過這些運輸系統源源不絕地被輸送到菌絲頂端，使菌絲能夠從頂端生長。

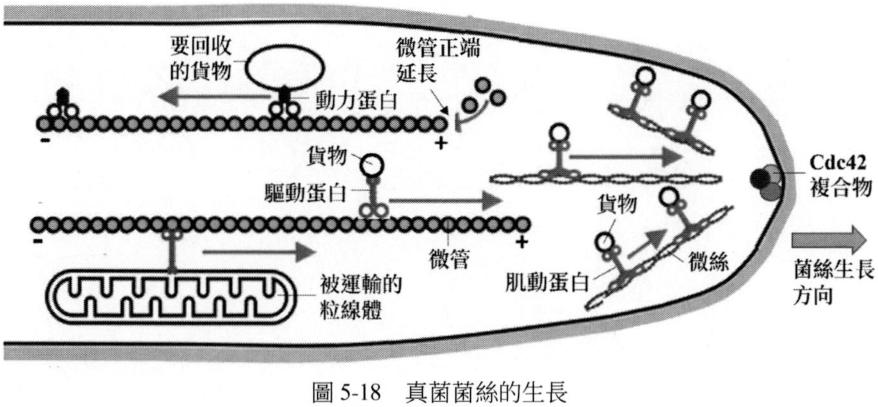

圖 5-18　真菌菌絲的生長

為了更好地覆蓋有機物，菌絲還能分支。一種方式是頂端的生長點分裂為兩個，另一個是在頂端後方的菌絲上長出新的菌絲。前者需要 Cdc42 複合物形成兩個彼此相鄰的生長點，後者需要運輸系統方向的部分改變，例如，菌絲裡面細胞核的分裂方向就能影響微管的方向，形成新的生長點。

真菌透過孢子進行繁殖，為了更好地傳播孢子，真菌通常在伸起的部位形成孢子，以利於透過風力傳播。除了菌絲頂端直接形成孢子外，許多真菌還形成子實體，如蘑菇（參見第四章第十節和圖 4-25）。在蘑菇形成過程中，菌絲匯聚，平行生長，形成類似莖的結構。在莖的上部，外層細胞分裂，形成外皮，內面的細胞分裂，形成孢子層，裡面的細胞分裂，形成孢子。這個過程是透過環磷酸腺苷（cyclic adenosine monophosphate，cAMP）訊號通路控制的。干擾這個訊號通路，就沒有子實體形成。關於 cAMP 在訊息傳遞中的作用，參見第六章第三節。

第六章

生物的訊息傳遞機制

生物要在不斷變化的環境中生存，就需要隨時了解這些變化，並且做出相應的反應。例如，單細胞生物要根據光線的強弱做出趨光或避光反應，根據營養物質的分布向營養物濃度高的地方游動，根據食物種類調整自己的酶系統等。動物要尋找食物、躲避天敵、獲得配偶、照顧子女，也需要隨時了解外界的情況。植物需要感知光照和溫度變化、水源供應、動物啃食、微生物感染等訊息，以調節枝葉生長、開閉氣孔、分泌化學物質以抵抗動物和微生物的侵襲等。

多細胞生物都由一個細胞分裂發育而來，在發育過程中必須對細胞的分裂和分化都有精確的控制。控制中心發出指令，細胞接收指令，調整基因的表達狀況（參見第五章）。在身體長成後，動物還必須隨時監測體內各種生理指標，例如，人體就要監測體溫、血壓、血糖、血液酸鹼度、滲透壓、入侵微生物等指標，並且做出相應的調整。

所有這些過程都要求生物有訊息傳遞系統，其中發揮主要作用的是蛋白質分子。

第一節　蛋白質分子
用「開」和「關」的方式來傳遞訊息

之所以蛋白質是傳遞訊息的主要分子，是因為蛋白質分子能夠在「有功能」和「無功能」，或者「開」和「關」兩種狀態之間來回轉換，這就使它具有接收和傳輸訊號的功能，類似於電腦用 1 和 0 代表電路「通」和「不通」兩種狀態，並藉此來傳遞訊息。

蛋白質分子在接收到訊息時，自身狀態發生改變，從「關」到「開」，這個狀態又使下游的蛋白質分子狀態改變，訊息就可以依次傳遞下去。由於蛋白質又是細胞中各種生理活動的執行者，自身狀態的改變也同時改變其功能狀態，從不執行某種功能到執行某種功能，或者停止執行以前在使用的功能，這些改變就相當於細胞對訊息的反應。

蛋白質分子在「開」和「關」兩種狀態之間來回轉換的本事，與蛋白質的分子結構有關。蛋白質是由許多胺基酸依次相連，再透過這些胺基酸之間的相互作用而摺疊成的，具有三維結構的分子。由於胺基酸之間的化學鍵是可以旋轉的，胺基酸之間的連接又有角度，即不在一條直線上，從理論上說同一種蛋白質可以摺疊成無數種形狀。這就像用牙籤把塑膠球穿成串，插在每個塑膠球上的兩根牙籤又不在一條直線上，而且牙籤還可以旋轉，這根由塑膠球穿成的鏈就可以被摺疊成無數種形狀(參見第二章第二節和圖 2-3)。

不同摺疊狀態下的蛋白質，穩定性是不一樣的。絕大多數結構的穩定性都比較差，從能量來說就是能量狀態比較高，就像位於山頂上的石頭，隨時可以滾下坡，而處於最低能量狀態的結構就像位於溝底的石頭，不會自發滾動，是最穩定的狀態。一般來講，處於最低能量狀態的結構就是蛋白質分子在細胞中的結構，也是其執行生理功能時的結構。

但是這種能量狀態最低的結構又是可以改變的。如果蛋白質結合了另一個分子，由於這個分子裡面也有原子和由它們組成的功能團，蛋白質分子中胺基酸之間原來的相互作用的情形就變了，原本的形狀就不再是能量最低的狀態，而要改變為另一種形狀才更穩定。而蛋白質的功能是高度依賴於它的三維空間結構的，如酶的反應中心（直接參與催化反應的地方）就常常是由肽鏈的不同部分透過肽鏈摺疊聚到一起形成的，蛋白質形狀的改變通常會形成或者破壞這種結構，把原來沒有功能的蛋白質分子變成有功能的，或者把原來有功能的蛋白質分子變成沒有功能的。除去與之結合的分子，蛋白質的形狀又恢復原樣，這樣蛋白質分子就可以在功能「開」和「關」兩種狀態之間來回轉換。所以結合另一個分子就是改變蛋白質分子開關狀態的一種重要方法 (圖 6-1 左下)。

如果訊息是由某種分子傳遞的，結合這個分子，獲得這個分子所傳遞訊息的蛋白質就叫這個訊息分子的受體，與受體結合的訊息分子則叫做受體分子的配體。受體蛋白質分子可以在細胞表面上，也可以在細胞內，就看訊息分子自己能不能進入細胞。例如，胰島素是訊息分子，不能進入細胞，胰島素的受體位於細胞表面上；雌激素能夠進入細胞，它的受體也在細胞內。

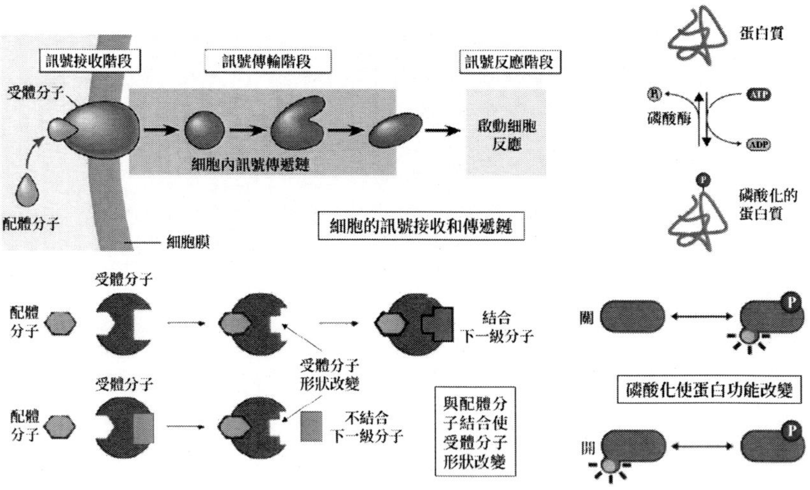

圖 6-1　蛋白質分子傳遞訊息的機制

受體分子接收到訊息後，又如何把訊息傳遞下去呢？在這裡細胞採取的是同樣的策略，即把接收到的訊號、並且改變了狀態的受體分子作為訊號傳遞鏈中下一級蛋白質分子的配體，下一級蛋白質分子就成為這個蛋白質分子的受體。改變了形狀的下一級蛋白質分子又可以作為再下一級蛋白質分子的配體，訊號就這樣傳遞下去了，直到最後的效應分子。效應分子也是蛋白質，透過它的形狀改變使其活性被活化，或者使原來的活性消失，就實現了對訊號的反應 (圖 6-1 左上)。

由蛋白質分子這樣組成的訊號傳遞鏈在許多情況下可以工作，但是也有缺點，就是配體分子和受體分子在訊息傳遞下去之前不能分開，一旦配體分子離開，受體分子就會恢復到結合配體分子前的狀態，所接收到的訊息也就喪失了。要用這種方式把細胞外的訊息傳遞到細胞核中去，就需要從細胞膜上的受體到細胞核裡面做出反應的蛋白質分子之間建立一條持續不斷的蛋白鏈，顯然是難以做到的。

解決這個問題的一個辦法就是替受體分子打上印記，使受體分子在配體分子離開以後還能繼續保持變化了的狀態。這個印記，就是對受體蛋白進行修改，如在胺基酸側鏈上加上帶電的基團。這些基團引入的電荷會改變蛋白質分子中原子之間的相互作用，形狀和功能狀態也就相應改變了，而且在配體分子離開後還能繼續保持這個狀態。這個修改還必須是可逆的，這樣蛋白質分子才能夠在「開」和「關」兩種狀態之間來回轉換。

要使對蛋白質的修飾成為可逆的，生物最常用的辦法是在蛋白質中一些胺基酸的側鏈上加上磷酸基團。磷酸基團含有兩個負電荷，把它引入蛋白質分子，就可以改變蛋白質的形狀和功能。只要這個磷酸根還在那裡，蛋白質改變了的狀態就可以一直儲存，而不再需要配體分子。如果這個磷酸根又可以很方便地除掉，蛋白質的形狀和功能又恢復到以前的狀態。以這種方式，蛋白質分子也可以在兩種狀態之間來回轉化，從而達到開關的作用。

在蛋白質分子中加上磷酸基團的過程叫做蛋白質的磷酸化，催化這個反應的酶叫做蛋白激酶，它把 ATP 分子中末端的那個磷酸根轉移到要被修飾的蛋白質中胺基酸的側鏈上。去掉這個磷酸根的過程叫去磷酸化，催化這個反應的酶叫做磷酸酶。這兩種酶互相配合，就能使蛋白質來回地「開」和「關」（圖 6-1 右）。蛋白質分子中能夠反覆接受和失去磷酸基團的胺基酸有組胺酸、天門冬胺酸、絲胺酸、蘇胺酸以及酪胺酸。

蛋白質磷酸化的後果有兩種：一種是磷酸化使蛋白質分子從原來沒有功能的狀態變為有功能的狀態，即從「關」到「開」，如把原來被掩蓋的酶活性解放出來。相反的情形也能夠發生，即受體分子在沒有被磷酸化時具有活性，磷酸化後反倒使活性消失，即從「開」到「關」。不管是哪種情形，都是蛋白質分子的磷酸化改變了蛋白質的功能狀態，因而可以傳遞訊息。

細胞的訊息傳遞鏈也不一定完全由蛋白質組成，配體分子也不一定都是蛋白質。訊息傳遞鏈中的某些蛋白質可以利用它們被活化的酶活性生產一些非蛋白質的訊息分子，這些分子又作為配體分子，與下游的受體蛋白結合，改變其形狀，把訊息傳遞下去，如環腺苷酸。但是產生這些非蛋白質訊息分子的，以及接收這些非蛋白質分子訊息的，仍然是蛋白質。

最後的受體分子一般是具有某種功能的蛋白質，在與自己的配體分子（即上一級訊號分子）結合或者同時被磷酸化後其功能被活化，就可以發揮效應分子的作用。無論是作為酶對化學反應進行催化，還是作為轉錄因子結合在 DNA 上調控基因表達，都可以實現細胞對訊息的反應。

第二節　原核生物的訊息傳遞

原核生物基本上是單細胞的，比起有內環境的多細胞生物，它們面臨的環境變化更劇烈，需要隨時感知這些變化並且做出反應。原核細胞雖然相對簡單，它們的訊號傳輸系統卻巧妙有效。

單成分系統 —— 一個蛋白包攬全過程

一些營養物（如胺基酸和糖類物質），可以經由細胞的主動運輸（即透過細胞膜上的蛋白質分子轉運）進入細胞內部，相當於訊息已經在細胞內，這就減少了細胞資料傳輸的旅程。在這種情況下，原核細胞中一個蛋白質分子就可以完成從訊號接收到做出反應的全過程，叫做訊息傳遞和反應的單成分系統。

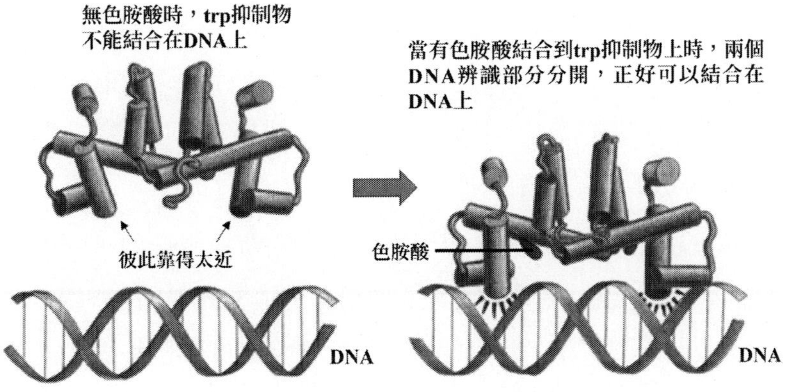

圖 6-2　色胺酸的存在關閉合成色胺酸酶的基因

例如，許多細菌都自己合成色胺酸（組成蛋白質的 20 種胺基酸之一），所以能夠生產合成色胺酸的酶。但是如果環境裡已經有足夠的色胺酸，細菌再生產合成色胺酸的酶就是一種浪費。細菌是怎樣知道環境裡已經有大量的色胺酸，從而把與合成色胺酸有關的基因「關掉」的呢？初看起來這個任務好像很複雜，其實完成這個任務的就只是一種蛋白質，叫 trp 抑制物（圖 6-2）。在沒有色胺酸進入細胞時，trp 抑制物上的兩個 DNA 結合區段彼此靠得太近，使它不能結合在 DNA 分子上，即形狀不相配。而一旦有色胺酸分子進入細胞，就會結合到 trp 抑制物上，使 trp 抑制物的形狀改變，兩個 DNA 結合部分彼此分開，讓它們正好能夠伸進

DNA 分子上的溝槽內，與 DNA 分子結合。trp 分子上結合 DNA 的胺基酸序列決定了它們不能結合於任何 DNA 序列，而只能結合到有關酶的調控部分，即啟動子的特殊 DNA 序列上。這種結合相當於替這個基因上了一把鎖，讓這個基因不能被「打開」，有關的酶就不能被合成了。

在這裡色胺酸就是訊號（配體）分子，透過與 trp 抑制物結合把訊號傳出，告訴細胞「已經有色胺酸啦」。抑制物形狀改變就是接收訊號的過程，而透過形狀改變，獲得結合 DNA 的功能，結合在有關基因的啟動子上，阻止細菌生產與色胺酸合成有關的酶，就相當於是對訊號的反應。如果色胺酸缺乏了，trp 抑制物上沒有色胺酸結合，又恢復到不能結合 DNA 的狀態，抑制解除，合成色胺酸的酶又可以被生產了。一個看似複雜的問題，解決的方法就這麼簡單。

單成分系統占原核生物訊號傳輸和反應系統的大部分，這些蛋白質多數透過與 DNA 結合或解離來發揮作用。由於要與 DNA 接觸，單成分系統的蛋白質分子必須在細胞之內，因此也只能感知已經進入細胞的訊號。為了接收細胞外的訊息，原核生物還發展出了含有兩個成分的訊號傳輸和反應系統。

透過磷酸根轉移來傳輸訊號和做出反應的雙成分系統

許多訊息分子是不能進入細胞內部的，為了接收細胞外部的這些訊號，細胞表面必須有由蛋白質分子組成的受體。這些蛋白質位於細胞膜上，其細胞膜外的部分可以和細胞外的訊號分子結合，接收它們傳來的訊號；膜內部分則負責把訊號傳輸到細胞內部去。由於它們位於細胞膜上，不能進入細胞與 DNA 結合，調控基因的表達，它們還需要細胞內的分子把訊息傳遞到 DNA 分子上去。由於這個原因，這個系統至少需要兩個蛋白質分子協同作用才能工作，叫做訊號傳輸的雙成分系統。

在這個系統中，細胞內的蛋白質在從受體分子得到訊息後，還必須離開受體分子以將訊息傳遞下去。為了在離開受體後還保有訊息，細胞內的蛋白質分子是被磷酸化的。原核生物採取的方法，不是直接把細胞內的蛋白磷酸化，而是採取了一個迂迴的辦法，即透過兩個蛋白質之間磷酸根的轉移來使細胞內的蛋白質磷酸化。下面就是一個例子。

組胺酸和天門冬胺酸之間的磷酸根轉移

在這個雙成分系統中，細胞膜上的受體分子本身就具有組胺酸激酶的活性，即替蛋白質中組胺酸的側鏈上加上磷酸根的活性，只是被掩蓋起來了。與細胞外的訊號分子結合時，受體分子改變形狀，組胺酸激酶的活性被釋放，首先使自己磷酸化。可是激酶通常是使其他蛋白質分子磷酸化的，怎麼使自己磷酸化啊？在這裡，原核細胞採取了一個很聰明的方式，就是讓受體分子以二聚體的形式存在，這樣每個受體分子旁邊就有一個與自己相同的蛋白質分子。在受體與配體結合後，被釋放的組胺酸激酶活性就可以使二聚體中的兩個受體分子彼此磷酸化，最後的效果與受體分子把自己磷酸化是一樣的，所以這個過程也被稱為自我磷酸化。以後在談到其他受體分子自我磷酸化時，說的也是這個意思（圖6-3）。

受體分子自我磷酸化後，在組胺酸側鏈上形成的磷酸鍵是高能磷酸鍵，可以把這個磷酸根轉移到細胞內接收訊號的蛋白質分子上的一個天門冬胺酸的側鏈上，效果就相當於受體分子直接把這個天門冬胺酸的側鏈磷酸化。天門冬胺酸的磷酸化替細胞內蛋白質增添了負電荷，使它的形狀改變，彼此結合，從單體變為二聚體，這個二聚體就能夠結合到

DNA 上，調控基因的表達。這個細胞內的蛋白質負責傳遞訊息和做出反應，叫做反應調節因子。

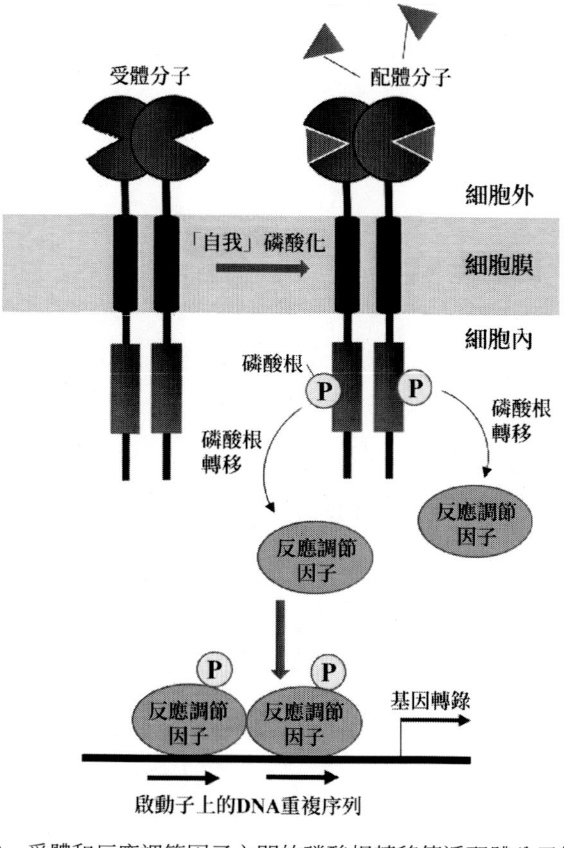

圖 6-3　受體和反應調節因子之間的磷酸根轉移傳遞配體分子的訊息

在受體分子沒有接收到訊號時，它就不再具有組胺酸激酶的活性，而是具有磷酸酶的活性，把反應調節因子中天門冬胺酸側鏈上的磷酸根去掉，使其變回無功能的狀態，以便供受體下一次使用。所以受體分子既可以是組胺酸激酶，又可以是磷酸酶，就看有沒有外部的訊號分子與之結合。這種一身二任是原核細胞受體組胺酸激酶的特點，在真核細胞中，激酶和磷酸酶是不同的分子，以增加調節的靈活性。

原核生物雙成分系統工作的例子

原核生物雙成分系統工作的有趣例子是細菌的趨化性，即細菌能夠主動游向營養物濃度高的地方，或者離開它不喜歡的化合物的地方。細菌沒有眼睛，沒有腦子來分析情況，它們是怎樣做到這個聰明的反應的呢？這就是細菌雙成分系統控制的巧妙過程。

細菌表面有多根鞭毛，每根鞭毛的根部連在一個位於細胞膜上的微型「馬達」上。細胞膜外的氫離子流過這個「馬達」進入細胞膜內時，就能夠帶動「馬達」旋轉，類似水流可以帶動水輪機旋轉（參見第二章第九節）。「馬達」上還有一個蛋白質分子，可以控制「馬達」旋轉的方向是順時針還是逆時針。由於鞭毛上有拐彎，旋轉方向不同時效果也不一樣。鞭毛逆時針旋轉時，所有的鞭毛都聚集成一束，協同擺動，推動細菌向一個方向前進。如果鞭毛順時針旋轉，這些鞭毛就彼此散開，伸向不同的方向，細菌就亂翻觔斗。在旋轉方向再變為逆時針時，細菌一般會朝另外一個方向前進，因為翻觔斗是隨機的過程，恢復原來前進方向的機率幾乎是零，所以翻觔斗是細菌改變前進方向的機會。在沒有外部刺激的情況下，鞭毛的旋轉方向每幾秒鐘就變一次，這樣細菌就在定向前進－翻觔斗－再向另一個方向前進的模式中，朝一切可能的方向運動。

細菌鞭毛轉動的方向是由一個雙成分系統中的反應調節因子 CheY 控制的。磷酸化的 CheY 能夠使鞭毛向順時針方向轉動和使細菌翻觔斗。磷酸化的 CheY 越多，鞭毛順時針轉動的時間就越長，細菌翻觔斗的時間也越長。而 CheY 的磷酸化又是被具有組胺酸激酶活性的受體 CheA 的分子控制的（圖 6-4）。

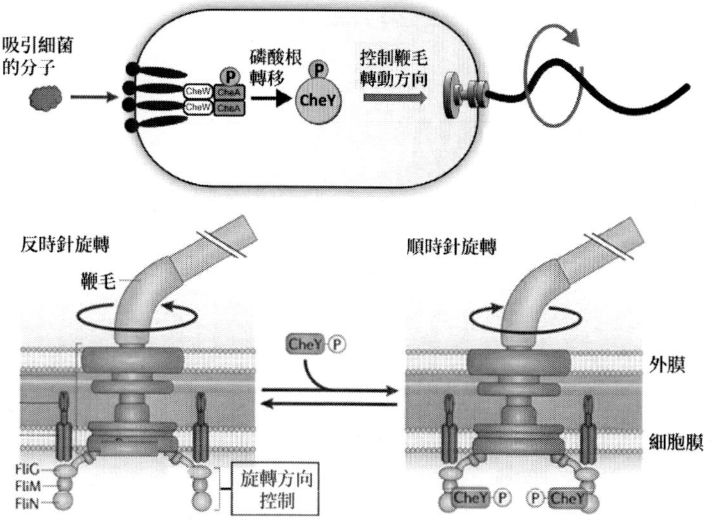

圖 6-4 CheA-CheY 系統控制細菌鞭毛旋轉方向

如果細菌在向營養物濃度高的方向游動，就會有越來越多的營養物分子結合在受體上，使更多的 CheA 失去組胺酸激酶的活性，CheY 的磷酸化程度變小，讓細菌用更多的時間保持在原本有利的前進方向上。相反，如果細菌是朝營養物濃度低的方向游動，就會有越來越少的營養物結合在受體上，使鞭毛順時針轉動的時間延長，翻觔斗更加頻繁，終止原本在不利方向上的運動，增加細菌改變方向的機會。

第三節　動物細胞的訊息傳遞

多數動物是多細胞生物，需要訊息傳遞來協調身體中各種細胞的活動，如在發育過程中指揮中心分泌的成型素、卵巢分泌的雌激素、胰腺中胰島細胞分泌的胰島素、腦下垂體分泌的生長激素等，因此動物的訊息傳遞系統比原核生物複雜得多。不過不是動物所有的訊號傳遞系統都複雜，能夠用簡單方式解決問題的，就不需要更複雜的系統，動物的單成分系統就是一個例子。

動物的單成分系統

動物的許多訊息分子可以透過擴散穿越細胞膜，到達細胞內部，直接把訊息傳遞給細胞內的受體分子。例如，雌激素、雄激素、黃體酮、糖皮質激素、鹽皮質激素等都是以膽固醇為原料合成的訊息分子，統稱為類固醇類分子，可以自己穿越細胞膜進入細胞；此外，甲狀腺素、維生素 A 和維生素 D、視黃酸等也可以自己穿越細胞膜，進入細胞內部。這樣，動物細胞就可以像原核生物的單成分系統那樣，一個分子就可以完成任務。

在細胞內部等著這些訊息分子的，也是一類受體蛋白質分子，它們與這些訊號分子結合後，就能作為轉錄因子，結合在 DNA 上，影響基因的表達。這類分子的基本結構相似，都以二聚體的形式與 DNA 結合，所以這些蛋白被歸為一類，叫做核受體，意思是它們直接在細胞核中發揮作用。

核受體主要分為兩類：第一類平時存在於細胞質中，與熱休克蛋白 (參見第十一章第三節) 結合，這時它們沒有生理活性。在與進入細胞的訊號分子 (配體分子) 結合後，它們的形狀發生改變，從熱休克蛋白上脫落，形成二聚體。這時它們分子中所含的進入細胞核的訊號段 (參見第三章第八節) 被暴露出來，被核膜上的核孔辨識，被轉運到細胞核內，以轉錄因子的身分調控相關基因的表達 (圖 6-5)。這類受體包括雌激素受體、雄激素受體、孕激素受體等。

第二類核受體平時就已經在細胞核內。在沒有訊號分子時，它們與輔助抑制物結合，沒有轉錄因子的活性。在與配體分子結合後，形狀改變，與輔助抑制物分開，轉而與輔助活化物結合，作為轉錄因子調控相關基因的表達。這類受體包括視黃酸受體、甲狀腺素受體、維生素 D 受體等。

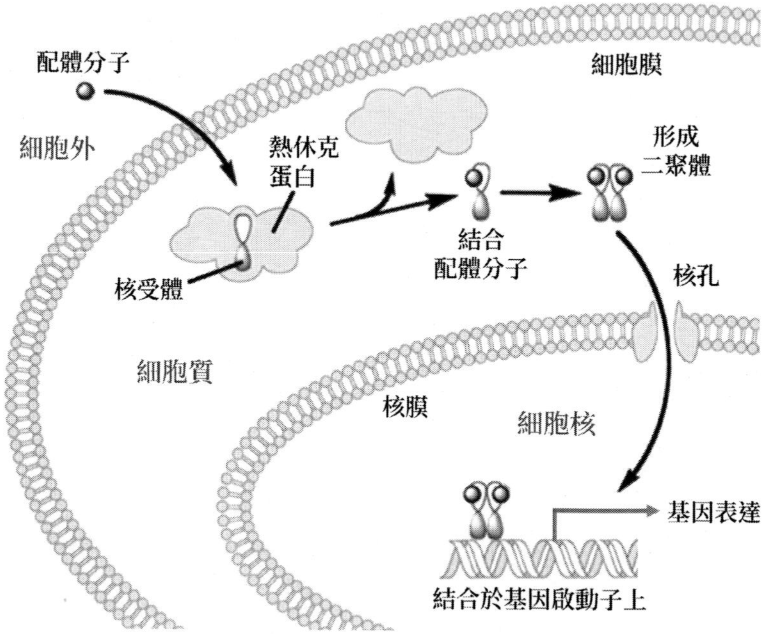

圖 6-5　細胞質中核受體的一種工作方式

動物的單成分系統和原核生物的單成分系統有許多相似之處，例如，都由一個分子構成，平時都位於細胞內，在與配體分子結合後改變形狀，與 DNA 結合調控基因的表達。但是它們之間也有重大差別。在原核細胞的單成分系統中，蛋白質是以單體發揮作用的，如前面談到的 trp 抑制物；而動物的核受體是以二聚體發揮作用，它們用於結合 DNA 的胺基酸序列也不同。因此動物的單成分系統和原核生物的單成分系統之間沒有傳承的關係，是動物根據自己的新情況新發明的。

動物的雙成分系統

和原核細胞一樣，動物細胞外的許多訊息分子也不能用擴散的方法穿過細胞膜，進入細胞內部。特別是動物還用多種多肽分子（由少數胺基酸組成的肽鏈）和蛋白質分子作為訊息分子，包括胰島素、胰高血糖素、生長激素、催乳素、催產素、上皮生長因子等。在第五章中，和動物胚胎發育有關的一些訊息分子，如無翅蛋白、刺蝟蛋白、成纖維細胞生長因子、骨形態發生蛋白等也都是蛋白質分子。這些多肽分子和蛋白質分子是無法通過細胞膜進入細胞，傳遞所攜帶的訊息的，必須在細胞表面有專門的受體蛋白來接收它們攜帶的訊息，同時還需要有細胞內的分子把訊息傳遞到細胞核中去，所以靠細胞表面受體接收訊息的系統至少需要兩個成分，這就是動物的雙成分系統。

在動物細胞中，具有組胺酸激酶活性的受體已經被淘汰，取而代之的是具有酪胺酸激酶活性的細胞表面受體。這些受體一般也以二聚體的形式存在，在有配體分子結合時形狀發生改變，活化酪胺酸激酶的活性而自我磷酸化，被磷酸化的胺基酸不是組胺酸，而是酪胺酸。

受體被磷酸化後，酪胺酸側鏈上的磷酸根並不像原核生物那樣被轉移到細胞內的蛋白質分子上，而是利用受體被活化的激酶活性，直接將細胞內傳遞訊息的蛋白質分子磷酸化。這一類具有酪胺酸激酶活性的受體叫做受體酪胺酸激酶，在動物細胞的訊息傳遞中發揮重要作用。

受體酪胺酸激酶傳遞訊息到細胞核的方式有多種，有些是非常複雜的，要經過多個中間分子。但是動物細胞也有快速通道，直接把訊息從細胞膜傳遞進細胞核，這就是動物的雙成分系統。見以下兩個例子。

EGF 受體－ STAT 雙成分系統

動物雙成分系統的一個典型的例子就是上皮生長因子（epidermal growth factor，EGF）的一種傳遞訊號的方式（圖 6-6）。位於細胞膜上的 EGF 受體在與 EGF 分子結合後，形成二聚體，自我磷酸化，再用已經活化的酪胺酸激酶活性，使細胞內的訊息分子磷酸化。在這裡細胞內的訊息分子類似於原核細胞中的反應調節因子，也是在被磷酸化後與 DNA 結合，影響基因的表達，叫做訊號傳輸和轉錄活化因子（signal transduction and activator of transcription，STAT）。STAT 蛋白除了含有能被磷酸化的酪胺酸外，還有一個功能域（蛋白質分子內具有某種功能的區段）叫做 SH2 域，可以和磷酸化的酪胺酸結合。由於被磷酸化的 STAT 分子上既有被磷酸化的酪胺酸，又有能夠結合磷酸化的酪胺酸的 SH2 域，兩個這樣的 STAT 分子就彼此結合，形成二聚體，進入細胞核和 DNA 結合，調控相關基因的表達。

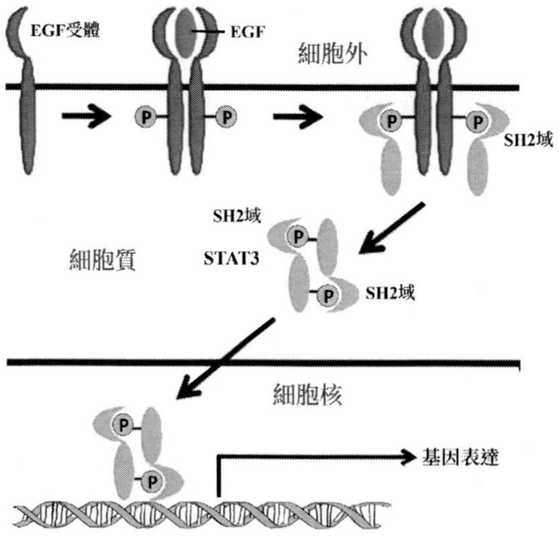

圖 6-6 EGF 受體－ STAT 雙成分系統

TGF-Smad 雙成分系統

轉化生長因子（transforming growth factor，TGF）是動物細胞分泌的訊號蛋白分子，它與細胞表面的受體結合後，訊號透過細胞內叫做 Smad 的蛋白質分子傳遞到細胞核中（圖 6-7）。

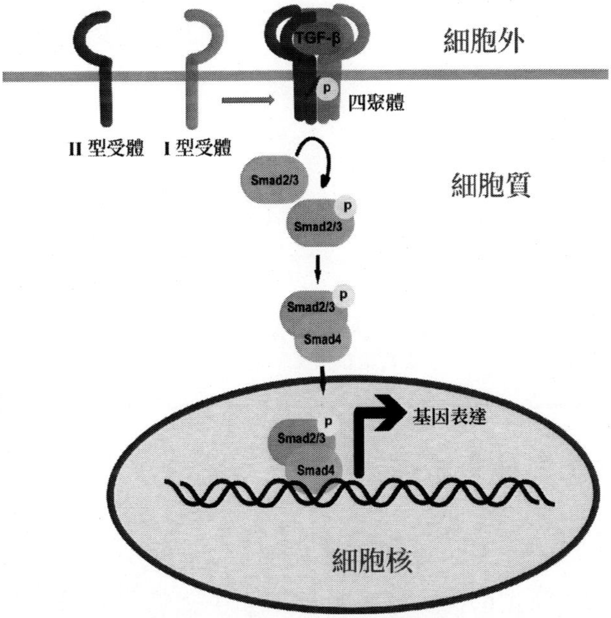

圖 6-7 TGF-Smad 雙成分系統

細胞表面有兩類受體分子（類型 I 和類型 II）可以結合 TGF，而且具有絲胺酸／蘇胺酸蛋白激酶的活性，能夠在下游蛋白質分子中絲胺酸或蘇胺酸的側鏈上加上磷酸基團。這兩種受體都以二聚體的形式存在，在和配體分子結合後形成四聚體（包含兩個 I 型受體和兩個 II 型受體）。II 型受體會使四聚體中的 I 型受體磷酸化，使 I 型受體活化。活化的 I 型受體又會使細胞內 Smad 分子磷酸化，活化這些分子，將訊號傳遞下去。

動物細胞的單成分系統和雙成分系統雖然快捷有效，但是在這兩種系統中，訊號基本上是單線傳遞的，即一種訊號對應一種反應物分子。而動物細胞是受大量外部訊號分子控制的，如果每一種訊號都單線傳遞，各自反應，彼此之間沒有連繫，沒有細胞整體上的調節，是無法精確地控制動物細胞高度複雜的生理活動，對外界訊號做出綜合反應的。

如果將訊號傳輸鏈分成許多段，每一段由不同的蛋白質負責，這些位於訊號鏈中間的蛋白質就可以同時從幾種訊號傳遞鏈上獲取訊號，也可以把訊號傳輸給不同的訊號鏈，形成動物細胞中的訊息傳遞網，綜合平衡各種訊號，做出最佳的反應。這就是動物傳遞訊號的多成分系統。

動物的多成分系統

動物的多成分訊息傳遞鏈有多條，下面只是最具代表性的兩個例子。

激酶西洋骨牌多成分系統

這條訊息傳遞鏈由多個激酶組成，上一級激酶將下一級激酶磷酸化，將其活化，活化的下一級激酶又將更下級的激酶磷酸化而活化，這樣的過程就像西洋骨牌，前面激酶被活化（這裡相當於倒下）會使後面的激酶依次被活化（倒下），將訊息傳遞下去（圖 6-8）。

訊息鏈的終端也是一個激酶，叫促分裂素原活化的蛋白激酶（mitogen-activated protein kinase，MAPK），所以這條訊息通路也叫受體酪胺酸激酶 -MAPK 通路，由以下成分構成：

受體酪胺酸激酶－中間分子－ Raf － MEK － MAPK －效應分子

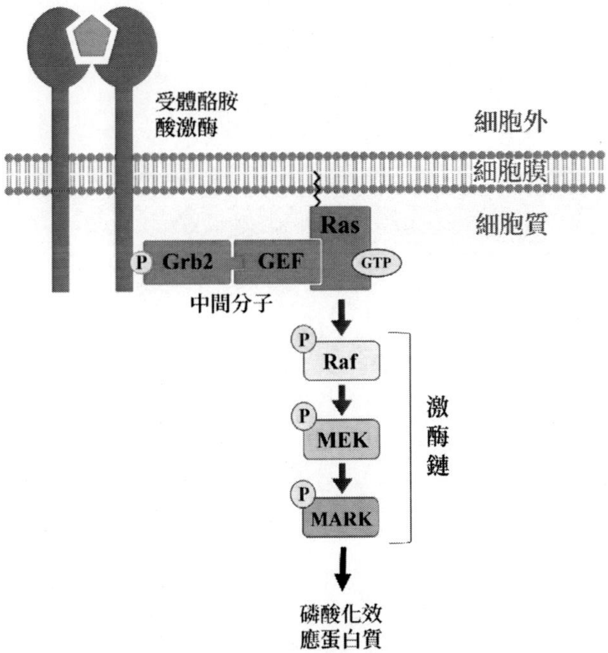

圖 6-8 「激酶西洋骨牌」多成分系統

MAPK 是位於訊息傳遞鏈終端的激酶，可以將許多蛋白質分子磷酸化，改變它們的性質，實現對訊號的反應，例如，使轉錄因子 Myc 和 CREB 磷酸化，結合到 DNA 上，調控基因表達；也可以使核糖體中的 S6 蛋白磷酸化，增加核糖體合成蛋白質的效率。

G 蛋白偶聯的受體－蛋白激酶 A 系統

這個系統起始於細胞膜上的受體蛋白，它沒有蛋白激酶的活性，而是能夠改變與它的膜內部分結合的蛋白質，將其結合的 GDP 換成 GTP 而將其活化。GDP 和 GTP 都是鹼基為鳥嘌呤的核苷酸，只是前者結合有兩個磷酸根，後者像 ATP 那樣結合三個，這個結合 GDP 或者 GTP 的蛋白質也就叫做 G 蛋白，而受體則被稱為 G 蛋白偶聯受體（G protein-coupled receptor，GPCR）。

在受體沒有結合配體分子而被活化時， G 蛋白與另外兩個蛋白質分子結合，形成異質三聚體，其中 G 蛋白叫做 Gα，其他兩個蛋白質分別叫做 Gβ 和 Gγ，組成的三聚體叫 Gαβγ。Gb 和 Gγ 可以形成穩定的異質二聚體 Gβγ，在沒有 Gα 的時候也不會分開 (圖 6-9)。

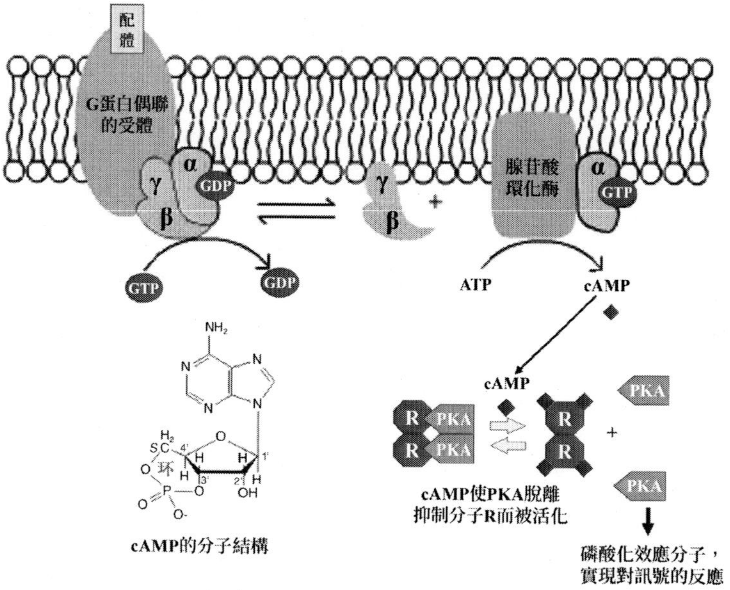

圖 6-9 G 蛋白偶聯的受體－蛋白激酶 A 系統

當受體分子結合配體分子而被活化時，Gα 蛋白上結合的 GDP 換為 GTP，相當於是狀態從「關」變為「開」。活化了的 Gα 蛋白形狀改變，與 Gβγ 分開。

活化的 Gα 在脫離 Gβγ 後，由於隨身攜帶著使它活化的 GTP，所以仍然處於「開」的狀態，可以把訊息傳下去。訊息傳遞的下一站也是一個膜蛋白，叫做腺苷酸環化酶。它可以用 ATP 為原料，合成環磷酸腺苷 (cAMP)。之所以名稱裡面有「環」字，是因為雖然它也是一種單磷酸腺苷 AMP，不過磷酸根用兩條化學鍵與核糖相連，形成環形結構（圖 6-9 左下）。

cAMP 是高度溶於水的分子，可以離開細胞膜，進入細胞質，將蛋白激酶 A（protein kiniaseA，PKA）活化，後者又使許多效應分子磷酸化，實現對訊息的反應，因此這條訊息通路是：

G 蛋白偶聯的受體－ Gα －腺苷酸環化酶－ cAMP － PKA －效應分子

其中 PKA 的位置和作用相當於受體酪胺酸激酶系統中的 MAPK，是位於訊號傳遞鏈末端的激酶，它直接控制各種效應分子對訊號做出反應。

除了細胞內的資料傳輸，動物還需要在身體的各個部分之間快速傳遞訊息，這是透過神經細胞來實現的。

第四節
動物傳輸訊息的高速公路——神經細胞

動物作為一個整體，常常需要在身體各個部分之間快速傳遞訊息。例如，我們的手被火燒到時，會立即縮回，如果反應稍慢，我們就會被燒傷。鹿看見老虎時，會立即逃跑；老虎在追逐鹿時，不但要在速度上趕上獵物，而且還能夠根據獵物的躲避行為（如突然拐彎）迅速調整自己的追逐行動。在這裡如果有瞬間的延誤，後果對鹿來說就是死亡，對老虎來說就是捕獵失敗。從眼睛發現訊號到肌肉做出反應，資料傳輸的路徑常會有數公尺之長，要在毫秒級的時間內把訊息傳過如此長的距離，絕不是上面說的那些訊息傳遞機制能夠承擔得了的。由於這個原因，動物在長期的演化過程中，還發展出了快速傳輸訊息的系統，這就是由神經細胞組成的訊息通路。人的神經細胞傳輸訊息的速度可以達到 100 公尺／秒，是短跑世界冠軍的速度（用大約 10 秒跑完 100 公尺）的 10 倍。

神經細胞用膜電位連續翻轉的方式傳輸訊息

神經細胞要快速傳遞訊號，不能透過化學物質的長距離移動，因為分子的擴散速度太慢。神經細胞傳輸的是電訊號，但又不是電流的流動，而是膜電位的連續翻轉，以接力的方式沿著神經纖維傳遞。

膜電位是指細胞膜兩邊的電位差，一般是細胞膜內為負，細胞膜外為正，大小約為－ 70 毫伏（負號表示細胞膜內為負）。這個電位差看上去不大，但是如果考慮到細胞膜的厚度只有約 3.5 奈米，電位梯度（單位距離上電壓的改變）就相當於 200,000 伏／公分，是傳輸電流的高壓線的電位梯度（約 200,000 伏／公里）的 10 萬倍。

不僅是神經細胞，所有的動物細胞都有這樣的膜電位，幅度大小也一般為負幾十毫伏。為什麼細胞膜內外會有這麼高的電位差呢？這是因為細胞膜兩邊各種離子的濃度不同。細胞內鉀離子濃度高而鈉離子濃度低，細胞膜外相反，是鈉離子濃度高而鉀離子濃度低。除了這兩種帶正電的離子，還有帶負電的離子（如氯離子），在細胞膜兩邊的濃度也很不一樣。此外，細胞內還有高濃度的蛋白質，而蛋白質分子在細胞內的環境中主要是帶負電的，這也影響細胞內外的電位差。我們可以把問題簡單化，假設膜電位主要是由細胞膜外的高鈉離子濃度（約 145 毫莫耳／升）和細胞內的低鈉離子濃度（約 12 毫莫耳／升）造成的。這樣做雖然略去了其他離子的作用，但整體效果卻和考慮所有這些離子時的結果大體一致，理解起來卻容易多了。

由於鈉離子是帶正電的，細胞外高的鈉離子濃度就會使細胞膜外有更多的正電，形成跨細胞膜的電位差，即膜電位。這種細胞膜兩邊由於電荷分布不一致而形成跨膜電位的情形叫做細胞膜的極化，和前面談到的細胞的極化不是同一回事，細胞的極化是指細胞中物質的分布在各個方向上不一致（參見第五章第三節）。

細胞膜內外各種離子的濃度之所以不一致，是因為膜上有多種離子幫浦，可以把各種離子從細胞膜的一側送到另一側。細胞膜上還有多種離子通道，在一定條件下可以被打開，讓離子自然地從濃度高的一側流向濃度低的一側。這兩種過程彼此配合，就可以把膜電位維持在一定的範圍內。

但是僅有膜電位還不足以使神經細胞傳輸訊號，還必須有一種特殊的機制能使膜電位在細胞膜的一個區域內發生變化，而且這個變化還能向一定的方向傳遞，這就是電壓門控鈉離子通道的作用。它能感覺膜電位幅度的降低而自動開啟，讓鈉離子進入細胞，又能在開啟後很快自動關閉。正是因為鈉離子通道的這些特殊功能，才使神經細胞的出現成為可能。

典型的神經細胞由三部分組成，細胞體、樹突（從細胞體上發出的樹狀分支）以及軸突（一根長長的纖維，也叫神經纖維）（圖 6-10）。軸突是神經細胞輸出訊號的結構，而樹突是神經細胞接收訊號的結構。當有訊號到達樹突時，會有一些鈉離子進入細胞。由於鈉離子是帶正電的，它們的進入會抵消一部分膜內的負電，使膜電位的幅度減少。如果神經細胞在多處同時接收到這樣的訊號，這些膜電位的變化就有可能疊加起來，造成膜電位的幅度進一步減少。當膜電位的幅度減少約 15 毫伏，也就是其數值減少到約－ 55 毫伏時（即所謂閾值時），細胞膜上電壓門控鈉離子通道就會感受到這個變化而開啟，讓細胞外的鈉離子進入細胞，使膜電位進一步降低，這反過來又使更多的鈉離子通道打開。這種正回饋產生的雪崩效應使這個區域內原本的外正內負的電位差完全消失，這種情況叫做細胞膜的去極化。

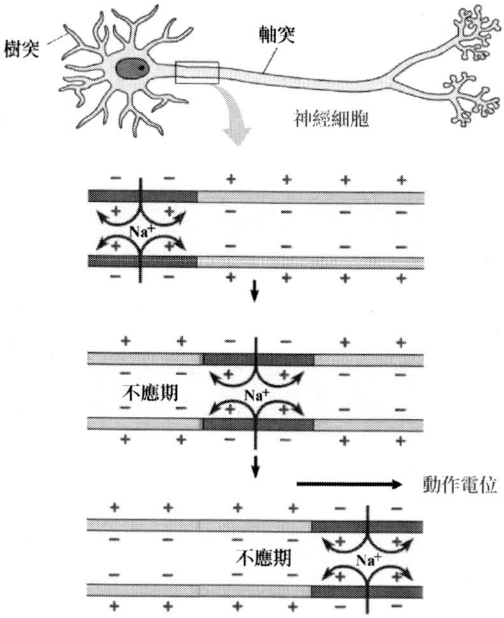

圖 6-10　神經細胞的工作原理

如果鈉離子通道就這樣一直開著，最後的結果就只能是細胞內外鈉離子濃度達到平衡，神經細胞失去功能。這時鈉離子通道的另一個本事就發揮作用了，就是在開啟後又迅速自動關閉，而且暫時不會對膜電位的變化做出反應。已經進入細胞的鈉離子會向各個方向擴散，改變鄰近區域的膜電位，觸發鄰近區域鈉離子通道的反應，讓鈉離子從鄰近區域進入。從鄰近區域進入的鈉離子又會觸發更遠區域的鈉離子通道開啟。這樣一級一級地觸發，去極化的區域就會沿著神經纖維傳遞下去，這就是神經細胞的訊息傳遞，即膜電位的連續翻轉。這就像西洋骨牌，第一張牌倒下後會使後面的牌依次倒下。由於最初被活化的鈉離子通道還在不應期，這個電訊號不能反向再傳回去，而只能向前走，使神經纖維只能單向傳遞訊號。

鈉離子進入細胞後，通道在毫秒內就會關閉，使細胞外的鈉離子不能再在這個地方進入細胞，而將鈉離子送出細胞的幫浦卻仍然在發揮作用，使這部分細胞膜兩邊鈉離子的濃度很快恢復到去極化之前的狀態。隨著這部分細胞膜的膜電位恢復，離子通道又恢復到去極化以前的狀態，準備下一次神經訊號的發出。

整個過程發生得非常快，只需要 1 ～ 2 毫秒的時間，記錄在儀器的電壓圖上就是一個短暫的脈衝，因此神經纖維傳遞的訊號也叫做神經脈衝。神經脈衝在到達別的細胞後，可以啟動這些細胞的訊號傳遞鏈，做出生理反應如肌肉收縮，所以神經脈衝也叫做動作電位。

神經細胞用絕緣層增加訊號傳輸速度

上面談到的過程已經可以使神經纖維發出脈衝，但是速度還不夠快，這是因為緊靠神經細胞表面的溶液是與細胞之間的溶液相通的，細胞膜外離子濃度的變化也會透過離子向更遠的地方擴散而減弱。由於神經細胞傳遞訊號的方式本質上是電荷的變化，這種和細胞之間溶液相通的情況也類似神經細胞漏電，降低神經細胞的工作效率。

為了彌補這個缺點，有些神經細胞在神經纖維外包上絕緣層，叫做髓鞘。包有髓鞘的神經纖維叫做有鞘纖維，傳輸訊號的速度比較快，沒有包髓鞘的裸露的神經纖維叫做無鞘纖維，傳輸訊號的速度比較慢（圖 6-11）。

不過也不能將神經纖維完全包裹起來，還必須有地方讓鈉離子進來，這樣神經脈衝才能傳遞下去。為了解決這個問題，髓鞘每隔幾十微米就中斷一次，讓軸突和細胞外的液體接觸，好像電線過一段就把絕緣層除去，讓導電的金屬裸露出來。這些髓鞘中斷的地方就叫蘭氏結，這裡電壓門控的鈉離子通道高度密集，可以達到2,000個／平方微米，使鈉離子在這些地方可以大量進入神經纖維，為神經脈衝接力。這有點像輸送石油的管線，每過一段距離就要再加壓，使管內的石油一直前進。

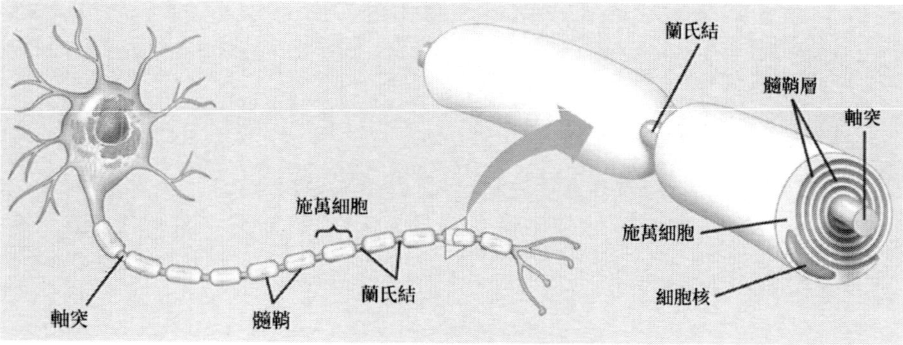

圖 6-11　神經細胞的髓鞘
施萬細胞包裹軸突，形成絕緣層。

軸突將訊號傳遞到其他細胞

神經脈衝雖然傳遞得很快，但也只能傳遞到軸突的終端。無論是神經細胞要將訊號傳遞給下一級的神經細胞，還是要傳遞給執行神經系統命令的細胞（如肌肉細胞），都需要和別的細胞建立連結。這種連結是一種特殊的結構，叫做突觸（注意不要和軸突相混）。突觸是軸突末端膨大的結構，貼在接收訊號的細胞上，進行資料傳輸。根據傳輸訊息的要求不同，突觸傳遞訊息的方式也分兩種。

神經脈衝跨越細胞的直接通道 —— 電突觸

如果需要訊息在細胞之間瞬間傳遞，如與動物生死攸關的逃跑指令的傳輸，最好的辦法就是把神經脈衝不間斷地直接傳遞到下一個細胞中去。例如，淡水龍蝦在受驚嚇時會猛烈收縮腹部，訊號傳輸用的就是電突觸 (圖 6-12)。

在電突觸處，兩個細胞之間的距離只有 2 ～ 4 奈米，而且兩個細胞的細胞質是透過一種特別的通道直接相通的，這樣，一個細胞的鈉離子就可以直接進入另一個細胞，繼續神經脈衝的傳遞。這種通道叫做連接子。連接子由兩個半段組成，每個細胞各出一半，對起來形成一個完整的通道。

電突觸的優點是訊號從一個細胞傳遞到另一個細胞幾乎沒有遲滯時間。這不僅在逃跑反應中有重要意義，還可以使彼此以電突觸相連的細胞電活動同步。例如，在人的中樞神經系統中，許多神經細胞就用電突觸連接，它們的同步電活動能夠產生腦電波 (關於腦電波參見第十三章第九節)。

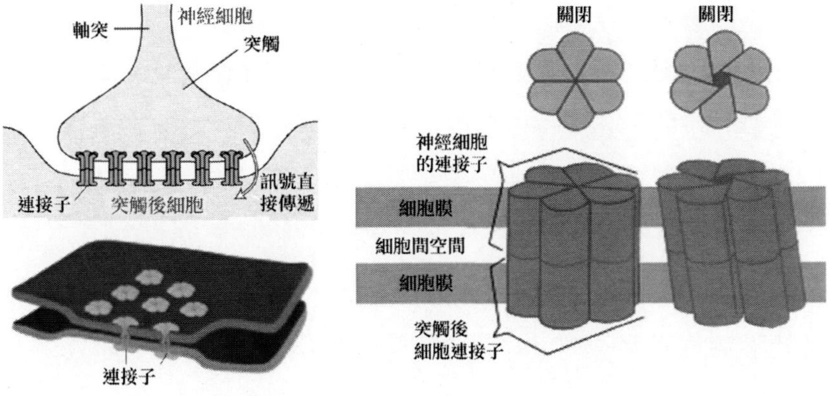

圖 6-12　電突觸

電突觸的缺點是傳到第二個細胞裡面的訊號在性質上與第一個細胞裡面的訊號相同，無法進行更改，而且在強度上還有所減弱，類似水流過一個篩子。但是電突觸的特殊優點使它在神經系統的活動中扮演著不可缺少的作用。

電訊號轉換成化學訊號 —— 化學突觸

化學突觸在外形上和電突觸相似，也是軸突的膨大末端貼在另一個細胞的細胞膜上，但是與電突觸不同的是，相鄰的兩個細胞之間，細胞質並沒有經過通道彼此相連，而是彼此分隔的，這樣兩個細胞就可以各有各的訊息傳遞方式。輸出訊息的神經細胞釋放訊息分子到突觸處兩個細胞之間的縫隙中，訊息分子擴散到下一個細胞，和細胞膜上的受體結合，將訊號傳遞下去。透過這種方式，電訊號轉變成為化學訊號，訊息分子就成為配體分子，與下一個細胞上接收訊息的受體分子結合（參見本章第一節），啟動下一個細胞的訊息傳遞鏈（圖 6-13）。

神經細胞在化學突觸處釋放的、把訊號傳遞給下一個細胞的分子叫做神經傳導物質，如多巴胺、血清素（又叫 5- 羥色胺）、胺基丁酸、組織胺、乙醯膽鹼等。在發出訊息的神經細胞的突觸處，神經傳導物質分子是被包裹在由膜形成的小囊裡面的。在沒有神經脈衝時，這些包了神經傳導物質分子的小囊就停留在細胞膜內，當有神經脈衝到達時，電壓門控的鈣離子通道被打開，鈣離子進入細胞，讓小囊的膜和細胞膜彼此融合，小囊裡面的神經傳導物質分子就被釋放到突觸的縫隙中了。

為了讓訊息分子能在兩個細胞之間擴散，兩個細胞之間在突觸處的距離比電突觸要大一些。但是這個距離也不能太大，以免訊息分子從一個細胞擴散到達另一個細胞的時間過長，同時也減少訊息分子逃逸到突觸以外的區域去，所以在化學突觸處，兩個細胞之間的距離是 20 ～ 40 奈米，大約是電突觸的 10 倍。

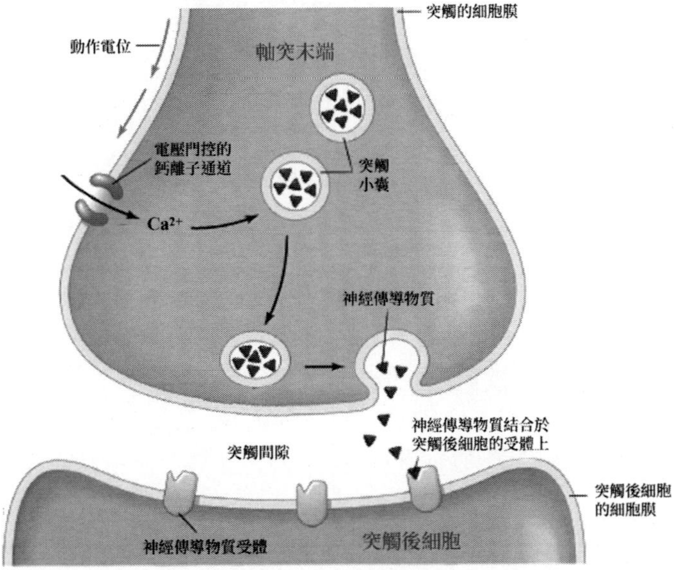

圖 6-13　化學突觸

由於神經傳導物質的種類很多，神經脈衝轉換成的訊號類型也就很多。而且化學突觸能釋放大量的訊息分子，這些訊息分子和接收訊號的受體結合時，都能激起反應，這就能將原本電脈衝的訊號強度放大。化學突觸的這些優點使多數神經細胞使用化學突觸來傳遞訊息。

神經細胞的訊號輸入

神經細胞是透過樹突來接收訊號的，訊號的來源主要有兩個：感覺神經細胞和上一級的神經細胞，它們都透過軸突末端的突觸與神經細胞的樹突連繫。來自上一級神經細胞的訊息傳遞已經在前面敘述過，來自感覺神經細胞的訊號輸入在第十二章中再詳細介紹。

第五節　植物的訊息傳遞

植物的身體結構和動物完全不同，形成多細胞機體時所使用的訊息分子也不一樣，例如，植物就很少使用三聚體 G 蛋白系統，也很少使用具有酪胺酸激酶活性的細胞表面受體，而是繼續使用原核細胞的受體組胺酸激酶。不過植物仍然用蛋白質分子來組成訊息傳遞鏈，仍然使用蛋白質的磷酸化作為重要的資料傳輸方式，仍然透過基因調控對訊號做出反應。下面是幾個例子。

生長素的訊號接收和反應

生長素是植物最重要的訊息分子，在植物身體形成（包括葉和花的形成）中發揮重要作用（參見第五章第十節和第十一節）。

生長素可以自己穿過細胞膜，進入植物細胞，與細胞內一個叫 TIR1 的蛋白質結合。結合有生長素的 TIR1 又可以促進抑制蛋白 aux/IAA 的降解。Aux/IAA 被銷毀，它們對轉錄因子 ARF 的抑制被解除，ARF 就可以啟動一些基因的表達，對生長素的訊號做出反應。

用磷酸根轉移傳遞訊息的系統
—— 細胞分裂素的訊息接收與反應

顧名思義，細胞分裂素是促進植物細胞分裂的訊息分子，它和生長素配合，在植物身體形成中發揮重要作用。由於細胞分裂素不能像生長素那樣透過擴散進入細胞內部，對細胞分裂素訊息的接收必須依靠位於細胞表面的受體分子，再將訊息傳遞到細胞內部。

在細胞表面接收細胞分裂素訊息的受體具有組胺酸激酶的活性，能夠自我磷酸化，在一個組胺酸側鏈上加上磷酸根（圖 6-14）。這個磷酸根不是直接轉移到反應調節分子的天門冬胺酸上，而是先轉移到受體自身的一個天門冬胺酸的側鏈上，再轉移到磷酸根轉移蛋白的組胺酸側鏈上。磷酸根轉移蛋白進入細胞核，將磷酸根轉移到一類叫做 ARR 蛋白的天門冬胺酸側鏈上，磷酸化的 ARR 蛋白作為轉錄因子，調控基因表達，實現細胞對細胞分裂素的反應。

這個系統是從原核生物的受體組胺酸激酶系統（參見本章第二節）繼承下來並且加以修改的，但是仍然保留了受體組胺酸激酶，反應調節分子的磷酸化也還是透過磷酸根轉移。

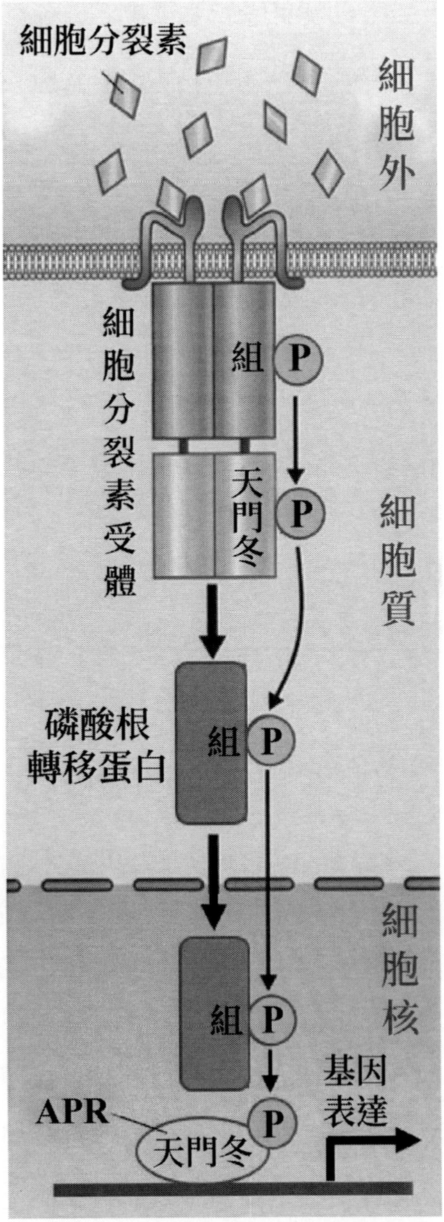

圖 6-14　細胞分裂素的訊息接收與反應
被磷酸化的胺基酸標示在磷酸根旁邊

植物的激酶西洋骨牌多成分系統

在動物的激酶西洋骨牌多成分系統中（參見本章第三節），Raf-MEK-MAPK 段是訊號傳輸的核心段。在這個激酶鏈中，MAPK 是被 MEK 磷酸化而被活化的，因此 MEK 是 MAPK 的激酶，可以寫為 MAPKK（K 表示激酶）。MEK 又是被 Raf 磷酸化而活化的，因此 Raf 是 MAPK 激酶的激酶，可以寫作 MAPKKK。

這段激酶訊息傳遞鏈在所有真核生物的訊息傳遞中都存在，包括動物、植物和真菌。例如，模型植物擬南芥就有 80 種 MAPKKK、10 種 MAPKK 和 20 種 MAPK。它們從各種訊息源接收訊息，透過 MAPK 發揮作用，因此它們的作用範圍非常廣泛，參與生長素、細胞分裂素、乙烯、赤黴素等分子的訊息傳遞，在細胞分裂、細胞分化、對外防禦上都發揮重要作用。

第六節　真菌的訊息傳遞

真菌的生活方式是利用體外現成的有機物，因此最佳的身體構造是形成分枝和相互融合的菌絲網，以便盡可能擴大與有機物的接觸面。多細胞的真菌也是從單細胞的祖先發展而來的，控制身體形成的訊息傳遞鏈也有自己的特點。像植物一樣，真菌也繼承和使用原核生物的組胺酸激酶訊息傳遞系統，以及在所有的真核生物都使用的 Raf-MEK-MAPK 訊息傳遞鏈，同時又像動物那樣使用 G 蛋白訊息通路。

真菌的組胺酸激酶系統

在單細胞的真菌出芽酵母中，有一種受體組胺酸激酶叫做 Sln1，是感覺細胞滲透壓的蛋白質（圖 6-15）。在正常的生長環境中，Sln1 是具有自我磷酸化的活性的，它把磷酸根傳遞給組胺酸磷酸根轉移蛋白（Ypd1p），Ypd1p 再把磷酸根轉移給一個叫做 Ssk1p 的反應調節因子。Ssk1p 被磷酸化以後，失去活性，下游調節滲透壓的通路也被關閉。如果滲透壓升高，Sln1 就失去活性，Ssk1p 失去磷酸根，獲得活性，使下游調節滲透壓的訊號通路開啟。

在多細胞的真菌粗糙脈胞菌中也有一種受體組胺酸激酶叫做 nik-1。它在自我磷酸化後，把磷酸根轉移到自身的一個天門冬胺酸側鏈上，再轉移給反應調節因子，類似於植物的細胞分裂素受體系統。

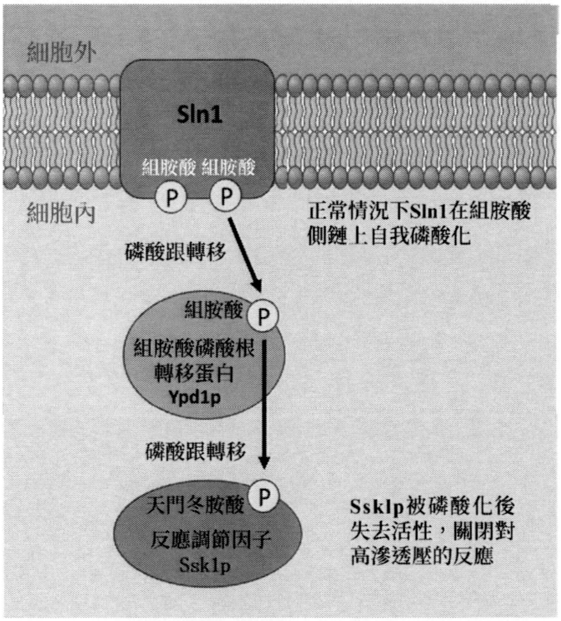

圖 6-15　酵母的組胺酸激酶系統控制對滲透壓的反應

眞菌的激酶西洋骨牌系統

類似動物和植物，真菌也使用 MAPKKK —— MAPKK —— MAPK 激酶訊號傳遞鏈。在出芽酵母中，就有 5 條這樣的訊號傳遞鏈，分別調節有性生殖、感染性生長、細胞膜的完整性、滲透壓反應和孢子形成。例如，在出芽酵母的有性生殖中，就有一個叫做 Ste11p —— Ste7p —— Fus3p 的激酶傳遞鏈，在酵母細胞配對中發揮訊號傳遞的作用。

在多細胞的粗糙脈胞菌中，孢子在萌發後，菌絲之間會彼此發出訊號，導致菌絲交會融合，形成菌絲網。接收訊號並且做出反應的，也是這種激酶訊號傳遞鏈，叫做 NRC-1 —— MEK-2 —— MAK-2 鏈。細胞表面受體 STE-20 接收菌絲之間的訊號，使 NRC-1（相當於 MAPKKK）磷酸化，再透過 MEK-2（相當於 MAPKK）使 MAK-2（相當於 MAPK）磷酸化而被活化。

眞菌的 G 蛋白訊息通路

真菌含有的 G 蛋白的數量比哺乳動物要少，但是這些 G 蛋白仍然在真菌的生理活動中扮演重要角色。例如，粗糙脈胞菌就含有 43 種與 G 蛋白偶連的受體，參與環境狀況感知、有性生殖、孢子形成等生理活動。

除了以上這些訊息傳遞，生物還有與時間有關的訊息傳遞，這就是生物自帶的計時器 —— 生理時鐘。

第七章

生物自帶的計時器 —— 生理時鐘

生物所在的地球是轉動的，每 24 小時轉一圈。由於地球對光是不透明的，因此地球上任何一點能被太陽光照射到的時間會以 24 小時為週期的變化。

太陽光是光合作用的能源，進行光合作用的生物也只能在白天進行這種活動。對於動物而言，光照能提供周圍世界瞬時而精確的三維訊息，所以白天對於動物的活動有利。白天溫度較高，而且相對乾燥多風，也有利於真菌孢子的傳播。由於這些原因，地球上絕大多數生物都有以 24 小時為週期的生活節律，以適應光照的週期性變化。

由於地球自轉軸的方向和公轉面（地球圍繞太陽旋轉軌道所形成的平面）並不垂直，而是有 23.5 度的傾斜，地球上任何一點的光照狀況除了有 24 小時的週期，還會有四季的分別。夏季光照時間最長，溫度也最高；冬季光照時間最短，溫度也最低。與此相呼應的，許多植物在春季發芽，秋季落葉，果實也多在夏、秋兩季成熟。動物的繁殖期也以春天比較有利，不僅溫度適宜，可以避免新生的下一代遇上寒冬，而且夏、秋兩季食物豐富。為了適應溫度的季節變化，動物身上的皮毛也定期更新。候鳥還會在每年固定的時候南遷或北移，以繼續待在適合自己的溫度環境中。

為了使生理活動與晝夜和四季的變化同步，生物都發展出了控制生理活動節律的機制，這就是生理時鐘。以 24 小時為週期，對應外界晝夜變化的叫做晝夜生理時鐘，在年度上控制生理活動的叫做年度生理調節。

第一節 晝夜生理時鐘的構成原理

生物是由蛋白質、核酸、糖類、脂肪等分子組成的，難以想像這些材料還能做出鐘錶來。但是生物不僅做到了，而且這樣的生理時鐘還出人意料的巧妙和精密，這就是能週期性振盪的生理過程。

振盪過程可以透過負回饋來實現。如果一個過程的產物又反過來抑制這個過程，這個作用就叫做負回饋。如果這個負回饋又能被消除，讓原來的過程重新進行，讓負回饋再發揮作用，就會形成連續的振盪過程。廁所裡的抽水馬桶就是一個很好的例子：放水以後水箱開始進水，上升的水面不斷抬高連在一根槓桿上的浮球，而槓桿又和進水閥門相連。當水面上升到一定高度時，進水閥就被槓桿關閉。在這裡，水面上升為水面停止上升準備了條件，這就是一種負回饋。水被放掉時，浮球帶著槓桿下降，抑制解除，水閥開啟，水箱又能重新進水。如果水箱裡面的水面高到將閥門關閉的時候又自動開始放水，就會使水箱裡水面的高度週期性地振盪。水箱注水的時間和放水需要的時間加起來，就是振盪的週期。

細胞裡面的許多化學反應都有自我抑制現象，即化學反應的產物反過來抑制這個反應，以防止反應的產物過多，是細胞調節生理活動的重要機制。將這個原理加以利用，就可以形成生理時鐘。

說到這裡，生理時鐘構成的原理似乎很簡單。但在實際上，要實現以 24 小時為週期的振盪，還要能根據環境的節律進行對錶，即對生理時鐘運行的快慢根據外界的週期進行調節，由單個迴路組成的生理時鐘是完成不了這個任務的，而是需要多條支路相互連接，有的支路具有正回饋功能，有的支路具有負回饋功能，共同實現生理時鐘的準確運行。

第二節　藍細菌的晝夜生理時鐘

藍細菌是地球上最古老的生物之一，能進行光合作用，放出氧氣，還能將空氣中的氮變為細胞能夠利用的形式（固氮作用）。然而，藍細菌的這兩種重要的生理功能卻是難以並存的，因為固氮作用所需要的酶對光合作用放出的氧氣敏感，所以這兩項活動必須在時間上分隔開。光合作用在白天進行，而固氮反應在光合作用停止、沒有氧氣放出的夜晚進行，這就需要藍細菌有讓這兩個活動交替進行的機制。

藍細菌的生理時鐘由三個蛋白質組成，即 KaiA、KaiB 和 KaiC，其中 KaiC 是主要的節律成分，以六聚體的形式存在（圖 7-1）。KaiC 同時具有蛋白激酶（在胺基酸側鏈上加上磷酸根）和磷酸酶（除去胺基酸側鏈上的磷酸根）的活性，能使自己第 432 位上的蘇胺酸和第 431 位上的絲胺酸磷酸化和去磷酸化。

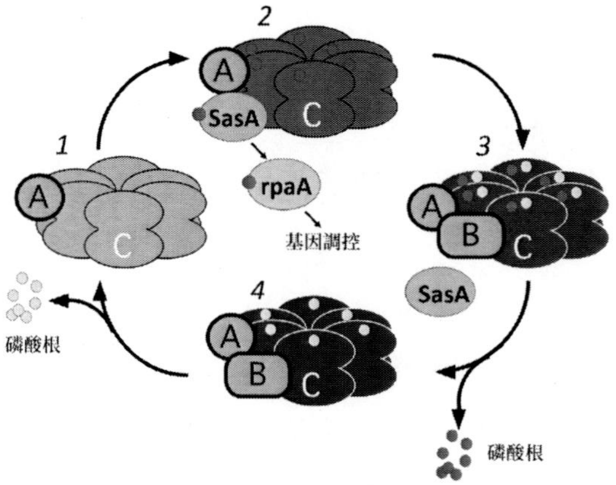

圖 7-1　藍細菌的生理時鐘

但是僅靠 KaiC 自己還不能形成振盪系統，還需要 KaiA 和 KaiB 的協助。KaiA 結合 KaiC，活化 KaiC 蛋白激酶的活性，使 KaiC 自我磷酸化，先是第 432 位上的蘇胺酸，然後是第 431 位上的絲胺酸。當第 431 位上的絲胺酸被磷酸化後，KaiC 分子的形狀改變，使它可以結合 KaiB。KaiB 的結合使 KaiA 的活化作用消失，KaiC 開始用自己的磷酸酶活性使自己去磷酸化。KaiC 的去磷酸化又使它的形狀改變，不再能結合 KaiB，於是 KaiB 抑制激酶活性的功能被解除，KaiA 又可以活化 KaiC 蛋白激酶的活性，再次開始自我磷酸化，開始另一個循環。

KaiC 與 KaiA 結合，使自己磷酸化的程度增加，而磷酸化程度的增加又創造了與 KaiB 結合的能力，導致自己的磷酸化程度減少，這就是一種負回饋機制。負回饋過程完成後，KaiC 的磷酸化狀態消失，又能再結合 KaiA，開使磷酸化過程，造成 KaiC 磷酸化程度的高低振盪和與 KaiB 結合狀態的振盪，即反覆的結合與不結合，這就是藍細菌的生理時鐘。

輸出這個時鐘的節律的是一個叫 SasA 的蛋白。SasA 是一個組胺酸激酶，當它結合於 KaiC 分子上時，其激酶的活性被活化，使自己磷酸化。磷酸化的 SasA 能夠把自己的那個磷酸根轉移到效應分子 rpaA 上，使 rpaA 分子磷酸化。rpaA 是一個轉錄因子，它的磷酸化使它作為轉錄因子的功能被活化，影響大約 170 個基因的表達，相當於是生理時鐘訊息的輸出。在這裡，SasA-rpaA 就像是原核細胞傳遞訊息的雙成分系統，也是組胺酸激酶自我磷酸化，再把磷酸根轉移到效應分子上，完成訊息的傳遞和對訊息的反應（參見第六章第二節），只不過在這裡，訊息不是來自細胞外的分子，而是細胞內的生理時鐘。

但是 SasA 並不一直結合在 KaiC 上，如果是那樣就不能傳遞生理時鐘振盪的訊息了。SasA 在 KaiC 上的結合點是與 KaiB 在 KaiC 上的結合點相重疊的，因此只有 KaiB 不結合在 KaiC 上面時，SasA 才能結合在 KaiC 上。由於 KaiB 與 KaiC 的結合呈週期性的變化，SasA 與 KaiC 的結合也會呈週期性的變化，這樣就可以把生理時鐘振盪的訊息輸出，使細胞的生理活動也呈週期性的變化。

這個生理時鐘裡面的三個蛋白質還會影響彼此的表達，例如，KaiC 濃度升高會抑制 KaiC 自己和 KaiB 的表達，而 KaiA 濃度升高又會增加

KaiC 和 KaiB 的表達。這些正回饋和負回饋迴路加在生理時鐘的核心迴路上，進一步增加了系統的穩定性。

雖然這個生理時鐘能夠產生振盪節律，但是這個系統也需要自然光照的節律來校正其週期，使它與光線的自然節律相吻合。黑暗的到來會引起細胞內一些成分的特徵性變化，這些變化如果能夠與生理時鐘的核心成分相互作用，就能夠產生對錶的作用。

一個變化是 ATP 與 ADP 的濃度比值。在黑暗中，光合作用中斷，ATP 的合成速度降低，使 ADP 的相對濃度增高。由於生理時鐘的運行過程是依賴於 ATP 的（磷酸化就是把 ATP 分子上的一個磷酸根轉移到胺基酸的側鏈上），ATP 與 ADP 比值的降低會影響 KaiC 的磷酸化效率，從而影響其週期。

另一個外界訊息的輸入是醌分子的氧化狀態。醌是光合系統電子傳遞鏈中的一個非蛋白成分，透過反覆的氧化和還原將電子（以氫原子的形式）傳遞下去（參見第二章第七節和圖 2-14）。在光合作用進行時，由光系統提供的源源不絕的電子使醌分子處於高度還原的狀態，而光合作用一旦停止，電子來源斷絕，醌分子又會處於被氧化的狀態。氧化型的醌分子能使 KaiA 凝聚，失去活化 KaiC 蛋白激酶活性的作用，因而可以直接影響生理時鐘的週期。透過這些途徑，外界光線以 24 小時為週期的變化就能調節生理時鐘的週期，使其與自己同步。

第三節　動物的晝夜生理時鐘

動物是真核生物，細胞裡面有細胞核。mRNA 從細胞核移動到細胞質需要時間；mRNA 進入細胞質，在核糖體中指導蛋白質的合成，合成的蛋白質再進入細胞核，抑制一些基因的表達，也需要時間。這個時間差就被細胞用來形成振盪迴路，使細胞中一些蛋白質的濃度週期性地變化。所有的真核細胞都有細胞核，他們的生理時鐘也都是利用這個原理形成的。

果蠅的生理時鐘

果蠅生理時鐘的核心振盪器就是利用負回饋迴路和分子運動的時間差形成的（圖 7-2）。轉錄因子 CLK 和 CYC 彼此結合，形成異質二聚體，結合於 *PER* 和 *TIM* 基因的啟動子上，驅動這兩個基因的轉錄。轉錄所產生的 PER mRNA 和 TIM mRNA 進入細胞質，在核糖體上指導 PER 和 TIM 蛋白的合成。PER 和 TIM 在細胞質中結合，形成 PER/TIM 異質二聚體，這個二聚體被蛋白激酶 CK-2 和 DBT 磷酸化，進入細胞核，在那裡促使 CLK/CYC 的磷酸化。磷酸化的 CLK/CYC 形狀改變，不能夠再結合於 DNA 上，*PER* 基因和 *TIM* 基因的表達被抑制，形成一個負回饋機制。

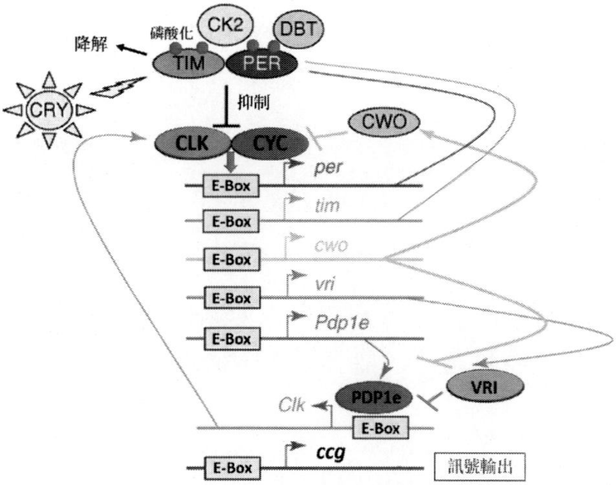

圖 7-2　果蠅的生理時鐘
E- 盒子（E-box）是 CLK/CYC 結合的基因啟動子上的序列。

當 *PER* 基因和 *TIM* 基因的表達被完全抑制後，細胞質裡面 PER mRNA 和 TIM mRNA 被降解消失，新的 PER 和 TIM 蛋白無法再被生成。細胞核裡面的 PER 和 TIM 蛋白在被磷酸化後又被降解，它們對 CLK/CYC 的抑制解除，而磷酸化的 CLK/CYC 又被磷酸酶 PP1 和 PP2a 去磷酸化，恢復與 DNA 的結合，再次驅動 *PER* 基因和 *TIM* 基因的表達，開始新的循環。

除了這兩個主要迴路，果蠅還有其他回饋迴路。CLK/CYC 可以驅動 *CWO* 基因的表達，其蛋白產物 CWO 能抑制 CLK/CYC 的驅動作用，也是一條負回饋迴路。CLK/CYC 還驅動 *PDP1e* 基因和 *VRI* 基因的表達，而 PDP1e 蛋白能夠驅動 *CLK* 基因的表達，是另一條正回饋迴路。VRI 蛋白能與 PDP1e 競爭，抑制 *CLK* 基因的表達，是又一條負回饋迴路。因此果蠅的生理時鐘是由多條回饋迴路組成的。

果蠅生理時鐘訊號的輸出，是用 CLK/CYC 來驅動其他基因的表達。既然 CLK/CYC 驅動 *PER* 基因和 *TIM* 基因的表達狀況是週期性振盪的，用 CLK/CYC 來驅動其他基因的表達也會是週期性振盪的，這就相當於將生理時鐘振盪的訊息輸出。

果蠅是有腦的，其生理時鐘主要在腦中大約 150 個神經細胞裡面運行，再由這些細胞控制全身的節律。果蠅生理時鐘的對錶是透過能接受光訊號的蛋白質 CRY 實現的。CRY 上面結合有感光色素黃素，在被藍光激發時，它能夠結合於 TIM 蛋白上，促使它的降解，從而調整生理時鐘的週期。果蠅的身體很小，藍光可以穿過身體，直接到達腦中的這些神經細胞上。

哺乳動物的生理時鐘

哺乳動物的生理時鐘與昆蟲的生理時鐘在原理上非常相似，只是具體使用的蛋白質不同。轉錄因子 CLOCK 和 BMAL1 結合，形成異質二聚體，這個二聚體結合於 *PER* 基因和 *CRY* 基因的啟動子上，驅動這些基因的表達 (圖 7-3)。轉錄形成的 PER mRNA 和 CRY mRNA 離開細胞核，進入細胞質，在核糖體上指導 PER 蛋白和 CRY 蛋白的合成。PER 和 CRY 結合形成異質二聚體，被蛋白激酶 CK1 和 CK2 磷酸化。磷酸化的 PER/CRY 二聚體進入細胞核，將 CLOCK/BMAL1 二聚體從啟動子上擠開，即不讓它們再結合於 DNA，消除它們驅動自己基因表達的活性，形成一個負回饋迴路。

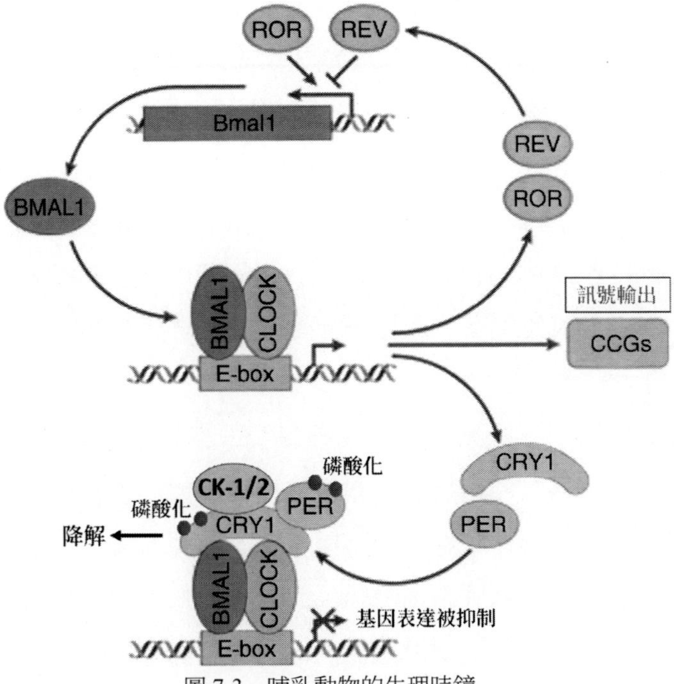

圖 7-3　哺乳動物的生理時鐘

細胞質裡面 PER mRNA 和 CRY mRNA 被降解消失，新的 PER 和 TIM 蛋白無法再被生成。細胞核裡面的 PER 蛋白和 CRY 蛋白在被磷酸化後又會被降解，它們對 CLOCK/BMAL1 的抑制被解除，CLOCK/BmAL1 又可以驅動 *PER* 基因和 *CRY* 基因的表達，開始另一個循環。

除了這個主要的回饋迴路，CLOCK/BMAL1 還可以驅動另外兩個基因 *RORA* 和 *REV-ERB* 的表達。生成的 RORA 蛋白促進 BMAL1 的生成（正回饋），而生成的 REV-ERB 蛋白則抑制 BMAL1 的生成（負回饋）。這些作用相反的回饋迴路可以控制和調節 BMAL1 蛋白的濃度，影響核心迴路的運作情形。

哺乳動物（包括人）腦中的生理時鐘位於視交叉上核（suprachiasmatic nucleus，SCN），即位於視神經交叉處上方的一對細胞團（圖 7-4）。雖然 SCN 只有米粒般大小，卻控制著哺乳動物的晝夜節律。動物試驗顯示，破壞 SCN，動物的晝夜節律就完全消失，說明 SCN 是控制哺乳動物身體節律的核心生理時鐘。

由於哺乳動物的腦有頭骨包裹，光線很難像果蠅那樣直接進入頭部，到達 SCN，調節生理時鐘的節律，光照訊號的輸入主要是透過能直接感受光線的眼睛中的視網膜進行的。視網膜中有少數感光節細胞能感受光線，但是與視覺無關，而是把光線訊號輸送到 SCN，對生理時鐘進行調節（圖 7-4 右下）。

哺乳動物的身體比較大，有多個器官，除了 SCN 這個核心生理時鐘，動物的許多器官和組織也有自己的生理時鐘，包括肝臟、腎臟、脾臟、胰臟、心臟、胃、食道、骨骼肌、角膜、甲狀腺、腎上腺、皮膚，甚至有在體外培養的細胞系。這些位於身體各個部分的生理時鐘叫做外周生理時鐘，具體控制各個器官的活動，如肝臟中的糖代謝和解毒、腎臟的排尿、胰腺分泌胰島素、毛囊生出毛髮等。

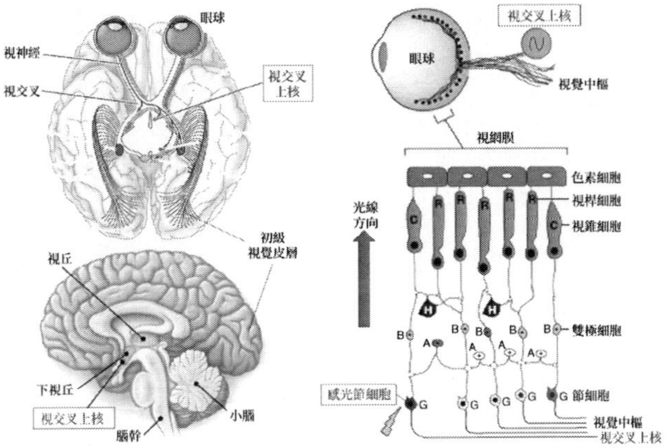

圖 7-4　哺乳動物的核心生理時鐘

這些外周生理時鐘的構成和 SCN 中的生理時鐘基本相同，也用 CLOCK/BMAL1 二聚體驅動 *PER* 和 *CRY* 基因的表達，但是它們的節律由 SCN 調節。在 SCN 被破壞了的老鼠中，器官之間的振盪週期就逐漸不再同步，把 SCN 再植回去可以恢復一些器官的週期同步，說明 SCN 能夠控制全身各個器官裡生理時鐘的節律。SCN 透過各種途徑來指揮各個外周生理時鐘，包括神經系統連接和激素途徑。在激素中，發揮主要作用的又是褪黑激素。

第四節　真菌的晝夜生理時鐘

雖然真菌並不進行光合作用，但是許多生理活動仍然有晝夜節律，如脈胞菌就是在晚上形成孢子以利於在相對乾燥多風的白天散布。如果讓脈胞菌在含有培養基的玻璃管中從一端向另一端生長，即使是在完全黑暗的環境中，產生孢子的菌絲也會以約 24 小時為週期而多次出現，證明脈胞菌確實有生理時鐘 (圖 7-5 右上)。

脈胞菌的生理時鐘的構成原理與動物的生理時鐘非常相似（圖 7-5 左下）。轉錄因子 WC-1 和 WC-2 結合在一起，形成異質二聚體 WCC。WCC 結合於 *FRQ* 基因的啟動子上，開始基因的轉錄。形成的 *frq* mRNA 離開細胞核，進入細胞質，在那裡指導 FRQ 蛋白質的合成。FRQ 和另一個蛋白質 FRH 結合，形成異質二聚體 FFC。FFC 進入細胞核，與 WCC 結合。由於 FFC 上結合有蛋白激酶 CK-1 和 CK-2，WCC 被磷酸化，形狀改變，失去轉錄因子的功能，使 *frq* mRNA 的合成最後終止。

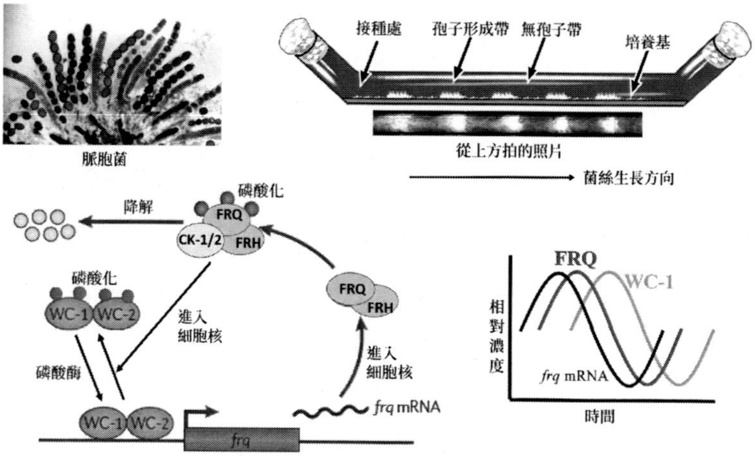

圖 7-5　真菌的晝夜生理時鐘

細胞質中的 *frq* mRNA 會被降解掉，使細胞質中 FRQ 蛋白的合成停止。在細胞核中的 FRQ 蛋白在被磷酸化後降解，最後的結果就是 FRQ 蛋白完全消失。

FRQ 蛋白消失後，對 WCC 的抑制也被解除。WCC 被磷酸化後，只是離開了基因的啟動子，並沒有被降解。在沒有 FRQ 的情況下，一些磷酸酶（如 PP1 和 PP2a），會除去 WCC 上面的磷酸根，使 WCC 恢復活性，重新結合於 *FRQ* 基因的啟動子上，開始 *FRQ* 基因的轉錄，開始另一個循環。

脈胞菌生理時鐘的核心振盪器有了，外界的訊息特別是光照週期的訊息，又是如何被輸入的呢？在這裡 WC-1 本身就是一個光接收器。WC-1 上結合有色素 FAD，在有藍光照射時，FAD 與 WC-1 上的一個半胱胺酸的側鏈形成共價鍵，分子形狀改變而被活化，與 WC-2 結合形成 WCC，啟動 *FRQ* 基因的表達，是對生理時鐘的正輸入。另一個蛋白質 VID 上面也結合有 FAD，在有藍光照射時，FAD 也和 VID 蛋白形成共價鍵，使 VID 蛋白活化。活化的 VID 能夠抑制 WCC 的活性，是生理時鐘的負輸入。

脈胞菌輸出生理時鐘訊號的方法，也是用 WCC 來控制其他基因的表達。既然 WCC 能夠週期性地使 *FRQ* 基因表達，也同樣能使其他基因週期性地表達。

第五節　植物的晝夜生理時鐘

對植物生理時鐘的研究主要是以擬南芥 (一種開花植物) 為模型進行的。研究結果顯示，植物生理時鐘的主要迴路和運行機制與動物和真菌的生理時鐘相似，只是更加複雜 (圖 7-6)。

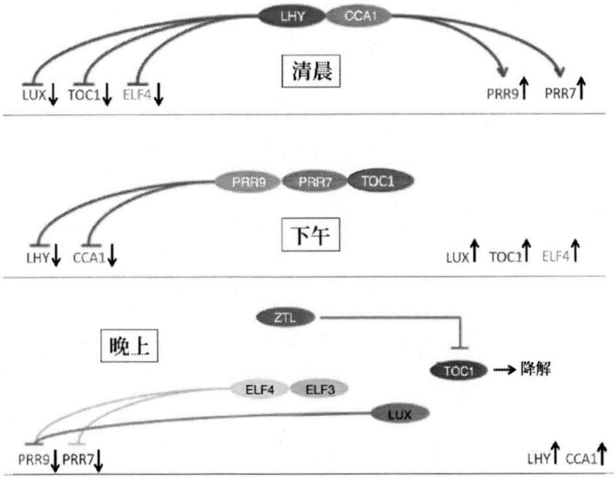

圖 7-6　植物的晝夜生理時鐘

在清晨，轉錄因子 CCA1 和 LHY 結合，形成異質二聚體，這個異質二聚體結合到 *PRR9* 基因和 *PRR7* 基因的啟動子上，驅動這兩個基因的表達。由此形成的 PRR9 mRNA 和 PRR7 mRNA 離開細胞核，進入細胞質，指導 PRR9 蛋白和 PRR7 蛋白的合成。PRR9 和 PRR7 蛋白的濃度在下午相繼達到高峰，進入細胞核，抑制 *CCA1* 和 *LHY* 基因的表達，組成一個負回饋迴路。不過 PRR9 和 PRR7 並不彼此結合，形成異質二聚體，而是分別和另一個叫 TPL 的蛋白結合，共同抑制 *CCA1* 基因和 *LHY* 基因的表達。

在驅動 PRR9 和 *PRR7* 基因表達的同時，CCA1/LHY 還抑制 *TOC1*、*LUX*、*ELF* 基因的表達。到了下午，隨著 CCA1/LHY 的生成受到 PRR9 和 PRR7 的抑制，它們對這些基因的抑制被解除，這些蛋白質開始被合成。其中 TOC1 蛋白可以直接結合到 *CCA1* 基因和 *LHY* 基因的啟動子上，繼續抑制它們的表達。

到了晚上，ZTL 蛋白結合到 TOC1 蛋白上，導致它的降解。LUX 蛋白又與 ELF3 和 ELF4 組成複合物，結合到 *PRR9* 基因和 *PRR7* 基因的啟動子上，抑制它們的表達，解除它們對 *CCA1* 基因和 *LHY* 基因的抑制。抑制一旦解除，*CCA1* 基因和 *LHY* 基因被活化。到了清晨，CCA1 蛋白和 LHY 蛋白被合成，又可以驅動 *PRR9* 基因和 *PRR7* 基因的表達，開始下一個循環。

植物生理時鐘訊號輸出的機制與動物和真菌相似，即用 CCA1/LHY 直接控制效應基因的表達。

擬南芥的生理時鐘是受外部光照狀況控制的。ZTL 能夠對藍光產生反應，在藍光的活化下，ZTL 蛋白可以和 GI 蛋白結合，到了晚上促使 TOC1 蛋白的降解，從而調節生理時鐘的週期。此外，*LWD1* 和 *LWD2* 蛋白也能傳遞光照訊號，它們能結合到 PRR 基因和 TOC1 基因的啟動子上，活化這些基因的表達。PRR9 和 PRR7 又能夠結合到 LWD1 和 LWD2 基因的啟動子上，活化它們的表達，組成一個相互的正回饋迴路。因此擬南芥生理時鐘的結構是非常複雜的，以保證植物能對外部光照的狀況做出最佳反應，包括開花時間的控制。

第六節　真核生物的年度生理調節

真核生物除了有晝夜生理時鐘，還有年度生理節律。無論是植物還是動物，生理活動都會表現出一年之中隨季節變化的情況，例如動物的發情期、脫毛換毛期、候鳥和一些昆蟲（如帝王蝶）每年定期的遷徙、一些動物的冬眠期，植物的開花期和落葉期等。這些隨季節的變化也是透過生理時鐘來調節的。

但是要生物形成以年為週期的振盪系統幾乎是不可能的。生物實際使用的方法，是利用每日光照時間的長短隨季節變化的訊息與晝夜生理時鐘的運行情況相比對。如果光照時間足夠長，光訊號輸入的時間與生理時鐘中某個成分能發揮作用的時間相重合，就能觸發生物對長光照的反應；如果光照時間過短，光訊號輸入的時間已經錯過了某個成分發揮作用的時間，就不能觸發生物的生理反應。這種利用晝夜生理時鐘的節律來實現生物對季節變化做出反應的機制叫做重合機制，無論是植物還是動物，都使用這個機制。

動物的年度生理調節

動物控制季節性生理活動的分子主要是甲狀腺素，特別是其中的三碘甲腺原胺酸（T3）。是日照長短決定了 T3 在血液中的濃度隨季節變化。

例如，動物的生殖週期就是由甲狀腺控制的，摘去動物的甲狀腺，生殖活動的季節性變化就消失。在動物腦中植入能釋放 T3 的物質，動物的性腺就一直處於活躍狀態，也能防止短日照導致的動物性腺的衰退，說明 T3 傳遞的是長日照的訊息。T3 不僅控制動物的生殖週期，也控制動物的新陳代謝速率和體熱生成。在兩棲類動物中，T3 還控制身體結構的轉變，如從蝌蚪變為青蛙。

在一年中的各個時期，動物血液中甲狀腺素的總量是基本恆定的，但是最具活性的 T3 的濃度卻呈季節性變化，在長日照時高，在短日照時低。研究發現，T3 的量是由兩個酶控制的：脫碘酶 2（DIO2）能把活性低的 T4 轉換為活性高的 T3，增加 T3 的濃度；而脫碘酶 3（DIO3）能把 T3 轉變為 T2，或者把 T4 轉換為反式 T3，DIO3 的這兩個活性都導致 T3 的濃度降低。

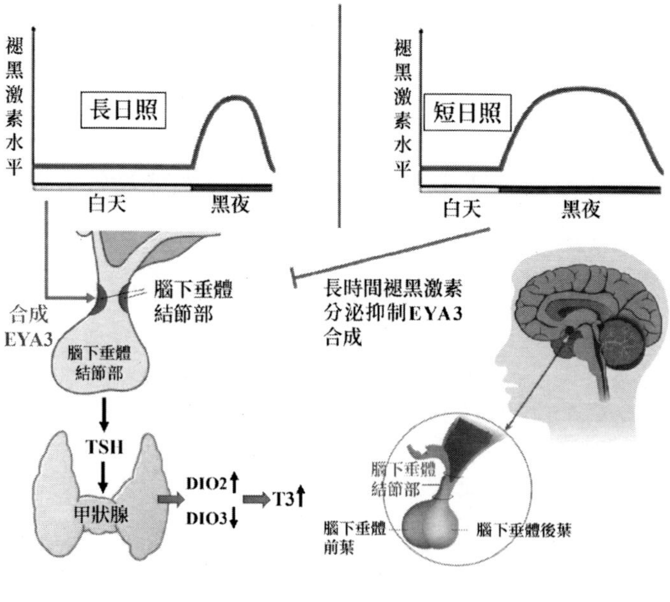

圖 7-7　日照長度對三碘甲腺原胺酸 T3 合成的影響

前面已經談到，褪黑激素是動物生理時鐘輸出節律訊號的分子，在沒有光照時生成和釋放，相當於是在報告黑夜的長度。在動物腦中，褪黑激素受體表達最高的部位是在腦下垂體中的一個部分，叫做腦下垂體結節部（pars tuberalis，PT）（圖 7-7 左）。褪黑激素能控制 PT 裡面的生理時鐘，讓一個叫做 EYA3 的蛋白質週期性地表達，而且是在褪黑激素開始作用的 12 小時之後 EYA3 才能開始被合成，即這個時候細胞才能活化 *EYA3* 基因。

在短日照期間，褪黑激素開始作用時間的 12 小時後，動物仍然得不到光照，褪黑激素持續分泌，這樣造成的細胞內高濃度的 cAMP 會抑制 EYA3 的合成，使 EYA3 蛋白的濃度無法上升（圖 7-7 右）。而在長日照期間，12 小時後已經是黎明，光照能降低褪黑激素的分泌和細胞中 cAMP 的濃度，解除對 *EYA3* 基因的抑制，EYA3 蛋白得以大量合成。EYA3 能增加促甲狀腺激素（thyroid-stimu cating hormone，TSH）的合成，而 TSH 又能驅動甲狀腺中 DIO2 的合成，抑制 DIO3 的合成，使 T3 的量增加，從而影響動物季節性的生理活動變化（圖 7-7 左）。

植物開花時間的控制

植物的開花是受一個叫做成花素的激素控制的。成花素由 *FT* 基因編碼，在葉片中被合成，透過韌皮部輸送到芽上，將葉芽轉換為花芽，植物就會開花（參見第五章第十一節）。*FT* 基因的表達是被一個叫做 CO 的轉錄因子控制的。CO 蛋白結合到 *FT* 基因的啟動子上，驅動 *FT* 基因的表達。

CO 蛋白的濃度是受植物的晝夜生理時鐘控制的（圖 7-8）。在清晨，CO mRNA 的濃度最低，這是因為在清晨 CCA1/LHY 驅動 *CDF* 基因的表達，使 CDF 蛋白的濃度升高， CDF 蛋白結合到 *CO* 基因的啟動子上，抑制它的表達。到了下午，藍光能使 FKF1 蛋白和 GI 結合，形成複合物。這個複合物能使 CDF 蛋白降解。CDF 的抑制一旦解除，CO mRNA 的濃度開始上升，合成 CO 蛋白質。但是細胞中的 CO 蛋白質是不斷被降解的，只有日照時間足夠長，才能使 CDF 蛋白持續降解，讓細胞有足夠的時間來合成 CO 蛋白，驅動 *FT* 基因的表達，使需要長日照才開花的植物開花（圖 7-8 左）。如果日照時間不夠長，FKF1 和 GI 無法形成複合物，CDF 蛋白不能被降解，CO 基因無法被活化，這些植物就不能開花（圖 7-8 右）。也就是說，日照的長度必須與 CO 蛋白有可能高表達的時間（下午）相重合，以便 FKF1/GI 複合物有時間形成並且降解 CDF，解除對 *CO* 基因的抑制。日照時間過短，細胞就等不到 CDF 被降解的時間，CO 蛋白不能在細胞中累積，*FT* 基因無法表達，植物也就不能開花。

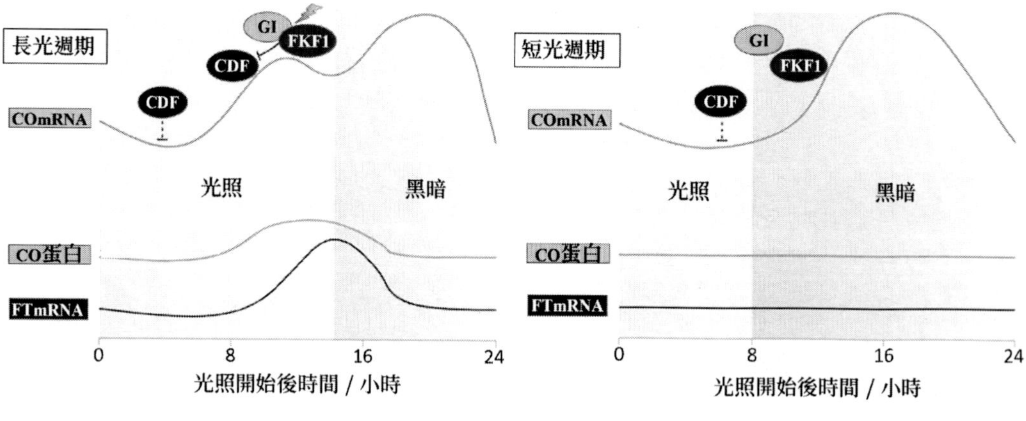

圖 7-8　日照長度對植物開花的影響

對於需要短日照才開花的植物，CO 蛋白的調節機制是一樣的，也是長日照在下午生成足夠的 CO 蛋白。但是在這些植物中，CO 蛋白不是作為 *FT* 基因的活化物，而是抑制物，所以在長日照下反而不能開花。只有在短日照下，CO 蛋白不能生成，*FT* 基因才能表達，導致開花。

在這裡，植物的 CO 就相當於動物的 EYA3，植物的成花素就相當於動物的 TSH。EYA3 和 CO 都受晝夜生理時鐘的控制，而且都需要長日照才能被合成，因此動物和植物使用同樣的機制來實現對生理節律的季節性變化，即透過日照的時間窗口與晝夜生理時鐘能使某種成分發揮作用的時間相重合，達到開關季節性生理活動的效果。

生命簡史——起源：
從宇宙微塵到原始細胞，追尋生命起源與生物機制的真實脈絡

作　　者：朱欽士
發 行 人：黃振庭
出 版 者：沐燁文化事業有限公司
發 行 者：崧燁文化事業有限公司
E-mail：sonbookservice@gmail.com
粉 絲 頁：https://www.facebook.com/sonbookss/
網　　址：https://sonbook.net/
地　　址：台北市中正區重慶南路一段 61 號 8 樓
8F., No.61, Sec. 1, Chongqing S. Rd., Zhongzheng Dist., Taipei City 100, Taiwan

電　　話：(02)2370-3310
傳　　真：(02)2388-1990
印　　刷：京峯數位服務有限公司
律師顧問：廣華律師事務所 張珮琦律師

版權聲明

原著書名《生命简史：从尘埃到智人》。本作品中文繁體字版由清華大學出版社有限公司授權台灣沐燁文化事業有限公司出版發行。未經書面許可，不得複製、發行。

定　　價：420 元
發行日期：2025 年 06 月第一版
◎本書以 POD 印製
Design Assets from Freepik.com

國家圖書館出版品預行編目資料

生命簡史——起源：從宇宙微塵到原始細胞，追尋生命起源與生物機制的真實脈絡 / 朱欽士 著 . -- 第一版 . -- 臺北市 : 沐燁文化事業有限公司 , 2025.06
面；　公分
POD 版
原簡體版題名 : 生命简史 : 从尘埃到智人
ISBN 978-626-7708-33-0(平裝)
1.CST: 分子生物學
361.5　　　114007779

電子書購買

爽讀 APP　　臉書